U0309263

作者与耶鲁大学艺术学院(School of Art in Yale University) 平面设计系主任席拉·德·布雷特维尔（Sheila L. de Bretteville）讨论设计人才培养的问题

作者与罗德岛设计学院 (Rhode Island School of Design) 平面设计系主任南希·斯考罗斯（Nancy Skolos）亲切交谈

罗德岛设计学院 2012 届家具设计专业艺术硕士（MFA）毕业设计作品
作者：马考·盖雷高斯（Marco Gallegos）

作者与美国东北大学（Northeastern University）平面设计系安·麦克唐娜（Ann McDonald）教授探讨该校的教学情况

作者与加州艺术学院（California College of the Arts）教务处处长马克·布雷藤伯格（Mark Breitenberg）讨论该校课程问题

作者与伊利诺斯工学院（Illinois Institute of
Technology）博士生导师凯伊奇·萨托（Keiichi
Sato）讨论综合课程的重要性

伊利诺斯工学院校园内由密斯·凡·德·罗
（Mies Van der Rohe）设计的现代主义建筑

作者采访伊利诺斯大学芝加哥分校（Univerity
of Illinois at Chicago）建筑与艺术学院副院长
麦绪·盖伊诺尔（Matthew Gaynor）教授

作者与伊利诺斯大学芝加哥分校建筑与艺术
学院的学生们探讨大学学习情况

作者采访斯坦福大学设计学院（D. School of
Stanford University）兼职教师纳斯安·F.孟
（Nathan F.Meng）

作者与北京东道设计公司董事长解建军、国际事务部总裁费斌（Furrer Fabian）讨论当前社会对设计人才的需求情况

作者采访时任南京艺术学院教务处处长莊元教授

作者与西安美术学院时任教务处处长贺丹教授讨论该校基础教学的改革情况

作者与上海交通大学媒体与设计学院设计系副主任、设计趋势研究所所长、中国流行色协会色彩创新中心主任傅炯副教授讨论教学计划中增设"用户调查"这一课程的重要性

作者采访上海理工大学艺术学院数码动画设计系主任赵培生教授

斯坦福大学设计学院的教学环境

作者在 2012 年 4 月艺术中心设计学院（Art Center College of Design）毕业展现场与教师们交谈

作者与麻省艺术与设计学院（Massachusetts College of Art and Design）平面设计系主任伊丽莎白·蕾丝尼克（Elizabeth Resnick）研究课程问题

作者采访芝加哥艺术学院 (School of the Art Institute of Chicago) 视觉传达设计系主任约翰·鲍威尔斯（John Bowers）

芝加哥艺术学院视觉传达设计系活字排版实验室

坚守与转向

文化转型与设计学课程设计的变革

侯立平 著

Hou Liping

STICK TO AND TURN TO

Culture Transformation
and the Revolution of the
Curriculum Design
in Design Science

清华大学出版社

北京

内 容 简 介

本书是作者近十年来关于教学改革的研究成果，以比较宽阔的国际视野、先进的教育思想、较丰富的国内外课程资料呈现了对于中国当今设计学学科本科教育的新探索，对于设计教育的教学研究与课程改革具有重要的参考价值。

文化转型对课程的发展产生着深刻的影响，课程既是文化的因变量，又是文化的自变量。作为文化的因变量，课程必然要对文化转型做出相应的反应；作为文化的自变量，课程自身的创造性又促进着文化的不断发展。中国设计教育在一个多世纪的沧桑历程中，教育价值观与课程设计因应着中国文化转型和世界文化转型而历经变革，现代设计教育思想逐渐形成，20世纪末21世纪初由于中国教育的骤然转型而引起了教育价值的殒失和办学方向的迷茫，中国当今设计学学科本科教育课程设计由于历史的根源和现实的诱因而产生了诸多问题，反之，这些问题形成了课程变革的内在动力。作者利用田野调查法、历史分析法和比较研究法在对现实问题进行分析研究的基础上，依据当今的时代精神，探讨中国当今教育价值观的变革以及相应的设计学学科本科教育培养目标设计、课程内容设计、课程结构设计和课程实施的变革方案。

本书适合于从事设计教育决策、设计教育管理、设计教育实践和设计教育研究的广大读者。

图书在版编目（CIP）数据

坚守与转向：文化转型与设计学课程设计的变革/侯立平著. --北京：清华大学出版社，2016
ISBN 978-7-302-43770-3

Ⅰ.①坚… Ⅱ.①侯… Ⅲ.①设计学－课程设计－教学改革－高等学校 Ⅳ.①TB21

中国版本图书馆 CIP 数据核字（2016）第 100132 号

责任编辑：冯 昕 赵从棉
封面设计：侯立平
责任校对：刘玉霞
责任印制：沈 露

出版发行：清华大学出版社
　　　　网　　　址：http://www.tup.com.cn, http://www.wqbook.com
　　　　地　　　址：北京清华大学学研大厦 A 座　　　邮　编：100084
　　　　社 总 机：010-62770175　　　　　　　　　邮　购：010-62786544
　　　　投稿与读者服务：010-62776969，c-service@tup.tsinghua.edu.cn
　　　　质量反馈：010-62772015，zhiliang@tup.tsinghua.edu.cn
印 刷 者：三河市君旺印务有限公司
装 订 者：三河市新茂装订有限公司
经　　销：全国新华书店
开　　本：165mm×240mm　　印　张：26.5　　　　字　数：387 千字
版　　次：2016 年 8 月第 1 版　　　　　　　　　印　次：2016 年 8 月第 1 次印刷
印　　数：1～1500
定　　价：79.00 元

产品编号：058469-01

序一

2012 年我在国际会议上曾做过一个题目为"混乱与活力"的演讲，谈中国的设计教育，谈自己与中国设计教育者们的忧虑、责任与理想。可口可乐企业与创新副总裁大卫·巴特乐（David Butler）在他的一次演讲中引用了我当时讲的一句话："超过百万的大学生在校学习设计，设计教育是中国的国家大事"，感叹中国设计教育的规模与发展速度，同时对中国未来设计的前景抱以期待。我想不仅大卫惊叹，所有第一次听到中国有超过百万在校大学生学习设计的人都会如此。我们自己也常常难以接受这些惊人的数字，我七十年代在中国美术学院学习设计时，全国也只有大约不足 20 个大学有设计专业，在校学生加起来不会超过 2000 人，今天却是 100 万至 150 万人。中国设计教育发展的速度与今天的规模在全世界没有先例，但巨大的数字之后是混乱的现实，体现在设计教育理念的滞后，设计教育与设计产业发展的不对称，教学中课程的设置缺乏科学性，授课方式随意混乱，教师学术与教学水平的参差不齐，凡此种种情况导致毕业生专业能力的低下，综合素质的欠缺。在这同时我们也看到中国设计教育与其规模对应所呈现的活力，大批有理想有追求的人才参与设计教育与学校的研究活动，大量政府资金的投入，每年几十万年轻人投身其中，其蕴含的能量及其对未来的影响也是十分可观的。

值得注意的是，今天设计教育滞后于社会的发展，技术的发展，产业的发展。面对第四次工业革命的来临，设计具有前所未有的重要性，它是新产品、新服务模式、新生活方式产生与创新创业的重要媒介与手段，所需设计师素质能力也相应产生了很大改变，这为设计教育者带来了巨大的挑战与机会，不仅是中国设计教育者面临的挑战与机会，也是全世界设计教育界所面临的挑战与机会。

一个能与我们设计教育规模对应的设计教育水准的提升有待我们共同的努力，值得欣慰的是很多学校，很多设计教育者正在重新审视培养目标、教育理念、课程设计、教学方法，有一批有识之士正在扎扎实实开展设计教育的深化改革工作，今天十分可喜的是，侯立平老师历时近十年的对中国设计教育的研究成果终于面世，作为她的导师，我由衷地高兴，并在此表示真诚的祝贺！

侯立平老师具有多年的教学实践经验，但其本书的研究着眼于课程理论。为了这项研究她潜修教育学，以跨文化的国际视野和超越现代与后现代课程范式的独特视角，对于不同时期、不同地区的设计教育风格、教育理念、课程理论研究、课程设计等，做了深入的分析，并且走访了国内外很多所设计院校，搜集了大量一手数据与课程资料，提出了许多创新性的观点，其研究成果对中国设计教育界课程理论研究与教育实践两个方面均具有现实意义和参考价值。

王敏

2016 年 2 月 27

序二

祝贺与期盼

侯立平教授历经数年呕心沥血而成的这部《坚守与转向——文化转型与设计学课程设计的变革》书稿终于杀青付印了，作为研究的同行，我深深地为之欣慰，也一并表示祝贺。

侯立平教授这一研究成果的完成，体现了她不畏辛苦、坚韧不拔的攻坚精神。由于设计教育自身的波谲云诡，加上作者对于有价值的研究结果的执着追求，在研究过程中尽管几易其稿，最终的研究结论却未必恰如其最初所愿，但是在这一领域不变初心地完成一次足迹远行的考察游历，对于她、对于这个学科和对于众多在设计教育领域努力践行的同道，都是有价值、有意义的，为此我要表示一份迟到的祝贺与真挚的敬意！

对于今天的世界与中国，设计教育都是一个备受瞩目的热点话题；对于世界来说，它涉及复杂的价值预设与路径规划；而对于中国，则被寄予更多的就业期待与效益愿景。但在我看来，所有这些热门的理由似乎都无关真相，尤其是设计教育的真相。因为设计教育真正的意义，在于为下一个时代所积聚的创新人格培养，这是明天的社会真正需要的成长资源、人文资源与创造未来的动力资源。它之所以是社会性的成长资源，是因为设计有可能将一种关于品质与价值的构想转化为影响生产、市场与消费的引导力量；它之所以是人文资源，是因为设计有可能将历史上所有美好的积淀转化为生活内涵与世界构想的滋养；但是所有这些"可能"，是否存在以及是否有转变为现实的价值，都取决于掌握这些转变能力的驱动者、决策者、执行者的"人"——设计师自身所具备的人格类型。诚如阿诺德·盖伦(Arnold Gehlen)在历数当代社会人性缺陷和精神坐标错失之后的结论所言,"人格在某种场合,就是一种制度。"①所以从最根本的意义上来说,创新人格的养成——作为决定未来走向的制度保证与动力资源,才是最重要和最根本的。设计教育,是塑造和积淀这种新人类性的伟大工程,与这一目标有关的行动指向,才是教育的真谛所在。

这种意义上的创新人格培养,同样取决于教育者要将"设计"定义为怎样的创造性、要将"设计者"塑为怎样的创新执行人,要给设计师以怎样的专业视野、未来胸怀与坦荡品格。但是这样的专业禀赋却并非有现成的模式可以挪移、复制或自然形成,这种专业的眼界与判断力必然来自于教育者与被教育者之间、教育行为与教育过程之中的反复讨论、启示与思想碰撞,才能内化为一种可以长期存在并能对创新行为起到激励与约束作用的自我教育的能力。唯有在这样不断的目标澄清、价值浮现的渐进过程中,教育才值得称其为教育,课程才是有意义的课程,专业才称其为专业。根据这样的目标要求,设计教育实质是一个不断进行自我舍弃、自我批判、自我教育、不断通过动态的路径更新、目标纠偏和方法革命来保持创新品格始终清新健在的习得方式,"法无定式,水无常形",这个中国古代智慧用来形容兵法精髓的描述,也许是对设计教育的真谛最为准确的解义。

但是,论及设计教育的"善变",还只是论及创新人格养成工程的一半,也许,比"善变"更为重要与困难的,是设计教育中的"守恒",即如何从瞬息万变、鱼龙混杂的世事乱象中把握夏尔·波德莱尔(Charles Pierre Baudelaire)所称为"永恒"和"不变"的那一半价值所在。这个看似十分哲学化的选择,却必然时

---

① 盖伦. 技术时代的人类心灵[M]. 何兆武,等译. 上海:上海世纪出版集团,2008:151.

时交杂在每一项设计教育的具体方向与方法的选择中。我与侯立平教授讨论现代主义哲学语境与后现代主义哲学语境对设计学本科教育课程结构的影响时，曾经论及：后现代主义哲学语境变革的最大意义，在于打破了单一、线性的逻辑方式，而将一种历史及文化的多元结构转变为考察与梳理矛盾交错的价值观与方法论的现实路径。然而交叉在当代艺术及设计问题之中的现代性思考，非常容易将一种多维存在的创新品格单一化为某种既定的，甚至人为约束的审美方式与形式桎梏；以至于本来只是产生于某一变革过程中的形式应用，往往被不加辨析地固化为判断专业教学是否"专业""前沿"或"入时"与否的标准。正是这种专业作为只能仰名人、高人、他人之鼻息的形式观、高下观、品味观，将一种生机勃勃、可以时时处处焕发出创造生机的设计学课程沦落为大师风格的"山寨"课、网络资料的集成课与流行风格的门户课。这样的"创造"习性一旦形成，无论专业教学课程如何改革、如何"现代主义"或"后现代主义"，都会变成与创新人格养成无关的造假训练。从这个意义来看，今天对于设计教育课程的结构梳理、内涵梳理与方法梳理还只是开始，甚至只是形式层面与表象层面的罗列，距离真正的设计教育创新，路程还十分遥远。而设计教育作为现代设计教育发展序列中积累最深、根底最厚的组成部分，在价值观与方法论的创新方面也面临最大的压力，这正是需要从根本上来一番研究与清理的最大的现实理由。

侯立平教授为完成本课题，真诚走访了许多学校，收集了诸多国内外知名设计院校的设计学学科教程案例，这个工作十分重要，也十分珍贵。中国的现代设计教育从西方现代设计教育的滥觞而来，在批判和改革的过程中也需要加深彼此的沟通与了解，这一趟中外设计教育的游历纵然不能解决所有问题，但是一番虚心诚恳的探索与求解还是极为重要的。为了完成课题，她也经常回到美院与导师、与同行们切磋交流，态度之恳切真诚令人感动。在本课题结题、成果付印之际，我也希望她不放松游历的脚步与思想的节奏，继续就这一课题进行更为实际和深入的研究。在当下各个设计领域的范畴与界限都在发生历史性变化的现实中，设计学学科本身的命运正在发生深刻的变化，从"印刷设计"到"视觉传达设计"，从"平面设计"到"交互设计"，发生变化的不仅是古老应用手段的扬弃与更新，也包含着文化内涵与人类行为之间的对位关系发生着历史的嬗变，设计学学科本科教育，这个古今中外历来都是人才荟萃、大师如林的领域，如何继续走在教育变革的前列，世界都在拭目以待。

我们也对侯立平教授新的研究抱以更大的期待、更多的期许。

许平

2016 丙申新春节后于北京

前言

"变者古今之公理也。……变亦变，不变亦变。"①变，是人类社会的根本属性。教育作为社会发展的重要构成因素，随着社会的汤汤之河而奔腾不息。教育的变革具有历史的必然性，然而教育是个演进的过程，它既深深地扎根于过去，又不断地追寻着未来的阳光绽放新绿，因此，教育者对昨日之教育理想的坚守而善存瑾瑜，对明日之教育理想的探索而促进教育发展的应时转向，都是对特定历史时期教育使命的担当。辩证地理解"坚守"与"转向"的关系是探索中国当今设计学学科本科教育课程发展适切路径的基本的理论立场，由此也奠定了本书的研究视野与研究视角。

文化转型作为社会发展的具体体现，在每一个历史时期都是促进教育及其核心内容——课程变革的强劲动力。文化转型与课程变革之间存在着内在的、必然的联系。文化孕育了课程，但课程不仅传承文化，而且创造文化。文化与课程之间存在着双向互动的关系。文化转型对课程的影响体现在由于人类世界观、价值观的变革所引起的教育观、课程观的变革；由于知识领域内部的变革，如知识型、知识性质、知识类型、学科内容与体系的变革所引起的课程内容体系、课程组织形式、课程实施方法的变革；以生产方式为基础的社会的全面变革所产生的社会对人才需求的变革，从而引起的高等教育人才培养目标的变革及其相应的课程体系的变革。反之，课程的变革又会对文化的发展发挥积极的推动作用。

中国的设计教育在一个半世纪的沧桑历程中，从晚清时期的孕育、民国时期的萌芽、新中国时期的探索到改革开放时期的发展，再到 21 世纪的繁荣，每前行一步，都因应着世界文化转型与中国文化转型而历经变革，在世界文化形

---

① 梁启超. 梁启超文集[M]. 北京：线装书局，2009：8.

态与中国文化形态发生重大变化、课程范式发生转变、中国教育在 21 世纪初发生骤然转型的历史时期，中国的设计教育界有必要为自身探索适合中国当前国情、反映当今时代精神的适切的发展路径。

欲探索中国当今设计教育的适切路径，应当如何选择研究的视野和研究的视角？

一方面，"国际视野，本土行动"是联合国教科文组织倡导的教育研究与教育发展的准则，随着全球化进程的加快，中国教育的发展在中西方文化共存、交融互动中展开具有历史的必然性，因此，将中国当今设计学学科本科教育课程设计的变革置于世界文化背景中来研究形成了本书横向的研究视野。另一方面，教育是一个演进的过程，历史性地分析文化转型对东西方国家课程变革的影响，以鉴往知来，因而，既源于过去、立足当今，又面向未来是本书纵向的研究视野。

关于本书的研究视角仍然需要关注两方面的问题。首先，当今的课程研究领域恰逢"现代课程范式"或"课程开发范式"向"后现代课程范式"或"课程理解范式"转变的历史境遇，笔者认可两种范式的区分，但并不赞成非此即彼的二元对立的认识态度。课程是一种复杂的文化现象，其价值取向、理论依据、研究方法具有多元性，因此，本书的研究立场既非现代的，也非后现代的，而是以第三者的立场批判性地审视两种课程范式的价值与不足，并予以扬弃，既坚守"泰勒原理"所提出的课程研究的四个基本问题的现实意义，又否定其将课程视为价值中立的指令性计划的设计原则和工具理性的课程观；既主张课程开发范式向课程理解范式的转向，倡导后现代课程范式将课程理解为课程主体的存在体验和知识创生的过程的课程观，又摒弃其重理论轻实践、重批判轻建设的弊病。其次，设计教育作为教育系统的子系统，体现着教育系统发展的总体规律。

笔者以系统的、联系的观点，以教育学的视角从事设计教育的研究。因此，既超越现代课程范式，又避免陷入后现代课程范式，而是在二者之间独辟蹊径，同时在教育学课程理论研究与设计学课程理论研究之间架起桥梁，是本书的研究视角。

探索中国当今设计学学科本科教育课程设计的发展路径，必须以洞悉中国当今设计教育的现状及其问题为前提，因此，田野调查成为本书的重要研究方法。为本次研究所做的调查自 2008 年春季开始一直持续至 2016 年的春季。对中国境内的调查主要是运用深度访谈和问卷调查的方法，通过对社会用人单位的管理者、设计师的调查，了解社会对设计学学科本科人才的需求状况，对人才所应具备的知识、素养、能力、品格等素质提出的具体要求，以及对设计学学科本科教育的课程评价与未来课程改革的建议。通过对中国高等学校从事设计学学科教学管理者、教师和在校学生的深度访谈、问卷调查，了解中国当今设计学学科本科教育教育价值观、人才培养目标观、课程设计和教学方法的现状。

跨越东西方文化的比较研究是必要的。本书将美国、日本、韩国、德国、英国作为研究对象，以分类抽样调查的形式对上述国家综合类高等学校、艺术类高等学校、设计类高等学校和工科类高等学校中的设计学学科本科教育进行了初步研究，其中对美国的调查比较深入。笔者于 2011 年至 2012 年期间赴美国访问交流，利用此次契机对美国西部、北部、东部十余所高等学校的设计学学科本科教育的现状进行了田野调查，运用深度访谈、观察法和问卷调查法了解其教育的价值取向、办学特色、课程设计和教学改革情况。对其余国家的调查主要是采用网络调查的方式进行的。

因为美国近百年来是现代课程范式和后现代课程范式的发祥地，其课程思想对世界课程领域产生了深刻而广泛的影响，所以，本书的比较研究以中美两国的比较研究为主要内容，由于调研所需时间的原因和本书的容量所限，对其他国家的调研资料仅在附录中予以呈现。

本书的调研工作是由具有在被调研国家留学经历的从事设计学学科本科教育的教师完成的：在日本九州大学（きゅうしゅうだいがく）获得艺术工学博士学位（芸術工学博士）的邵力民教授完成了对日本的调研工作；在韩国釜山东明大学（한국부산동명대학교）获得计算机图形设计硕士学位（컴퓨터그래픽디자인 석사）的姜晓慧老师完成了对韩国的调研工作；在德国伍珀塔尔大学（Bergische Universitaet Wuppertal）获得设计硕士学位（Diplom-Designer）的徐昊老师完成了对德国的调研工作；张小娟老师协助笔者完成了对英国的调研工作，笔者完成了对美国的调研工作。

构成本书主要内容的博士论文《文化转型与中国当今设计学学科本科教育课程设计的变革》自 2013 年 6 月在中国知网发表以来，受到中国设计教育界的广泛关注，读者纷纷来电、来函与笔者探讨文中研究的相关问题，并希望将这一研究成果以专著的形式出版以便更加有利于其应用于中国设计教育的教学研究和课程改革。今日终得在博士论文基础上进一步修订、补充、完善作为专著出版，以不负广大读者的期望。

《文化转型与中国当今设计学学科本科教育课程设计的变革》获得"2014 年度教育部人文社会科学研究一般项目"立项，本书将作为该项目的最终研究成果。

本书为 2014 年度教育部社科研究规划基金项目（14YJA760008）。

著者

2016 年 3 月

目录

第一章 绪 论

第一节 设计学学科本科教育课程设计研究的缘起

本研究是对教育价值与课程意义的追问。20 世纪末 21 世纪初，当信息时代的大门豁然敞开，人类迎来的是文化形态的急剧变革，而几乎与此同时，中国的教育也发生着重大的历史性变化，开始了由精英化教育向大众化教育的转型。教育转型的骤然发生引起了教育价值的殒失和办学方向的迷茫。因此，杨东平教授抒发了这样的忧思和诘问："大学不是权力机关或工商组织，因而教育家不应是权势者或商人。办大学要有哲学思想，而哲学思想蕴含着教育思想和教育理想。试问今天的大学校长，他们是否有思想自由兼容并包的办学理想？试问今天的大学教授，他们是否有学术的批判精神？试问今天的教育者，他们是否有转移风气培塑新人的志向？"[①]笔者是一位从事设计教育实践与研究的普通教育者，正是由于多年来不曾泯灭的"培塑新人的志向"鞭策自己反思设计教育实践中的问题，探究设计教育理论研究的适切路径。教育如何实现"培塑新人"的价值？课程应当担负起怎样的责任？

---

① 杨东平. 教育：我们有话要说[M]. 北京：中国社会科学出版社，2004：225.

一、教育实践中的现实问题

中国当今设计学学科本科教育实践中一个显著的问题是人才规格的同质化，其直接的原因体现于两个方面：其一，部分高等学校将某一时期反映国家统一的教育价值观的教育目的理解为本校的人才培养目标，混淆了二者的层次性，从而造成了立足于本校具体办学定位的培养目标的缺失；其二，不同层次、不同学科的学校所确立的人才培养目标雷同，不能反映学校的办学定位、学科特色。培养目标的缺失和培养目标的同质化必然导致课程体系设计的盲目性和同质化，使学习者在接受本科教育的过程中被塑造为同一型号、同一品质的物质产品，而遏制了其作为人的全面发展和个性发展。这是中国当今设计学学科本科教育在教育实践中所存在的现实问题的核心问题。

缘于上述核心问题，依据培养目标而设计的设计学学科本科教育的课程体系不可避免地会相应地产生一系列的具体问题。

课程内容设计这一环节存在以下问题：基础知识不够广博，专业口径不够宽阔；专业知识缺乏实践内容；课程内容陈旧，不能体现当今时代设计学学科与人文学科、社会学学科、科学学科以及社会生活密切相关的学科内涵；课程内容处于浅表层次，缺乏纵深性；缺乏体现设计实践过程的方法性知识。

课程结构设计这一环节存在的问题是：课程整体结构的设计缺乏系统性、有机性，不能够体现教育价值观、培养目标、课程结构之间的层次关系；将课程的纵向结构与横向结构机械地孤立对待，割裂了二者之间的内在联系；课程纵向结构的设计忽略了前修课程与后继课程之间的逻辑性，影响了知识的正迁移；横向结构的设计则忽视了显性课程与隐性课程、选修课程与必修课程、分科课程与综合课程等不同课程类型之间的相关性，从而失去了比例的协调性。

课程实施的问题在于教育者将这一过程视为知识的传输计划而将学习者客体化，从而扼杀了其作为课程主体的能动性、创造性；课程实施被视为机械的、封闭的系统而失去了课程过程所应有的开放性、生动性和知识的转化机制。

上述课程设计中所存在的现实问题，削弱了课程本身的教育意义，影响了课程体系应有的教育价值的实现。

这些现实问题的存在，既有历史的根源，又有现实的诱因。历史的根源在于，纵观中国近现代教育发展的历程，在晚清时期、新中国建设时期、改革开放后新的历史时期，教育都具有浓郁的工具主义色彩，唯民国前期追求自由、民主的教育有别于其他历史时期。晚清时期教育为救亡图存、富国强兵而兴起，新中国时期以实现国家工业化与为政治服务为目的，改革开放以后教育转向为经济建设服务——教育一直处于社会发展的从属地位，这是造成设计教育在百余年的大部分时间里秉承社会中心的价值取向和技能本位的培养目标观的根源所在。设计教育自民国时期即形成的"重技轻艺"的流弊，新中国时期依据社会行业的生产部门设置专业的现象正是这一根源在教育实践中的具体体现。现实的诱因在于，继1999年扩招之后，设计学学科本科教育在规模急速膨胀中殒失了教育价值，迷失了办学方向，致使办学条件不足，教育研究滞后，教育质量下降。然而，无论是历史的根源，还是现实的诱因，问题的根本在于教育的主体地位和优先地位始终未能真正地建立起来，中国近现代教育久久受制于工具主义价值观的局面未能真正地改变。

纵观20世纪的教育，无论中国还是西方都经历了工具理性（instrumental rationality）膨胀、价值理性（value rationality）衰微的时期，西方国家20世纪后半叶发生了教育价值观的转变；中国在迎来信息社会为实现强国之梦而培塑新人之际，有必要对教育进行反思而摆脱工具理性的桎梏，走向追求价值理性的新境界。

二、课程理论研究的历史境遇

就当今世界范畴的课程研究情况而言，大致存在两大范式，美国课程理论学者威廉·F. 派纳（William F. Pinar）将其定义为"课程开发范式"与"课程理解范式"；中国学者汪霞将其定义为"现代课程范式"与"后现代课程范式"。虽然称谓有别，但其内涵基本相同。

"课程开发范式"或"现代课程范式"主要以约翰·富兰克林·博比特（John Franklin Bobbitt）、韦瑞特·W. 查特斯（Werrett Wallace Charters）、拉尔夫·泰勒（Ralph Tyler）、杰罗姆·S. 布鲁纳（Jerome S. Brunner）等课程专家的课程研究理论为代表，其课程研究的共同特征是以科学管理的理念为前提，以追求效率为价值取向，对课程实行控制手段，强调目标的预设性、学科的独立性、知识的序列化、结果的可测量性，将课程理解为知识的传输计划，而学校成为知识的加工工厂，学习者是有待按某种标准生产的产品，教师是技工，课程是生产流程与工具。现代课程研究建立在自然科学研究的成果之上，主张课程应反映客观的经验和价值中立的立场，追求其在教育领域的普适意义。

20 世纪 70 年代之后西方课程领域出现了重要的范式转换，发生了由"课程开发范式"向"课程理解范式"或"现代课程范式"向"后现代课程范式"的转向，课程研究由普适性教育规律的探究转向对情境化教育意义的寻求。

后现代课程范式将课程视为一种社会和文化现象，展现课程研究的多元视角，将课程理解为政治文本、种族文本、性别文本、美学文本、神学文本、制度文本、国际文本等，为课程赋予了丰富的身份。使课程研究走向了不同于现代课程研究的鲜明立场，体现了课程的开放性、创造性、多元性和内在性特征，是对现代课程封闭性、机械性、单一性、外设性特征的革命性超越。在后现代课程中，学习者不再是"旁观者"，而是课程中的主体，是知识的生产者、意义的创造者；课程不再是预先给定的东西，而是学习者在具体的课程情境中的现实际遇。

就中国国内课程领域的情况来看，自新中国成立初期至 20 世纪末，课程理论研究的价值取向和研究方法都是课程开发范式，数十年来虽硕果累累却久久驻足于现代范式的樊篱之内未能有所突破。直至 21 世纪初，《理解课程：历史与当代课程话语研究导论》(*Understanding Curriculum*：*An Introduction to the Study of Historical and Contemporary Curriculum Discourses*)、《全球化与后现代教育学》(*Globalization and Postmodern Pedagogy*)、《后现代课程观》(*A Post-Modern Perspective on Curriculum*)、《后现代时期的课程发展》(*Curriculum Development in the Postmodern Era*)等后现代课程理论始被译介到国内，从而为国内课程研究领域增添了新的气象。虽然这些译介的课程理论所探讨的问题发生在遥远的西方世界，然而，在东西方文化的交融中和东西方教育领域的对话中，西方课程领域所发生的课程范式转换与后现代课程理论不可避免地会对国内课程思想和理论研究产生深刻的影响。在这样的背景下，中国当今的课程理论研究应当怎样确立自己的生长点？

从中国设计教育自身的发展轨迹来看，在一个半世纪的沧桑历程中，从晚清时期的孕育、民国时期的萌芽、新中国时期的探索到改革开放时期的发展，再到 21 世纪以来的繁荣，每前进一步，都面临着对自身传统的继承和对外来经验的借鉴。设计教育是教育系统的子系统，它的发展遵循着教育系统的发展规律，尤其是自改革开放至今 30 年的时间里，工艺美术学科逐渐发展为设计学学科，设计学学科与政治、经济、文化、科学及日常生活等社会领域各方面广泛而密切的联系更加加强了设计教育与教育系统的依存关系，因此，设计教育将与教育系统对文化转型而引起的教育价值观和课程观的影响作出同步的应答。随着信息社会的到来和经济文化全球化步伐的加速，教育的价值观与课程观将在东西方文化交融互动和文化转型的影响下发生变革，中国当今设计学学科本科教育的课程理论研究有必要在根植于传统理论研究的同时在国际文化视野中展开与西方国家的对话，探索新的路径并以此引领设计教育实践。

第二节　研究的现状

中外课程论与教学论的研究成果呈现了课程研究的广阔视野和多元视角，对笔者的研究理路产生了深刻的影响，其价值对本研究而言是思想的宝藏，但其内容不属于中国设计教育研究的范畴，这里不作详述。以下仅针对中国当今设计教育的课程研究范畴和设计教育研究范畴的现状进行概述。谭平教授的《艺众》系列丛书(2005 年、2006 年、2007 年)诠释了面向未来的工作室课程，研究的视角和课程设计的价值取向已经超越了现代课程研究范式的束缚；周至禹教授的《其土石出：中央美术学院设计学院基础教学作品集》(2011 年)阐述了基于培养学习者"独立之人格，自由之思想，审美之表达，创造之品性"的课程目标的设计基础课程，强调实验性、创造性、趣味性，旨在启迪学习者的心智，陶冶其素养；袁熙旸教授的专著《中国艺术设计教育发展历程研究》（2003年）对中国设计教育自晚清至20世纪末逾一个世纪的发展历程进行了翔实的论述；潘鲁生教授的《设计教育》（2007年）对当前中国设计教育所涉及的学科发展构想、专业发展格局、教学评估体系、艺术人才培养等方面进行了比较全面的论述；杭间教授的《传统与学术：院史访谈录》（2011年）记录了对数十位教育家、艺术家对教育工作与艺术生涯的回顾，展现了清华大学美术学院半个世纪以来教育思想与学术思想的发展和变革。21世纪以来的博士、硕士课题研究也反映了这一时期的研究状况。邬烈炎教授的博士论文《艺术设计学科的专业基础课程研究》（2001年）结合作者的教学经验，在对中外艺术设计学科专业基础课程的课程演变、国内当前高等学校艺术设计学科专业基础课程的现状进行分析的基础上，对课程目标的确立及其相应的课程体系的设计提出建设性意见；夏燕靖教授的博士论文《对我国高校艺术设计本科专业课程结构的探讨》（2007年）针对我国艺术设计专业百衲衣式的课程结构现状，通过对其成因进行历史性和现实性的研究分析，据此提出课程结构设计的主要原则；唐朝晖的硕士论文《艺术设计专业创造性思维课程教学改革研究与实践》（2006年）在对国内艺术设计教育的课程进行分析的基础上提出对创新课程的研究方法和教学实践，在此基础上构建创新课程的可行性教学方案；王斯诺的硕士论文《中英高等艺术学校设计课程内容比较与课程创新》（2011年）通过对中英两国的艺术学校艺术设计专业课程的比较研究，提出中国艺术设计专业课程创新的途径；朱伟娟的硕士论文《从创新工作室谈创新思维与高校艺术设计课程的研究》（2011年）立足于创新性人才的培养，探索开放性、合作性工作室课程的教育价值和建构模式；陈希的硕士论文《产业升级背景下对我国高等艺术设计教育的思考》（2011年）在分析中国产业现实问题的基础上，提出设计产业发展走向可持续发展道路的现实意义与高等艺术设计教育所担负的历史使命，为艺术设计培养模式与产业对接及其可持续发展关系的建立提出艺术设计教育改革的建议；肖佩的硕士论文《当代中国高校艺术设计教育》（2012年）在梳理中国艺术设计教育发展历程的基础上，通过中外比较的方法对中国当代艺术设计教育的特殊形式——设计素质教育阶段进行现状分析，并据此提出改革的措施；马静的硕士论文《高校艺术设计专业实践教学体系探究》(2012 年)探讨在经济发展模式由"中国制造"向"中国创造"转型的机遇期，中国设计教育在规模不断扩大的同时，如何建立多元化的与社会需求对接的人才培养模式，并据此构建理想化的实践教学体系。这些研究成果体现了研究视角的多元化和对现实问题的关注，对本书的研究具有参考价值。笔者同样着眼于对设计学学科本科教育现实问题的研究，但研究的视野与视角有别于上述研究成果。

第三节 概念的厘清

一、"文化"与"文化转型"

（一）文化

"文化"是一个内涵极为丰富的词汇，至今学术界对其界说不一。文化指"文治和教化"；① 文化指"人类知识、信仰和行为的整体。在这一定义上，文化包括语言、思想、信仰、风俗习惯、禁忌、法规、制度、工具、技术、艺术品、礼仪、仪式及其他有关成分"；② "文化就是在一定物质资料生产方式的基础上发生和发展的社会精神生活形式的总和"；③ 文化"广义指人类在社会历史实践过程中所创造的物质和精神财富的总和。狭义指社会的意识形态及其相适应的制度和组织机构。泛指一般知识……"④以上定义虽然各有侧重，但总而言之，

----

① 广东、广西、湖南、河南辞源修订组，商务印书馆编辑部．辞源：上卷[M]．北京：商务印书馆，2010：1483.

② 美国不列颠百科全书公司．不列颠百科全书[M].5 版，修订版．中国大百科全书出版社《不列颠百科全书》国际中文版编辑部，编译．北京：中国大百科全书出版社，2007：56.

③ 汤权友，等．简明群众文化词典[M]．长沙：湖南大学出版社，1988：29.

④ 中国大百科全书出版社上海分社辞书编辑部．百科知识辞典[M]．上海：中国大百科全书出版社，1989：904.

文化包括物质领域和精神领域两个范畴。第一，文化作为一定的社会精神生活形式的总和，应当包括以世界观、价值观为核心的思维方式、伦理道德、制度规范、心理状态、风俗习惯等非物质现象；第二，文化的发生、发展以一定的物质资料生产方式为基础，就必然通过相应的物质载体表现出来，那么物质载体本身则成了文化的体现形式；第三，人类建立在认识世界、改造世界等社会实践基础之上而创造的知识领域，包括知识型、知识性质、知识类型、学科内容与体系等是文化的主轴，是文化的物质形式与非物质形式的统一；第四，文化的物质领域与精神领域之间存在着相互促进、相互作用的关系。

（二）文化转型

"文化转型"是指在社会物质生活领域和精神生活领域居于主导地位的文化形态逐渐消退，另一种新的文化形态逐渐形成而替代原有文化形态在社会物质生活领域和精神生活领域占据主导地位的过程。文化转型反映着文化在以下几方面的变化：一是人类在认识世界、改造世界等社会实践活动中形成的世界观、价值观的变化；二是以物质资料生产方式为基础的社会现实图景的变化；三是知识领域的变化，包括知识型、知识性质、知识类型、学科内容与体系等的变化。

二、设计学

2011 年，在国务院学位委员会与教育部印发的《学位授予和人才培养学科目录(2011)》中，艺术学从一级学科上升为学科门类，设计学被确立为一级学科，[①]"设计学"的学科概念从此确立。当今时期，设计作为寻求问题解决的思维方式已经融入政治、经济、文化、科学等社会生活各领域，因此，设计学学科与文学学科、工学学科、经济学学科、历史学学科、社会学学科、管理学学科以及艺术学领域其他学科甚至所有学科之间存在着内在的、普遍的联系，它跨越了 20 世纪设计实践与设计理论所关注的功能性与审美性范畴，而将触角延伸至价值伦理、信息交流、审美取向、科学技术、经济活动、文化传播等广大

---

① 国务院学位委员会，教育部. 学位授予和人才培养学科目录(2011)[EB/OL]. [2013-12-10]. http://www. moe. edu. cn.

而丰富的理论研究与实践活动领域。可见，设计学学科是一门涉及历史与文化、思维与方法、工程与技术、经济与管理等知识领域的交叉学科，它"以发现问题、分析问题、解决问题的思考为基本方法，展开关于设计实践的、历史的、文化的、教育的研究；设计学强调以设计对象的物理特征、事理特征、情理特征的把握与体现为要旨，探讨构建人与理想世界的现实关系的原理与方法，建构设计学研究的理想坐标与科学体系"①。2012 年，在中华人民共和国教育部高等教育司编制的《普通高等学校本科专业目录和专业介绍（2012 年）》中规定，设计学学科下设艺术设计学、视觉传达设计、环境设计、产品设计、服装与服饰设计、公共艺术、工艺美术、数字媒体艺术八个专业。②

三、本科教育

"本科教育"是指高等教育的基本组成部分，主要是指高等教育在纵向层次上区别于研究生教育、专科教育的学历阶段。一般学制为四年，医学类与建筑学类通常为五年。学习者经过考核毕业时可以获得大学学历和学士学位。

本书所研究的本科教育的范畴依据中国高等学校的类型定位而确定。中国高等学校的类型定位是一个还处在研究过程中的课题。2002 年武书连教授发表《再探大学分类》一文，提出按学科比例和科研规模两部分组成的新的大学分类法以及标准，"大学的类型由类和型两部分组成，类反映大学的学科特点，按教育部对学科门的划分和大学各学科门的比例，将现有大学分为综合类、文理类、理科类、文科类、理学类、工学类、农学类、医学类、法学类、文学类、管理类、体育类、艺术类等 13 类。型反映大学的科研规模，将现有大学分为研究型、研究教学型、教学研究型和教学型等 4 型。每个大学的类型由上述类和型两部分组成，类在前型在后。"③上述大学类型定位方法近年来为中国学术界所认可，本书的研究范畴包括以上类型高等学校中所设立的设计学学科的本科教

---

① 中国高等学校设计学学科教程研究组. 中国高等学校设计学学科教程 [M]. 北京：清华大学出版社，2012：24.

② 中华人民共和国教育部高等教育司. 普通高等学校本科专业目录和专业介绍（2012 年）[M]. 北京：高等教育出版社，2012：361-367.

③ 武书连. 再探大学分类 [J]. 科学学与科学技术管理，2002（10）：26-27.

育，在类别上将综合类、文科类、工学类、艺术类作为研究重点；在层次上包括上述 4 个型，教学型中的职业教育不在本书的研究范畴之内。

四、"课程"与"课程设计"

（一）课程

"课程"是教育领域中含义最复杂、歧义最多的概念之一。"课程"概念的变迁体现了在不同的历史时期，人们随着文化形态的发展变化所形成的不同的教育价值观和课程观。

在中国，"课程"一词始于唐朝。孔颖达曾在《五经正义》里为《诗经·小雅·巧言》中"奕奕寝庙，君子作之"作注疏曰："维护课程，必君子监之，乃依法治"。据考，这是"课程"一词在汉语中的最早显露，但它的含义与现在所说的课程的含义不同。宋代朱熹在《朱子全书·论学》中多处提及"课程"一词，如"宽着期限，紧着课程"，"小立课程，大作功夫"等。这里的"课程"大体是指功课及其进程，① 已与当今的课程含义相近。

在西方，"课程"（curriculum）一词由英国著名教育家、哲学家赫伯特·斯宾塞（Herbert Spenser）在 1859 年发表的《什么知识最有价值》（*What Knowledge Is of Most Worth*）一文中最早提出，意为"教学内容的组织"。"curriculum"一词源于拉丁语"currere"，它具有动词和名词双重内涵，动词意为在跑道上奔跑的过程；名词意为"跑道"（race-course），西方早期的课程学者们取其名词的含义，将"课程"定义为"学习的进程"（course of study），简称"学程"，将"课程"作为静态的、外在于学习者的"组织起来的学习内容"来理解，而忽视了学习者与教育者的经验与体验的动态层面的含义。

一个世纪以来，"课程"一词的内涵历经沧桑，既承载了时代变迁的印记，又体现了学者们对课程真谛苦苦探寻的跋涉历程。1902 年，约翰·杜威（John Dewey）首次将"经验"纳入课程的定义中；1918 博比特认为，课程描述应当包括指导性的经验与非指导性的涉及个体能力展开的经验，将课程含义扩展至包括

---

① 参见：陈侠. 课程论[M]. 北京：人民教育出版社，1989：12-13.

校外经验。1962 年，著名哲学家、课程理论专家菲利普·H. 费尼克斯（Philip H. Phenix）认为：一切的课程内容应当从学问中引申出来。换言之，唯有学问中所包含的知识才是课程的适当内容。① 20 世纪 70 年代至 90 年代，派纳、帕特里克·斯莱特里（Patrick Slattery）、小威廉姆·F. 多尔（William F. Doll Jr.）等后现代课程理论家则认为，课程的本质是个体在与他人和环境的交互作用中所获得的个人经验或体验的过程。

　　中国当代的学者对课程的理解有以下几种表述：钟启泉教授认为，当今课程不仅"指教学的内容——教材的划分与构成，而且包括了计划化的教学活动的组织乃至评价在内"②。潘懋元教授与王伟廉教授认为，"课程是指学校按照一定的教育目的所建构的各学科和各种教育、教学活动的系统"③。这一系统由"目标的确立与表述""课程内容的选择与组织"和"课程实施与评价"组成。④ 依据谢安邦教授的观点，课程具有广义和狭义两层含义。"狭义的课程是指被列入教学计划的各门学科，及其在教学计划中的地位和开设顺序的总和。广义的课程则是指学校有计划地为引导学生获得预期的学习结果而付出的综合性的努力。与前者相比，广义的课程既包括教学计划内的，也包括教学计划外的；既指课堂内的，也指课堂外的；它不仅指各门学科，而且指一切使学生学有所获的努力"⑤。薛天祥教授曾指出，课程"一方面是知识传播的媒体，另一方面更是知识生产、创新的'胚芽'，涉及人的、教育的、发展的各个方面"⑥。《国际教育百科全书》对课程的定义进行了比较全面的阐述，概括为九种：（1）为训练儿童和青少年在集体中思维和行动为目的而制定的潜在经验序列；（2）学习者在学校指导下的全部经验；（3）学校应当提供给学习者有资格毕业、获得文凭或进入某一专业或职业领域的教学内容或者具体教材的总计划；（4）课程是探索学科中的

① 钟启泉. 现代课程论[M]. 上海：上海教育出版社，2006：116.
② 同①4.
③ 潘懋元，等. 高等教育学[M]. 福州：福建教育出版社，2011：130.
④ 同③153-179.
⑤ 谢安邦. 高等教育学[M]. 北京：高等教育出版社，1999：235.
⑥ 薛天祥. 高等教育学[M]. 桂林：广西师范大学出版社，2001：232.

教师、学生、科目和环境等因素的方法论研究；（5）课程是学校的生活和纲领……它成为青少年和他们长辈生活中能动的活动的长河本身；（6）课程是一种学习计划；（7）为在学校的指导下使学习者个人的和社会的能力获得不断的、有意识的发展，通过知识和经验的系统重建而形成的有计划和有指导的学习经验以及预期的学习结果；（8）课程必须基本上由五大领域的有组织的学问组成，即学习语法、文学和写作而系统地掌握母语、数学、科学、历史和外语；（9）课程被看做是关于人们的经验（而不是结论）的日益广泛的可能的思想范例，从这些范例中引出结论，这些结论只能在这些范例的背景中扎下根基，并获得认可。①总结以上的课程含义，概而言之可将其分为以下三类。

1. 课程即学问和学科

课程被理解为学问和学科已有悠久的历史。我国古代课程被称为六艺，由"礼、乐、射、御、书、数"组成；欧洲中世纪初的课程被称为七艺，由"文法、修辞、辩证法、算数、几何、音乐、天文学"组成，都是强调学问的分科课程。时至今日，认为学习者学习的全部学科为广义的课程，某一门学科为狭义的课程，这种观念仍然非常普遍。"课程即学问和学科"并不是一个完整的定义，因为目前学习者所学习的课程已远远超出学问和学科的范畴，拓展至通过活动和社会实践等方式所学到的更为广泛的知识。课堂相对而言已成为一个狭小的空间，不能涵括知识的全部，只强调课堂之中学问和学科知识的传授已不能满足学习者个体发展和社会对人才的需求，同时会造成学科发展的畸形甚至萎缩退化。当今教育界已普遍认识到这一点，并力图使课程具有广博性、多元性、生长性。

2. 课程即教学目标和计划

这个定义被理解为在教学活动之前对教学结果、教学内容和进程的预期和规划，以文件的形式来呈现，并作为教学中的依据和规范，如教学计划、教学大纲。这种课程定义将课程理解为是教育过程的预设并外置于教育情境，使教

---

① 参见：江山野. 简明国际教育百科全书·课程 [M]. 北京：科学教育出版社，1991：65.

学目标、计划与教育过程、手段相隔离，并因过分强调前者而往往忽视学习者的主体性，将课程视为预先装配好的包裹，学习者成为被动的接受者。

3. 课程即学习者的经验与体验

这种课程定义强调学习者的实际经历和在现实生活中所获得的知识，将课程理解为学习者所获得的亲身经验或体验。经验课程于 20 世纪初由杜威最先提出，30 年代以后在课程领域产生了深远的影响。杜威的经验课程是将课程视为学习者在教师的指导下所获得的经验，而后现代课程学者们则将课程理解为学习者在学校和社会情境中获得的全部经验或体验。经验或体验课程将课程的焦点从学问或学科转向个体，体现了对学习者主体性的尊重，从而消除了主体与客体、内容与过程的二元对立，因此具有积极的意义。但由于这种课程内容宽泛、灵活多变，难免造成在教学实践中缺乏规划、难以把握、忽视知识系统性的缺憾。

本研究不仅重视"currere"的名词意义，而且重视其动词意义，将课程理解为静态意义的"跑道"和动态意义的"奔跑"的统一。课程既指学校依据特定的教育目的和培养目标，根据教育计划所建构的学科知识和经验体系，又指课程主体在具体的课程情境中通过主体之间、主客之间的交互作用而展开的知识创造和经验创生的过程。

（二）课程设计

"课程设计"（curriculum design）是一个发展中的概念，如同"课程"的概念一样在课程领域具有多种表述。

美国课程学者希尔达·塔巴（Hilda Taba）于 1962 年使用这一概念，认为"课程设计是认清课程的各个组成部分的说明，说明它们彼此之间的关系，指出编制的各项原则和编制的要求，为的是在行政管理的条件下实现它。"[1]20 世纪 90 年代"课程设计"一词在中国课程研究领域已较为经常地出现。1996 年施良方教授对"课程设计"的定义是："为课程所采用的一种特定的组织方式，它主要涉

---

① TABA H. Curriculum development：theory and practice［M］. New York：Harcourt，Brace &World，1962：421.

及课程的目标以及课程内容的选择和组织。"①钟启泉教授于 1998 年指出："课程设计就是指课程的组织型式或结构。② 课程设计基于两个层面：一是理论基础，二是方法技术。所谓'理论基础'，系指课程设计的三大基础——学科、学生、社会。课程设计必须基于三大基点，据以产生均衡的课程。所谓'技术方法'，系指依照理论基础对课程各要素——目标、内容、策略（活动、媒体、资源）、评价作出安排。课程设计是随教育观、课程观的不同而不同的。"③

以上定义并不能全面而恰当地反映当今课程设计的内涵，原因在于它们片面地强调了"课程设计"的名词内涵，而忽视了其动词的意义。将"课程设计"理解为课程基本要素的基本形式或安排，而"课程实施"则是课程设计的后续阶段，从而割裂了课程与教学的内在联系，忽视了教育者与学习者在课程实施过程中的经验与体验。

在当今的课程研究中，"课程"一词已不是一个名词概念，它反映的不仅仅是课程目标、课程内容、课程结构等要素构成的静态的、预设的、外在于学习者的学程的安排，还有作为课程主体的教师与学习者在经历上述课程要素的过程中活生生的经验与体验，是一个在情境中进行的师生互动的动态的过程。因此，课程实施是课程的重要环节。"设计"一词同样具有名词与动词双重含义，其名词的含义是指建立在分析与综合之上对某事或某物提出的富有创建的规划、安排或构想，强调静态的结果；其动词的含义则是指为提出这种富有创建的规划、安排或构想所经历的全部精神活动和行为活动，强调的是动态的过程。

在晚近的课程研究中，"课程设计"一词的含义逐渐完善。

张廷凯于 2003 年对"课程设计"的定义是："课程设计，既要对学校教育目标做出呼应，还要对学校中选择和组织的科学文化以及其他内容做出纲领性的规定；既要阐明课程的认知任务，还要建议或规定课程要应用的各种方法，阐

---

① 施良方. 课程理论：课程的基础、原理与问题[M]. 北京：教育科学出版社，2007：81.
② "型式"，这里指框架，有别于"形式"。
③ 钟启泉. 课程设计基础[M]. 济南：山东教育出版社，1998：4.

明课程和教学策略之间的关系；既要对课程整体和各个组成部分做出合理的安排，还要鉴别课程的各个部分所起到的作用，通过反馈和评价对课程内容及其安排作出调整。"①李定仁与徐继存于 2004 年为"课程设计"所概括的定义是："课程设计可以分为宏观与微观两个层面，宏观层面的课程设计包括基本的价值选择，解决的是具体课程设计的基本理念问题；微观层面的课程设计包括技术上的安排和课程要求的实施，解决的是形成什么样的课程文件，以及如何形成这种课程文件的问题。"②

以上"课程设计"的定义分别涉及"所有形式的课程""课程应用的各种方法""课程和教学策略之间的关系"、课程设计的价值选择和技术成分等，大大拓宽了"课程设计"这一概念的内涵，越来越接近课程设计的实质。

《简明国际教育百科全书·课程》中对"课程设计"的定义是："课程设计是指拟定一门课程的组织形式和组织结构。它决定于两种不同层次的课程的编制决策。广义的层次包括基本的价值选择，具体的层次包括技术上的安排和课程要素的实施。"③

在本书中，课程设计是根据既为当今世界教育领域所倡导又适合于中国国情的教育哲学思想和教育目的，为实现特定的培养目标，对构成课程体系的课程目标、课程结构、课程内容和课程实施各要素所涉及的知识体系和学习经验进行合理性的规划和建构，它是关于课程研究的宏观与微观、价值与技术、理论与实践、文件与应用、静态与动态、结果与过程的辩证统一。中国当今设计学学科本科教育的课程设计是本书研究的核心内容。

应当指出的是，中外课程领域往往将"课程设计"与其几个近似的词"课程编制"（curriculum making）、"课程设置"（curriculum arrangement）、"课程开发"（curriculum development）相混淆，事实上它们之间在内涵上存在着微妙的差异。

"课程编制"是在对教育目标进行分析的基础上，对受教育者状况进行研究，

① 张廷凯. 新课程设计的变革[M]. 北京：人民教育出版社，2003：3.
② 李定仁，等. 课程论研究二十年[M]. 北京：人民教育出版社，2004：54.
③ 江山野. 简明国际教育百科全书·课程[M]. 北京：科学教育出版社，1991：1.

对教学科目的安排和各科教学时数的分配、对教材教具的选择和对评价标准的规定等。

"课程设置"是指对课程的总体规划,依据一定的课程目标选择课程内容,确定学科门类及活动,规定教学时数,编排学年及学期顺序,形成合理的课程体系。

以上两种概念主要是从技术层面来探讨学校课程的范围、顺序,将课程设计视为先于教学过程的预设,或者将教学活动排除在课程设计的范畴之外,视界较为狭窄,具有明显的机械主义倾向。

"课程开发"是由课程编制、课程设置发展而来,是指为了使课程的功能不断地适应社会文化、科技及人才发展的需求而持续不断地改进课程的活动和过程。这一概念的内涵与外延的广度为上述三个概念所不及。

第四节　研究的运思

一、研究的视野

首先,"国际视野,本土行动",是联合国教科文组织倡导的教育研究与教育发展的基本准则。[1]"历史考察与现实对话表明,中国教育各个方面的发展都是在中西文化共存、交融的全球化背景下展开的。"[2]随着全球化进程的加快,中国与西方国家的交流和对话日益显示出其紧迫性。这种紧迫性"不仅在于中国今天发生的许多教育的进展甚至问题,都已与全球社会在教育上发生的变化有着无法分隔的紧密联系;而且在于世界也在密切地关注这个教育人口最多的国度,中国教育的变革与发展实际上已与全球教育的发展息息相关"[3]。因此,笔

---

[1]　参见:钟启泉.对话教育:国际视野与本土行动[M].上海:华东师范大学出版社,2006:1.

[2]　丁钢.全球化视野中的中国教育传统研究[M].桂林:广西师范大学出版社,2009:207.

[3]　同[2]208.

者将本书的研究置于世界文化视野中来探讨世界文化转型对中国当今设计学学科本科教育的价值观、培养目标观以及课程设计的影响；同时以中美两国文化转型与课程变革的关系相比较的方法来探讨世界文化转型对两国文化转型的影响以及两国自身国内文化转型对教育价值观与课程变革的影响；另外，以比较的方法研究当今两国设计学学科本科教育所秉持的不同的教育价值观、培养目标观及其相应的课程设计。在中西文化对话中探讨中国当今设计学学科本科教育所应当追求的教育价值观、培养目标观以及相应的课程设计以应答当今文化形态所体现的时代精神的呼唤。这是本书横向维度的研究视野。

其次，教育是一个演进的过程，教育与课程的变革是传统文化之根在新的历史时期的生长，所以本研究不应忽视课程变革的历史意义。教育之于社会的关系，不仅仅是维持现有社会状态和再现过去的社会状态以适应社会的发展，而且应当为未来培养新人以创造一个尚未存在的社会。因此，教育与课程研究不仅应当源于过去、立足当今，而且应当面向未来。这是本研究纵向维度的研究视野。

二、研究的视角

首先，笔者认可课程研究范式存在着"课程开发范式"和"课程理解范式"或"现代课程范式"和"后现代课程范式"的区分，但并不赞成非此即彼的认识态度。如果认为课程研究仅仅存在着两大范式而且它们彼此泾渭分明，这种二元对立的认识方法岂非又遁入了现代机械主义思想的窠臼？课程是一种复杂的文化现象，其价值取向、理论依据、研究方法是多元化的。笔者的研究立场既非现代的，亦非后现代的，而是以第三种立场批判地审视两种课程范式的价值与局限、意义与不足。现代课程范式追求工具理性的教育价值观，技术理性的研究旨趣，将课程视为价值中立的指令性的传输计划，强调指令的普适意义，其价值追求与研究手段已不适应当今的教育观，但"泰勒原理"所提出的课程研究的四个基本问题却至今仍具有现实意义。后现代课程范式将课程视为一种弥漫的社会和文化现象，倡导课程的多元理解，既重视课程背后的价值，又重视作为课程主体的学习者的存在体验，在一定程度上反映了时代的精神。但后现代课程范式存在着重理论轻实践、重批判轻建设的问题，又因为其多元化的取向而使自身缺乏统一的规范，使课程实施具有较高的难度。笔者扬弃地吸收两种研究范式的精华以用于探索中国当今设计学学科本科教育课程设计的恰当路径。

其次，设计教育作为教育系统的子系统，体现着教育系统发展的总体规律；设计学学科的交叉性特征使之与科学学科、社会学学科、人文学科存在着内在的普遍的联系，因此，当今设计教育不可能孤立于教育系统和其他学科的发展而独守一隅，囿于设计学学科的范畴而孤立地探讨设计教育不利于现实问题的真正解决，因此，笔者以系统的、联系的观点，以教育学的视角从事本研究，以期研究思想和方法符合教育的普遍规律和教育学的基本原理。

三、研究的方法

（一）田野调查法

本书是对中国当今设计学学科本科教育现实问题的研究，所以田野调查法是主要的研究方法。

1. 深度访谈法

（1）通过对社会用人单位中的管理者、设计师的深度访谈，了解社会对设计学学科本科人才所应当具备的知识、素养、能力、品格等素质要求，为培养目标的变革提供依据；了解当前社会用人单位本科毕业生所具备的知识、素养、能力、品格等素质的现实状况；了解社会用人单位对高等学校设计学学科本科教育课程的评价及未来改革的建议。

（2）以分类分层抽样调查的方法，通过对中国国内 24 所重点调查的高等学校中从事设计学学科的教学和教学管理者的深度访谈，了解他们所在学校的办学特色、课程设计和教学改革情况；了解中国当今设计学学科本科教育课程设计现状的共性特征和个性特征，获得第一手研究资料。

以分类抽样调查的方法对美国 12 所高等学校中从事设计学学科的教学和教学管理者进行深度访谈，了解美国当今设计学学科本科教育的价值取向、办学特色、课程设计和教学改革情况，为研究其课程设计现状的共性特征和个性特征获得第一手资料，从而支持中美两国的比较研究。

（3）通过对中国部分高等学校设计学学科在校本科生的深度访谈，了解他们所在学校的教学情况和课程设计情况。

通过对美国部分高等学校设计学学科在校本科生、研究生的深度访谈，了解他们所在学校的教学情况和课程设计情况。

2. 问卷调查法

（1）通过对用人单位的问卷调查获得社会对设计学学科本科人才的需求状况和当今社会用人单位所拥有的本科毕业生所具备的知识、素养、能力、品格等素质的现实状况。二者比较所显示的差异为未来培养目标的确定和课程设计改革提供参考。

（2）通过对中国教师的问卷调查了解学校的课程设计所体现的教育价值取向、培养目标观，使之与社会对人才的需求状况形成对比。

通过对美国教师的问卷调查比较中美两国教师对同样问题所体现的不同态度，从而发现两国设计学学科本科教育在价值观、培养目标观和课程设计方面的不同。

（3）通过对中国在校学生的问卷调查，了解中国当今设计学学科本科教育课程实施的情况、师生关系情况和课程对人才知识、素养、能力、品格各方面的培养所发挥的教育意义。

通过对美国在校学习者的问卷调查，比较他们与中国在校学习者对相同问题的不同态度，从而了解两国教育价值观、教学方法、师生关系以及课程对人才培养所发挥的教育价值之间的关系。

3. 观察法

通过深入美国部分高等学校的课堂，观察其课程实施过程中课程主体——师生之间的关系、课程主体与课程之间的关系、促进知识转化的策略、过程性课程设计（包括课程的阶段性目标及内容的设计等环节）以及课程之间的逻辑关系等，从而为本研究开阔视野，提供思路。

（二）历史分析法

通过对中美两国课程变革的历史性研究，分析文化转型对课程变革所产生的深刻影响，发现二者之间的内在联系，以鉴往知来，从历史性规律中透视中国当今设计学学科本科教育课程设计的未来发展趋势。

（三）比较研究法

通过对古今课程发展纵向维度的比较，获得课程变革与文化转型的规律性认识；通过当今中美设计学学科本科教育横向维度的比较，了解中美设计教育与课程设计的现状，寻找差异，发现美国设计教育与课程设计的可借鉴之处，以有益于探索中国设计学学科本科教育课程设计变革的有效途径。

第五节　研究的意义

本书研究的意义，体现在中国当今设计学学科本科教育的课程理论研究与教育实践两个方面。

对于课程理论研究而言，近半个世纪以来正是世界课程研究领域发生着研究范式转换、教育话语转型的时期，新的教育思想、新的话语体系的出现促进了课程理论研究领域的"返魅"（reenchant）①。中国教育是世界教育的一部分，中国课程理论研究领域不能面对世界课程理论研究的万象更新而麻木不仁，墨守成规，然而全面移植、非此即彼的认识和行为既不符合中国国情的现实，又不符合学术研究的规律，中国课程理论研究应当确立自己的生长点，应当立足于中国教育的现实问题，既扬弃传统课程理论研究的话语，又与世界课程理论研究领域的其他话语体系展开真正意义上的对话，从而探索既体现当今时代精神又适合于中国当今教育现实的课程理论研究路径。本书的研究既步出现代课程范式，又避免全然陷入后现代课程范式，而是在二者之间

---

① "返魅"是"祛魅"（disenchant）的反义词。"祛魅"是指解除魔鬼的符咒，也称"解咒"，即使人或事物从着魔的状态之下解脱出来，使之清醒，使之不再着迷，使之不抱幻想。本文运用其引申意义，即指事物失去了主观能动性或生动的、活泼的、丰富多彩的生命的意味或气象。"返魅"是指事物在祛魅之后又恢复了充满想象的、生动活泼的、丰富多彩的生命的意味或气象。

独辟蹊径；同时在设计学视野中的课程理论与教育学视野中的课程理论之间，在设计学学科的传统课程研究、当今课程设计的现实问题与课程设计变革的未来趋势之间架起桥梁，由此提出中国当今设计学学科课程理论研究的新的生长点。

对于教育实践方面，本书欲通过调查研究和比较研究明确中国当今设计学学科本科教育存在的现实问题，通过对现实问题的分析廓清认识，提出解决问题的方案。以当今世界文化变革所体现的时代精神为导向，探讨中国当今设计学学科本科教育价值取向的变革，促进设计教育领域步出工具教育的泥沼，回归价值教育的家园。经过与社会用人单位、学科专家、教学管理者、教师、学习者共同审议的过程，提出具有时代适切性的培养目标的变革方案，并据此提出相应的课程内容设计、课程结构设计、课程实施的变革方案，促进中国当今设计教育领域从教育价值观、培养目标观到课程设计再到教育实践的全面变革。创新性探索具体体现在以下几个方面：

第一，探讨了文化转型与课程变革的关系，分析了 20 世纪以来世界文化转型与中国文化转型对中国设计学学科课程变革的影响，阐述了中国当今设计学学科本科教育课程变革的必然性。

第二，提出中国当今设计学学科本科教育的人才培养目标和人才培养规格。

第三，根据中国当今设计学学科本科教育人才培养目标和人才培养规格提出通识教育的改革措施和实践课程体系的构建方案。

第四，提出课程结构设计的原则，超越以往课程研究中遵循的"纵向结构""横向结构"的研究维度而将课程结构视为一个多层次、多维度的有机系统进行研究。

第五，提出课程创生取向的课程实施所应当具备的对于主体性的弘扬及其过程性、复杂性、开放性、生态性特征。

根据党的十七大关于"优先发展教育，建设人力资源强国"[①]的战略部署，

---

① 中华人民共和国中央人民政府. 国家中长期教育改革和发展规划纲要(2010—2020年)[EB/OL]. 2010-07-29[2011-12-10]. http://www.moe.edu.cn.

教育部在《国家中长期教育改革和发展规划纲要(2010—2020 年)》中提出"以提高质量为核心,全面实施素质教育,推动教育事业在新的历史起点上科学发展"①的发展规划和"优先发展,育人为本,改革创新,促进公平,提高质量"②的工作方针,值此之际,本书的研究对设计学学科本科教育的改革具有现实意义。

---

① 中华人民共和国中央人民政府. 国家中长期教育改革和发展规划纲要(2010—2020年)[EB/OL]. 2010-07-29[2011-12-10]. http://www.moe.edu.cn.
② 同①.

第二章 20世纪以来世界文化转型概述

20世纪是世界文化形态发生急剧变革的时期，世界文化视野中发生的文化转型不仅形成本书研究的时代背景，而且彰显了当今世界的时代精神。本章着重讨论世界观、社会现实与知识型三方面所发生的变革以阐述世界文化形态发生变革的历史轨迹、现实特征与未来趋势，为后文课程设计的变革探讨思想基础与价值依据。

第一节　世界观的变革

爱因斯坦（Albert Einstein）曾评价哲学与科学的辩证关系——哲学"可以被认为是全部科学研究之母"；反之，"科学的各个领域对那些研究哲学的学者们也发生强烈的影响，此外，还强烈地影响着每一代的哲学思想"。[1] 哲学是理论化、系统化的世界观，科学与哲学的关系等同于科学与世界观的关系，人类世界观的发展与科学的发展一脉相承。19世纪至20世纪科学领域的新发现对现代科学范式产生了强烈的冲击，科学革命正在发生，新的范式正在形成。自然科学的新成果所揭示的现实事物的相对性、非确定性、开放性、有机性，动摇了人们旧有的世界观，为世界观的变革提供了思想基础。

---

① 爱因斯坦. 爱因斯坦文集：第一卷[M]. 许良英，等译. 北京：商务印书馆，2009：696.

一、现代科学对世界观的影响

科学世界在向现代性的变迁中，从 16 世纪开始，理性唤醒了它的潜在力量，废除了作为知识和价值之源的上帝而致力于控制世界的理论研究与实践的工程，数学和实验的科学方法作为打开宇宙奥秘的一种新的认识论被建构起来。现代世界观的缔造者们认为，宇宙间存在着普遍而恒定的法则，其稳定性和秩序性可以被人的理性头脑所理解和掌握，而宇宙世界是一架由永恒的法则所控制的巨大机器，前现代世界观中关于大自然是魔幻的、充满灵性与知觉的观念作为科学进步的障碍被清除掉，伴随着对由形状、尺寸、重量等所构成的第一性质与由味道、气味、结构等所构成的第二性质的区分，自然世界被简化为丧失了价值、意义与变化，而仅仅是一种单调、空寂、无声、无臭、无觉的框架。于是现代科学通过对宇宙世界进行先进严密的数学和物理解释而君临于苍白僵化的自然。

哥白尼(Nicholas Copernicus)的日心学说动摇了人作为上帝所造之物的观念的中心地位，开普勒(Johannes Kepler)对行星运动规则的研究进一步支持了哥白尼的体系，而真正推动了科学观念发生变化的是"现代科学之父"伽利略(Galileo Galilei)，他首次将科学实验与用数学语言总结的自然规律公式结合起来。他认为，哲学的语言就是数学，他的数学描述方式至今仍是科学理论的重要标准。事物的性质被抽象为能够度量、定量的形状、数量和运动。培根(Francis Bacon)不仅促进了科学实验的发展，发明了归纳法，更重要的是他促使当时的科学研究的性质与意图发生了深刻的变化。从此之后，科学的目的被认为是获得主宰、控制自然的知识和手段。

笛卡儿(Rene Descartes)和牛顿(Isacc Newton)则将这种观念推动至登峰造极的地步。笛卡儿是从以先验的理念的分类与系统化为基础的理性主义立场而非机械论的路径探究世界的真谛的，但他最终走向了身心二元对立的机械主义。他相信科学知识的确定性，并穷毕生之精力致力于真理与谬误的辨析。他认为，只有那些确切的、毫无疑问的知识才是可信的，而那些仅仅是可能的知识应予以否定。正是这种绝对真理观形成了笛卡儿哲学并由此导源的西方现代世界观的基础。对于"确定性"的过分追求造成了还原主义的广泛蔓延，同时也造成了知识体系的支离分割。笛卡儿相信最不可置疑的是人作为一个思想者的存在，"我思故我在"，人的本质在于思想，人心比物质更真实。从此，心灵与身体、人与物根本分离。

牛顿综合了前人的科学工作，进一步发展了机械论自然观的数学公式，建立起严密的力学体系，将17世纪自然科学的成就推向顶峰。根据牛顿力学，自然界物体的机械运动能够被准确地计算出来，包括确定地预测天体的运动。于是，古典力学成为自然科学的典范，同时为机械论世界观的进一步形成奠定了基础。

牛顿的机械论自然观认为，世界由微小的固态粒子构成，它们在绝对的时间与空间中彼此孤立，其内部结构与外部世界没有任何联系，在外力的作用下遵循机械决定论的因果关系，在绝对、均匀的空间和时间中位移。因此，牛顿力学将宇宙自然描绘成一架由各种部件构成的完善的机器，它具有纯粹客观性，按照精确的数学规律而运动，依据客观法则而存在。现代世界"祛魅"了。

在祛魅的现代世界中，不仅非生命的物质，而且动物、人类及整个社会都被视为机器的不同种类，它们被抽离了任何生命的冲动。机械科学和定量理性构成了现代世界的文明。随着18世纪机械论世界观的确立，牛顿力学原则被迅速推广至人文与社会科学。19世纪，物理学、化学、生物学、心理学等学科均依据机械论模型而构筑。孤立、静止、封闭、精确的观念构成了西方现代意识形态的重要内容，作为人们从事科学研究与日常生活的准则框定其思维与行动。自然法则上升为社会法则。于是，19世纪和20世纪，实证主义方法不仅主宰了无生命的研究领域，而且主宰了生物、经济、社会、历史、心理和哲学等与生命相关的研究领域。

尽管科学成为上帝，但人类进步的步伐踏出的是一条否定之否定的路径。自19世纪开始，从现代范式内部，来自哲学、科学领域的一批审慎的思想家们对牛顿主义关于精确的测量、准确的预测性、绝对的确定性和总体化知识的梦想提出了质疑，牛顿主义现代世界观动摇了。

二、现代科学的新发展与世界观的变革

以下科学的新发展促进了人类世界观的变革：形成于19世纪的热力学的发展；20世纪初被提出的量子力学和相对论；20世纪混沌理论和复杂理论的形成；20世纪生命科学的新发现；20世纪信息科学的发展……这些科学研究的新探索及其理论汇聚成一股激荡的洪流，冲击着现代科学的思想体系，开拓着科学发展的新航向。

1. 热力学的发展

人类对热的本质的探索由来已久，至18世纪时，"热质说"（亦称"热素说"）成为当时的主流观点，认为热量是一种特殊的物质——热质的流动。它不生不灭，能够渗透到一切物体中。

但热质说无法解释摩擦生热、撞击生热等现象。18世纪中期，俄国著名科学家米克希尔·V. 罗蒙诺索夫（Mikhil V. Lomonosov）提出了热是运动的表现形式，并肯定了运动守恒原理的正确性。19世纪初，法国物理学家、工程师萨迪·卡诺（Sadi Carnot）首次对热的本质进行科学研究，并于1830年提出动力或能量是自然界中一个不变的量，它既不能产生也不能消灭，这一见解说明卡诺发现了能量守恒与转化定律（Law of Energy Conservation）。继卡诺之后，德国青年医生罗伯特·迈尔（Robert Mayer）与英国物理学家詹姆斯·焦耳（James Joule）通过大量的实验，大大地推动了能量守恒定律的发展。1840年，焦耳在《论伏打电池所产生的热》一文中提出焦耳定律：当电流沿金属导线流动时，所产生的热与导体的电阻和电流强度的平方成正比。之后，焦耳通过实验精确地测定了机械能转化为热的当量为 $1cal = 4.157J$，与 4.1868 的真实值极为接近。

在热力学的框架内，热力学第一定律和能量守恒定律是等价的。能量守恒定律揭示了自然界一切物质皆具有能量，各种不同形式的能量可以互相转换，在此过程中能的总量保持不变的真谛。热力学及能量守恒定律的发现，生动地证明了自然界各种物质运动形式不仅具有多样性，而且具有统一性的特征，从而否定了现代科学将热、光、电、磁、化学等运动形式都看做是彼此孤立的牛顿主义机械论世界观，为事物普遍联系的观点提供了强有力的科学依据。

在前人研究成果的基础上，英国物理学家威廉·汤姆逊（William Thomson，后称开尔文勋爵）和德国物理学家鲁道夫·克劳修斯（Rudolf Clausius）于19世纪50年代初发现了热力学第二定律，即热不可能独自地、不付任何代价地，或者没有任何补偿地从较冷物体传向较热物体；在一个孤立系统中，热总是从高温物质传向低温物质，其传递方向不可能相反。1865年，克劳修斯将"熵"的概念引入热力学，指出孤立系统中的实际过程是整个系统的熵值总是趋于增加状态，因此，热力学第二定律又称"熵增加原理"。当克劳修斯将热力学第二定律推向宇宙这个大系统时，认为宇宙的熵总是力图达到某一最大值而在热平衡中达到寂静和死亡——这就是克劳修斯的宇宙"热寂说"。

克劳修斯悲观的"热寂说"所揭示的世界自发地向无序的方向发展的趋势，使人们不得不面对这样的问题：世界是靠什么力量使已平衡的热重新集中起来而出现温差？这一问题引起了科学家与哲学家的普遍关注。

20世纪初，新的物理学理论推动了其他学科的发展，化学的理论成就有许多受益于物理学理论，化学热力学是对热力学的化学应用，热力学第三定律就是从化学热力学的发展中建立起来的。1906年，德国物理化学家瓦尔特·H. 能斯特（Walther H. Nernst）提出热力学第三定律，指出绝对零度时纯粹晶体之间的化学变化，熵的变化为零。这个理论的直接推论是，绝对零度是不可能达到的，即不可能用有限的手段使物体冷却至绝对零度。

热力学的三个定律都是从平衡态中得到的。1967年比利时化学家伊利亚·普里戈金（Ilya Prigogine）提出了著名的"耗散结构"（dissipative structure）理论。普里戈金领导布鲁塞尔学派通过对非平衡态热力学的长期研究，"将热力学和统计物理学从平衡态到近平衡态再向远离平衡态推进，发现一个开放系统（不管是力学的、物理的、化学的，还是生物的系统）在到达远离平衡态的非线性区时，一旦系统的某个参量变化达到一定的阈值，通过涨落，系统便可能发生突变，即非平衡相变，于是，由原来无序的混乱状态转变到一种时间、空间或功能有序的新状态……这种有序状态需要不断地与外界交换物质和能量才能维持，并保持一定的稳定性，且不因外界微小的扰动而消失。这种在远离平衡的非线性区形成的新的稳定的有序结构，普里戈金称之为耗散结构。这种系统能够自行产生的组织性和相干性，被称做自组织现象。"①

热力学第一定律与第二定律都假设了线性的、稳定的、封闭的系统。第一定律是能量守恒定律，第二定律则确定了熵的不可逆性，即系统的能量随时间之矢不断耗散，熵朝着它的极大值无限增长，熵达到最大值那一刻，也即系统能量耗尽之时，走向热寂状态，系统也便死亡。依据这一论断，宇宙正处于无情的耗散过程中，其中保持一切有序活动的组织正不可避免地走向灭亡。假设这一论断成立，那么大自然亿万年来枯荣更迭的历史现实又作何解释？普里戈金和其他有机生物学家相信，大自然的生生不息来自于其内在的创造性，创造性是大自然的"预定倾向"。在普里戈金的宇宙观中，耗散结构是创造的源泉。他认为系统通过涨落(fluctuation)而达到有序，任何远离平衡态的系统的未来方向都是不可预测的。在非线性的框架中，小变量长时间地发展产生重大变化，他根据长期的研究发现，概率论不会发挥作用，预测的成功度和预测的时间长度成反比。据此，普里戈金指出，系统中存在自组织的可能，在整体熵过程中产生负熵——"逆熵"(negentropy)，形成系统内部的自我组织、自我建设的倾向，即系统中既存在熵过程的衰败、破毁趋势，同时也存在逆熵的生成、完善倾向。这一发现对克劳修斯关于宇宙熵而导致热寂的预测提出了质疑。

耗散结构理论阐释了人类的自然观正在经历的朝向多元化、时态化和复杂性的急剧变化，一种静态的、机械的、决定论的生命观向基于复杂性原理、自组织原理和非平衡条件下的混沌的秩序原理的新观念的转变，它以"新科学"的姿态从"现代科学"中分离出来，将宇宙解释为由进化的、非稳定的、有序与无序辩证建构的形形色色的力量，将旧图景中抹去的时间观念引入对自然过程的理解，将变化、生成和转换视为与生命休戚相关的因素，世界万物不再是被机械论的世界观所描述的封闭的、被动的、僵化的，而是开放的、自发的、变化的和进化的。所以，在耗散结构所展示的"新科学"中，世界"返魅"了。

---

① 沈小峰. 混沌初开：自组织理论的哲学探索[M]. 北京：北京师范大学出版社，2008：4.

阿尔文·托夫勒（Alvin Toffler）曾给予普里戈金的著作《从混沌到有序：人与自然的新对话》高度的评价，认为此书"是改变科学本身的一个杠杆，是迫使我们重新考察科学的目标、方法、认识论、世界观的一个杠杆。事实上，这本书可以作为当今科学历史性转折的一个标志，一个任何有识之士都不能忽略的一个标志。"①

2. 相对论与量子力学的诞生

19世纪末，奠基于经典力学、热力学、统计物理学和电磁学之上的物理学大厦已告落成，但正如开尔文勋爵于1900年元旦所宣布的那样，经典物理学晴朗的天空中尚有两朵乌云在飘动，一朵与迈克耳孙-莫雷的"以太"漂移实验有关，另一朵与黑体辐射有关。这两朵乌云使经典物理学处于深刻的危机之中。

经典物理学认为宇宙间存在着一种光、电、磁得以传播的共同介质——"以太"，既然肯定了"以太"的存在，那么地球以30km/s的速度绕太阳运动，就必然会产生30km/s的"以太风"，"以太风"也必然对光的传播产生影响。为探讨"以太风"是否存在这一问题，1887年，物理学家阿尔伯特·A. 迈克耳孙（Albert A. Michelson）与爱德华·莫雷（Edward Morley）合作以测算干涉条纹移动的方式进行了著名的迈克耳孙-莫雷"以太"漂移实验，但实验结果却证明"以太"运动并不存在，而据此便断定"以太"不存在似也证据不足。因此，经典物理学在这个实验面前陷入了两难境地。

黑体辐射实验被称为经典物理学的"紫外灾难"。19世纪末，德国物理学家奥托·卢梅尔（Otto Lummer）等人通过黑体辐射实验发现黑体辐射的能量是不连续的，它按波长的分布只与黑体的温度有关。经典物理学无法解释这一实验结果。英国物理学家威廉·瑞利（William Rayleigh）和物理学家、天文学家金斯（T. H. Jeans）从经典物理学出发，将能量视为一种连续变化的物理量而建立起在波长比较长、温度比较高的情况下与实验事实较符合的黑体辐射公式，但由瑞利-金斯公式推出，在短波区（紫外光区）随着波长的变短，辐射强度将无止境地增

---

① 托夫勒. 前言：科学和变化[M]//普里戈金. 从混沌到有序：人与自然的新对话. 曾庆宏，等译. 上海：上海译文出版社，1987：7.

加，这和实验数据相去甚远。该实验证明了经典物理学在黑体辐射问题上的失败，是经典物理学的"灾难"。但这场"灾难"却引发了物理学的大革命。

19 世纪末，X 射线、放射性、电子三大发现打开了神圣不可分的原子大厦的大门，它们与迈克耳孙-莫雷"以太"漂移实验和"紫外灾难"一起，撼动了经典物理学的大厦，为建立新的物理学理论体系准备了条件。

真正揭开现代物理学革命序幕的是爱因斯坦，他创立的相对论在很大程度上解决了经典物理学的危机。1905 年 6 月，爱因斯坦在论文《论运动媒质的电动力学》中提出狭义相对论，具有划时代的意义。狭义相对论以两个基本假设为前提：一是相对论原理，"即物体运动状态的改变与选择任何一个参照系无关"①；二是光速不变原理，"即对于任何一个参照系而言，光速都是相同的"②。通过这两个假设，爱因斯坦否定了经典物理学的"以太"假说和绝对时间、绝对空间的概念，从而清除了迈克耳孙-莫雷"以太"漂移实验之零结果这朵乌云。

爱因斯坦在狭义相对论中提出了时间、空间的统一性，表达了四维时空的概念："（1）运动物体在运动方向上长度缩短。（2）运动着的时钟要变慢。（3）任何物体的运动速度都不可能超过光速。（4）同时性是相对的，在一个惯性系中同时发生的事情，在另一个运动着的惯性系中测量便不是同时发生的。（5）如果物质速度比光速小得多，相对论力学就变为牛顿力学，比起牛顿力学来，相对论力学具有更普遍的意义。（6）物体的能量等于物体的惯性质量乘以光速的平方。"③ $E = mc^2$ 这个公式表明，质量与能量的存在是相互联系的，二者可以互相转化。1907 年，爱因斯坦相对性原理扩大到匀加速的参照系中，并指出匀加速的参照系与均匀引力场的等效性。

1916 年，爱因斯坦提出了广义相对论。广义相对论在狭义相对论所提出的四维时空的基础上，进一步阐述了关于空间、时间与万有引力关系的理论，它指出，"物质的存在会使四维时空发生弯曲，万有引力并不是真正的力，而是时

① 林成滔. 科学的发展史[M]. 西安：陕西师范大学出版社，2009：318.
② 同①318.
③ 同①318.

空弯曲的表现。如果物质消失，时空将回到平直状态"①。根据广义相对论，地球上的自由落体、行星围绕太阳运动等质点在万有引力作用下的运动，是弯曲时空中的自由运动——惯性运动。它们在时空中虽然呈现的不是直线而是曲线，但却是直线以短程线——两点之间的最短线的形式在弯曲时空中的推广，当时空恢复平直时，短程线也就恢复为通常的直线。广义相对论指出，现实的物质空间并不是平直的欧几里得空间，而是弯曲的黎曼空间（即三角形三个内角之和大于 180°、曲率为正的空间），它的弯曲度受物质在空间分布情况的影响，物质密度越大的区域，引力场的强度便越大，空间弯曲也越大，时间便相应地变慢。②

爱因斯坦相对论的诞生使物理学在宏观领域超越了牛顿。

经典物理学晴空中的另一朵乌云——"紫外灾难"最终导致了量子理论的诞生，并使量子力学得以逐步创立，从而使物理学在微观领域超越了牛顿，实现了人类认识自然的又一次飞跃。

德国物理学家马克斯·普朗克（Max Plank）最先提出了量子理论。针对黑体辐射问题，普朗克于 1900 年 10 月在其论文《论维恩辐射定律的改进》中提出了一种能够解决黑体辐射中长波辐射与短波辐射之间矛盾的著名公式：$E = h\nu$（其中，E 是能量子，h 是普朗克常数，ν 是振动频率）。该公式假设：黑体辐射中的能量是不连续的，而是以一定的数值的整数倍跳跃式地变化的，即在辐射过程中能量不是无限可分的，而是以一个最小的单元进行发射和吸收。普朗克将那个不可再分的能量单元称为"能量子"或"量子"。1900 年 12 月 14 日，普朗克通过论文《关于正常光谱的能量分布定律理论》向德国物理学会宣布了"量子假说"，量子理论正式诞生了。

爱因斯坦敏锐地发现了这个假说的重要意义，他于 1905 年将能量子假说推广到对光和电磁波的认识中，提出了"光量子"假说，同时揭示了光的本质：对于统计的平均现象，光表现为波动；对于瞬时的涨落现象，光则表现为粒子。

---

① 林成滔. 科学的发展史[M]. 西安：陕西师范大学出版社，2009：320.
② 参见：林成滔. 科学的发展史[M]. 西安：陕西师范大学出版社，2009：320-321.

这一论断首次揭示了微观客体的波动性和粒子性的统一，即波粒二象性。后来的物理学发展证明：波粒二象性是整个微观世界的最基本特征。

在之后的几年里，爱因斯坦分别将量子概念扩展到物体内部的振动、光化学的现象研究，依据丹麦物理学家尼尔斯·玻尔（Niels Hendrik David Bohr）的量子跃迁概念，证明了普朗克的辐射公式的合理性。

在爱因斯坦光量子论所揭示的波粒二象性的启示下，法国物理学家路易斯·V. 德布罗意（Louis Victor De Broglie）于 1923 年提出物质波理论；奥地利物理学家埃尔文·薛定谔（Erwin Schrödinger）于 1925 年底至 1926 年初建立了波动力学；1913 年，玻尔建立了揭示原子结构奥秘的"玻尔原子模型"；1925 年，德国物理学家维尔纳·海森伯（Werner Heisenberg）以代数为工具，提出了一套数学（矩阵）解方案，后经马克斯·玻恩（Max Born）等人将这一思想发展成为矩阵力学；1928 年，英国物理学家保尔·M. 狄拉克（Paul Maurice Dirac）把相对论引进量子力学，建立了著名的狄拉克方程，从而使量子力学成为完整的理论体系。

相对论和量子理论推翻了牛顿物理学的事实，证明了世界观的暂时性、相对性而非永恒性、绝对性。在牛顿主义框架中，时间和空间被视为绝对的和分离的现实自主独立地存在于人类意识之外，爱因斯坦的相对论否弃了僵硬、静止、分离的时空观，将二者理解为相互作用的连续体，时间因空间的缩小而拉长，空间因时间的缩短而膨胀。主体性和相对性作为重要的因素被引入科学研究中，从此"客观世界"的形状会因观察者的变化而变化；量子力学所发现的实在的最基本层次用任何精确的方式都无法再现的事实，揭示了科学研究并非在确切地反映实在，而是在塑造实在的真谛，"客观世界"的概念反映的仅仅是人类在一定的历史阶段所呈现的认识结构。因此，静止、单一、孤立、精确、永恒的、价值中立的牛顿世界因相对论与量子力学的诞生而受到了巨大的震动。

3. 混沌——复杂理论的产生

混沌（chaos）又称浑沌，是一个历史悠久的概念。一般被理解为杂乱无章、模糊不清、混乱无序的状态。但无论东方还是西方,"在古人看来,混沌并不是简单地等同于混乱和无序,它是万物混成尚未分离的状态,它是统一和整体,它本身就包含着差异和多样性,是秩序和无序、和谐和不和谐的统一体。"①

近代自然科学对混沌的探讨出现在 19 世纪中叶的热力学研究中。"热力学的平衡态实际上是一种混沌态。此时,系统内部各点温度、压强、浓度、化学势等没有差别,处处相同,熵极大,即分子的混乱度极高。"②克劳修斯的热寂说所指的宇宙最终所处的熵极大的热平衡状态,即是宇宙的混沌状态。

20 世纪初,法国著名数学家朱尔·H. 彭加勒(Jules Henri Poincaré)在研究三位体问题时发现,系统可以分为可积系统和不可积系统,可积系统可以通过对子系统分别进行研究,消掉子系统之间的相互作用,找出全部的运动积分,从而求出精确的解。但这样的系统极少,牛顿力学所研究的只是极少数的可积系统,而自然界中的系统绝大多数却是不可积系统,而不可积系统的解在一定范围内是随机的,实际上是一种保守系统的混沌。1963 年,美国气象学家爱德华·洛伦兹(Edward Lorenz)在研究大气湍流、预测天气的问题时,首次运用于表明天气模式系统观而被称为洛伦兹吸引中心的"相位空间图"(图 2-1),③ 与通常所运用的以 x 轴与 y 轴表示两个变量之间关系的坐标图不同,它是在三维空间中表现出作为整体的系统在一段时间里运动的轨迹,时间不作为轴出现但表现在随图形自身线条的移动而推移的过程中,它表明的是系统在一段时间里与自身的关系而非构成部分或变量之间的关系。洛伦兹吸引中心所呈现的是非线性系统的"相位空间图",它已经体现为当代意义的"混沌"的普遍标志。由于非线性系统的复杂性,初始数据的微小变化都可能引起系统的极大变化。因此,洛伦兹断言,任何具有非周期行为的物理系统将是不可预报的。混沌物理学常常以"蝴蝶效应"作为其特征的隐喻:南美洲亚马孙河流域热带雨林的一只蝴蝶

---

① 王中明,等. 混沌、分形及孤子[M]. 武汉:武汉出版社,2004:112.

② 沈小峰. 混沌初开:自组织理论的哲学探索[M]. 北京:北京师范大学出版社,2008:90.

③ 王中明,等. 混沌、分形及孤子[M]. 武汉:武汉出版社,2004:105.

扇一下翅膀，两周后可能会引起得克萨斯州的一场风暴。①

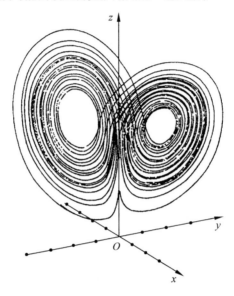

图 2-1　洛伦兹的相位空间图

在当前的耗散结构论、协同论与突变论等非平衡系统自组织理论中已经证明了一个开放系统存在着从混沌到有序、从低级有序到高级有序、从有序到新的混沌的辩证过程。

当今科学对于非平衡过程进入混沌的道路和机制的探索，在以下三个方面卓有成效：一是倍周期分叉进入混沌，表现为系统运动变化的周期行为是一种有序状态，但一个系统在一定的条件下经过周期加倍会逐渐丧失周期行为而进入混沌；二是阵发混沌，是指系统从有序向混沌转化时，在非平衡非线性的条件下，当某些参数的变化达到某一临界阈值时，系统会呈现出时而有序、时而混沌，在两者之间震荡的状态；三是茹勒-泰肯（Ruelle-Takens）道路，是指当系统内出现不同频率的振荡互相耦合时，系统就会出现新的耦合频率的运动，混沌可以视为出现无穷多个频率耦合的振动现象，而这种现象的出现，并不需要数量上的累积叠加，只要系统出现 3 个互不相关的频率耦合时，系统就必然形

① 参见：王颖. 混沌状态的清晰思考[M]. 北京：中国青年出版社，2001：17.

成无穷多个频率的耦合，从而出现混沌。①

混沌理论被誉为 20 世纪继相对论、量子理论之后的第三次伟大的科学革命，它排除了传统科学关于决定论的玄想，创造出解释自然过程的新方式，揭示了自然科学中秩序与无序、结构与散化、规范与非规范、模式与混沌的辩证统一的新规律，再次推动了科学世界观的变革。

20 世纪生命科学的长足发展在以下几个方面促进了人类世界观的变革：（1）基因密码的破译打破了自然界不同物种之间的界限，从理论研究的角度实现了科学界将任何物种结合起来的愿望；（2）分子生物学从理论上完成了化学到生命有机体之间联系的物质链条；（3）生命科学将信息的理念引入到生命活动的规律中，证明生命不仅是物质的、运动的，而且是信息的，没有信息就没有生命。生命科学的研究成果进一步揭示了世界的普遍联系性。

信息论及其所引起的信息科学的形成是 20 世纪对人类的世界观产生最大影响的科学发现，信息科学证明物质和能量不能完整地描述世界，信息已经成为人类认识和理解自然存在的一个基础，当今科学思维中的世界，是物质、能量和信息三大支柱支撑的世界。信息科学进一步证明了自然界的系统性、历史的进化性、有序性和创生性的特征。

总之，基于牛顿机械主义的现代世界观将世界描述为封闭的、僵化的、单一的、被动的、绝对的、孤立的、静止的，20 世纪科学的新发现揭示了世界开放性、创生性、多元性、自发性、相对性、联系性、运动性的本质特征，从而促进了人类世界观的变革。

第二节　社会现实的变革

托夫勒在其著作《第三次浪潮》（*The Third Wave*）中用"浪潮"一词比喻人类社会所经历的时代变革，他认为大约始于一万年前的农业革命是人类社会发展的

---

① 参见：沈小峰. 混沌初开：自组织理论的哲学探索[M]. 北京：北京师范大学出版社，2008：92-93.

第一次转折，即第一次浪潮的兴起，它主宰世界直至 18 世纪中叶方逐渐失势，工业革命继之而起，这是第二次浪潮，它盛行于全球 300 年左右，新的文明再次兴起。"人类面临一个量子式的跃进，面对的是有史以来最强烈的社会变动和创造性的重组。我们并没有清楚地认识到这一事实，但是却参与了建立新文明的基层工作。这就是第三次浪潮的意义。"①

一、现代社会的时代风貌

每一次文明的兴起都形成了特定的时代风貌和社会规范，扬弃前期的文明形态，从而推动社会现实的变革。第二次浪潮所形成的现代社会打破了第一次浪潮时期以村庄、部落、耕地为主要社会组织形态以及自给自足、产销一体的自然经济的文明结构，形成了以工厂、城市为主要社会组织形态和产销分离的市场经济文明结构。

以效率为进步导向的工业革命，促使与机器大生产相适应的社会规范和意识形态的迅速形成，首先表现为标准化、专门化、同步化、集中化、极大化、集权化六大原则。

一是标准化原则。工业生产领域标准化的确立首先应当归功于美国电话电报公司（AT&T）的创始人西奥多·维尔（Theodore Vail）和工人出身的机械师弗雷德里克·W. 泰罗（Frederick W. Tailor）。维尔为了追求经济的工作方法，对每封信件的往来路线、设备、线路和管线的工程甚至电话的样式都予以标准化，成为工业社会标准化的塑造者；泰罗为了提高工作效率，通过多次实验，探索每件工作最好（标准）的执行方法最好（标准）的工具和明确（标准）的完成时间，将每个工人的工作步骤进行细分，并将每个步骤标准化，以此方法迈向"工作科学化"之路。泰罗主义不仅在工业领域得到迅速推广，对社会其他领域也产生了广泛而深远的影响：标准化的新闻、标准化的广告形象、标准化的语言、标准化的价格、标准化的课程、标准化的评价标准……到 20 世纪上半叶，标准化的原则浸透了现代社会日常生活的各个角落。二是专门化原则。随着工业化程度

---

① 托夫勒. 第三次浪潮 [M]. 黄明坚，译. 北京：中信出版社，2006：3-4.

的推进，劳动分工日益加强，从而大大促进了生产力的提高。在高度机械化、专门化的劳动过程中，重复、单调、被割裂的工作使工人失去了作为人的完整性，其人性受到了极大的伤害。工业领域的专门化导致了知识领域的专业化热潮，学科愈分愈细，彼此之间的壁垒愈益坚固。市场将知识所有者与需求者划分为生产者与消费者，致使"健康也被视为一种产品，由医生和'健康运输'机构所提供……教育应该是由学校教师来'生产'，由学生来'消费'"①。三是同步化原则。工业社会之前，人们的生活节奏多伴随季节轮回、昼夜更替、心脏跳动等自然节律，形成了机动自然的同步化节拍。但随着工业社会的来临，机器的隆隆声打破了人类生活的自然节律，工厂生产的方式逐渐向社会生活蔓延，社会生活的节奏伴随机器的节奏运行，时间逐渐成为生活中的重要元素，钟表的普及之时正是广大劳动者被要求同步化之时，朝九晚五成为亿万劳动大军的同步化时间结构。钟表的指针不仅号令着工厂中的劳动者步伐，工厂之外的朝起夜息、晨出暮归、饮食住行、聚散闲忙等日常活动同样遵从它的摆布。四是集中化原则。现代社会的管理人员在工业生产实践中都获得了相同的经验：集中化管理会使生产效率大大提高，因此现代社会的能源、资本、工作、人口逐渐出现集中化的趋势，集中化成为现代政治、经济、文化、教育等社会组织所追求的共同原则。五是极大化原则。极大化原则的形成缘于现代社会对"效率"的褊狭假设——"庞大"与"效率"等价，对于规模的执着信仰，不仅仅体现于工厂的无限度成长，同时还反映在国民生产总值(GNP)的统计中，以此来衡量经济社会的"规模"。现代社会在不计任何成本地盲目追求 GNP 增长的同时，却埋下了生态和社会灾难的隐患。极大化原则与标准化、专业化原则并行不悖。六是集权化原则。集权化原则是现代社会创造出的新的组织形态，为了追求利益与规模的最大化，工业、商业、农业、交通、运输等经济干线需要以集中庞大的资本、能源和人员，以统一的命令或组织形式实现管理的同步化、标准化，这种集权化的管理模式在经济活动中所产生的积极效应很快被推广至政治管理

---

① 托夫勒. 第三次浪潮[M]. 黄明坚, 译. 北京：中信出版社, 2006：33.

方面，资本主义国家和社会主义国家都意识到强有力的"中央政府"是不可或缺的。集权化原则促成了官僚制度的崛起。

以上六个原则风行于资本主义和社会主义工业国家，它们彼此激荡，形成了几近通行全球的现代社会的文明规范，它不仅制约着人们的行为，而且塑造着人们的灵魂。

其次，机械文化风靡于世，席卷了现代社会的各个领域。"工业时代的商人、知识分子、革命家都被机器催眠了。他们被蒸汽机、时钟、织布机、水泵筒、活塞迷住了，因此他们根据当时简单的机械原则来建立无数类似的制度。"①宇宙是一部机器，宇宙中的人类社会也是一部机器，构成人类社会的国家、政治、文化、经济、日常生活以及人本身都被视为一个个类似于机器的系统。在此时期，无论是资本主义者还是社会主义者都沉醉于机械思想中而不能自拔，盲目地崇尚机器的能力与效率，所以种种机器特色的政治制度应运而生。

现代社会的时空观同样受到机械主义思想的深刻影响，改变了前期文明关于时间的模糊计算方式和往复循环的圆形观念，不仅将其切割成精确、标准的计算单位，而且将这些单位放在一条直线上，经由现在向过去和未来无限延长。线性时间是工业世界进化观和进步观的先决条件，有了线性时间，进化和进步才有存在的可能。农业文明之前，人类曾度过了一段随气候和食物迁徙的"空间开放"的生活。农耕文化时期，耕地和永久住所却将农民局限于方圆几十里的相对狭小的领域，因此农业造就了"空间紧缩"的文明。18 世纪，工业文明的兴起再度为人类拓展了广阔的活动空间，人口、能源、原料、观念在全球范围内流通、传播。但同时，随着分工的日益细密，专门化的空间结构在城市、工厂内迅速形成，生产效率的提高不仅需要精确和标准的时间单位，同时也需要精密、可以互相换算的空间单位，而精确的空间测量使国家、地区的疆界更为复杂清晰，笔直的航线、铁路、公路应运而生，机械化作业为耕地梳理出条块方正的

---

① 托夫勒. 第三次浪潮[M]. 黄明坚，译. 北京：中信出版社，2006：46.

田垄，坚固挺拔的长方体建筑将直线带入天际……专门化的建筑空间、统一精确的测量单位、简洁明确的直线，都作为文化的常数成为现代时期最基本的社会现实。

再者，现代文明建立了基于达尔文"物竞天择、适者生存"的进化论的进步原则。在人类与自然的关系问题上，人类被视为长期进化过程的顶峰而毋庸置疑地成为地球的主宰。根据进步原则的旨意，其他软弱无效率的生命形态在进化的过程中可以被无情地清除，因此，对自然的肆意掠夺成为工业发展、社会进步的前提。在人与人、民族与民族、国家与国家的发展关系问题上，社会达尔文学派认为自然淘汰的原则同样适用于人类社会的进化：工业制度比非工业文化具有更高的进化层次，经济富有者、拥有权势的人是竞争中的"适者"或"优胜者"，同样，资本主义的合理性与帝国主义的扩张因此而获得了理论依据，扩张中的工业势力以道德为借口疯狂地争夺欠发达地区的廉价资源，甚至不惜消灭处于农业文明时期的"原始社会"，原因是非工业民族比较不适合生存。这正是现代文明时期战争频起的意识形态根源。社会达尔文学派从生物进化论关于生物由低级到高级线性进化的观点中得到启示，认为进步是一个人类必然前往的目的地，而进步的现实体现是先进的科学技术与工业制度。然而，人类与自然对抗论、人类进化优劣论、科技与工业进步论所构成的现代文明的信念，却因其褊狭而使现代性潜伏着深刻的危机。

二、社会现实形态的变革

自20世纪中叶开始，新的文明兴起，社会现实历经着巨大的变革，托夫勒称之为第三次浪潮。

"二战"后的20年内，世界经济从稳步增长到加速发展，企业的新陈代谢加快，社会生活形态日趋多样化，信息、生产、家庭生活、市场、劳动力都破裂成细小多变的碎片。人们的物质与精神需求、价值观、生活方式渐趋复杂，人们越来越强调自身的种族、宗教、职业、性别、文化等方面的差异性，而拒绝"同化""统一"的现代观念。世界各民族在文化大融合的浪潮中民族意识日益觉醒，他们争取民族权力、要求身份认同的呼声日益高涨，集权化国家在高科技的环境下国家主义变成了区域主义，传播工具不再创造统一的文化……人类的民主进程不断地掀开新的篇章，一度稳定的现代社会的结构正绳松扣解。而"这些进展都和新能源形式与新生产制度有密切的关系"①。

社会的多样化趋势为企业生产创造了全新的环境，人们对科技进步和大生产运动投以审视的目光，自然环境、社会力量、信息地位、政府机构、道德观念等社会因素的革命性改变，促使企业从以往对经济增长的单一目标的追求转向协助解决复杂的生态、道德、政治、种族、性别等社会问题的复合性多种目标。企业绩效的衡量相应地从单一的经济标准转向综合性的非经济标准，"企业绩效指数"被用以衡量其全面绩效及其社会影响。

企业界的转变只是社会大转变的一小部分，科技和信息业的发展促进了这一转变的进程，文明结构的变化必然带动新的社会规范的形成。新的文明不再建基于机械化的大生产，新的社会规范挣脱了往日标准化、专门化、同步化、集中化、极大化、集权化六大原则的樊笼，将人们从机器统治中解放出来。

首先，在新的文明时代，社会的主人拥有一颗后标准化的心灵，他们站在自我的立场否弃产品的标准化，而要求其能够满足特定的物质或心理需求，这些需求与生活形态一样变幻无常，于是传统的大生产被扬弃，营销、交易和消费方式日趋多元化，在新时代的舞台上，社会大众展现着独特的人格，社会文化呈现出丰富多彩的局面。"人们的观念、政治信仰、性行为、教育方式、饮食习惯、宗教见解、种族心态、音乐爱好、流行以及家庭形态，都和机械化生产一样，渐趋多样化。""历史性的转折点已经到来。第二次浪潮文明的主宰原则——标准化已被取而代之。"②其他社会规范同样经历着被改写的命运。

集权主义管理模式已不适合新时代的政治经济发展态势，集权国家内分权运动此起彼伏，反映出机械政府应付复杂多变的地方情况和人民需要的被动乏力；大公司则往往因为无法负荷自身的重量而划分成无数个小型的"利润中心"

---

① 托夫勒. 第三次浪潮[M]. 黄明坚，译. 北京：中信出版社，2006：148.
② 同①164.

或诸如"工作团队""计划小组"的临时单位，形成一种"矩阵组织"，以多元指挥制度取代集权控制。这种制度，一方面使政治或经济事务的复合度提高，另一方面使员工能够同时从事多份工作，劳动者的综合能力既被要求，又被培养，从而改变了机器大生产中因分工的高度专门化而造成的劳动者的异化现象。以往备受仰赖的技术专家和学科专家的能力受到当今社会严苛的目光的审查，甚至他们的专业知识被指责为以管窥天，专家的权威地位受到动摇。随着经济的高度发展，人们逐渐意识到经济规模有其极限，企业界积极寻求缩小规模的方法，新科技的诞生与服务业的蓬勃发展对企业规模的缩减大有助益。在经营实践中人们发现规模过大或过小都不利于企业的健康发展，因此，极大化原则被扬弃的同时，巧妙地融合大与小的适当规模的经济组织与社会机构应运而生。同样，工业社会将资金、能源、资源和人口予以集中化的原则开始转变，开发多形式的能源，将人口、医院、学校进行分散的措施在某些发达国家正在推行。

其次，新文明击碎了机械文化的坚硬外壳，形成了富有弹性、丰富多元、无穷变化、普遍联系的生活形态。被市场这一巨斧在生产与销售之间劈开的鸿沟再次弥合，一方面，电子及自动化业的兴起为消费者的自助服务提供了便利；另一方面，由于工业社会高度机械化生产的单位产品价格的降低而促使非机械化服务成本相对高涨，因此，越来越多的消费者自己动手承担了电器维修、制作日常用品、自动取款、自助购物等原本属于生产者的部分工作，产销合一的新的生活形态诞生了，这种新形态更具创造性、更能满足个体需求、更加独立于市场之外。庞大、持久、机械化、上令下行、阶级分明的官僚制度一统天下的局面得以改变，国家、社团的组织灵活多变，结构多元，尤其是民间组织在新的文明时代方兴未艾，各种组织内部的阶级制度逐渐消失，它们具有网状的特性，其协调能力不是来自于外力，而是产生于内部的自动协调机能。"不论我们使用哪一个名词，都抹杀不了革新的事实。我们亲身经历的不仅是新组织形式的诞生，而且是整个新文明的诞生。"①

---

① 托夫勒. 第三次浪潮[M]. 黄明坚，译. 北京：中信出版社，2006：169.

新文明的时空观认为时间不再等同于时钟和日历上的记载，并非以稳定的步调无情地向前奔流，时间会受到自然的左右，因测量情境的变化而变化。正如爱因斯坦所论述的那样，时间具有相对性。因此，时间并非是一条由现在通往过去和未来的直线，它在宇宙各地按照不同的规则运行，它是弹性的。同样，人类进入了一个自身与空间关系的新纪元。农业文明时期形成了人类以耕地为核心的长期驻守的狭小空间；工业文明时期则形成了以城市为聚居中心、以全球为商品流通范围的既集中又开放的空间特征；在新的文明中，发达国家人们的工作空间、居住空间不再遵循集中化、标准化原则，而是向弹性化、低密度的方向发展。另外，在全球化浪潮中，人们对地方政治、地方文化给予了更多的关注，出现了维护地方自治、保护地方文化、管理地方事务的社区，因此，在这一时期的空间观念中，全球观与地方观同在。随着科技的进步，地图所呈现的不仅可以是静态的二维画面，也可以是动态的三维空间，科学探测的触角所及，广远可至 10^{23} 英里①以外的浩瀚太空，细微可至 1 厘米的 10^{-15} 的微观世界。曲线、不规则、自由的空间规划向直线构成的僵硬、规则、标准化的方体空间挑战，宣告新时代的空间文化面容的改变。

再者，不断发展着的生物进化研究超越了达尔文的机械进化论，遗传密码的破译动摇了人类建立在线性进化论基础上的进步原则，人类将自身作为线性进步的顶峰而自视为世界的主宰的假设发生了改变。在过去数十年间生态环境日趋恶化的现实面前，人类重新评估大自然的价值，反思人与自然的关系，自然不再被视为人类与之搏杀的对立者，而是人类与其他一切生命赖以生存的共同家园，人类活动对自然的影响被科学研究以和谐的原则导入建设性的途径，保护自然的措施和行动已进入人们的日常生活。新时代的文明坚持全面进步的原则而反对科技或工业单项进步的观念，"进步不能再用科技或者物质标准来衡量，一个在道德、美术、政治、环境各方面均呈现退化情形的社会，并不是进步的社会，不论人们多么富有、科技多么领先。总之，我们心中对进步的定义

---

① 1 英里 = 1609.3 米。

比以前更为广大，进步不再是机械化的成就，也不再是物质的衡量标准。""同时，我们也不再认为社会定是朝着单一的轨道移动，每一个社会会自动由一个文化站转往下一站，而一站比一站'进步'。其实，路上有很多分支线，不总是一个路基而已，社会可以在各方面获得广泛的进展。"①进步不再是一条直线的延伸，而是一棵树的成长，"有许多枝桠伸向未来，人类文化丰富多样的程度才是衡量的标准。从这个角度来看，朝多样化的世界迈进本身就是一个重要的进步，和生物进化朝变异和复杂发展乃是同一趋势。"②

中国是后发的现代化国家，现代工业经济起步于20世纪中期，发展于20世纪晚期。当前面临着农业经济向工业经济转化、工业经济向知识经济置换和民族经济向全球经济过渡的多重经济形式变革的局面，有别于西方国家经济发展逻辑和社会现实状态，但是在经济文化全球化的浪潮中，中国社会与西方发达国家共同迎来了信息社会，迎来了知识经济时代，这意味着一方面中国社会变革和文化转型的过程与西方国家相比经历着更多的艰难，另一方面中西方社会发展的步伐与文明进程的差距却日益缩小。

第三节　知识型的变革

一、"知识型"与"知识转型"

石中英教授依据托马斯·S. 库恩（Thomas S. Kuhn）的"范式"概念和米歇尔·福柯（Michel Foucault）的"知识型"概念提出"知识型"这一概念。"知识型"（form of knowledge）可以理解为"知识的模型"（model of knowledge）或"知识的范式"（paradigm of knowledge），是对知识与认识者的关系、知识与认识对象的关系、知识作为一种陈述所依据的逻辑、知识与社会之间存在的关系四组问题具有逻辑一致性的回答所构成和产生的具有结构特征的知识形态，是一个时期所

---

① 托夫勒. 第三次浪潮[M]. 黄明坚，译. 北京：中信出版社，2006：190.
② 同①190.

有知识生产、辩护、传播与应用的标准。① "如果一种人类的认识经验符合那一时代知识型的要求，那么它就能够获得'知识'的殊荣和权力，并被允许以'知识'的名义进行传播和应用；反之，则会被排斥在知识王国之外。从另一方面说，知识型是那个时期所有知识分子都共同分享的知识问题、范畴、性质、结构、方法、制度及信念的整体。"②

知识型与两个概念相近，一是"知识观"（view or standpoint of knowledge），二是"知识的类型"（types of knowledge），但它们之间又存在着很大的区别。"知识观"主要是指人们对知识性质的看法，而"知识型"不仅仅是一种关于知识的观念，它还包括知识观所不能包容的关于知识的问题、结构、方法、制度、信念等。"知识的类型"是指根据知识性质的不同，按照一定的标准将其划分的不同类别。"比较起来，知识型更侧重于对不同类型知识一致性的认识和把握，而知识的类型则侧重于在一定的一致性基础上对不同类型知识的差异性进行认识和把握。"③知识型是知识类型的上位概念，知识类型是知识型的下位概念。

"知识转型"（transformation of knowledge）是指知识"范式"、知识"形态"或知识"政体"的转变，原有的知识型出现危机，新的知识型逐渐出现并替代原有知识型的过程。就其内容而言，"知识转型不仅包括了知识观念的转变，而且包括了知识制度、知识组织、知识信念以及知识分子角色等各个方面的转变。知识转型一开始可能出现在个别知识领域和知识理论的个别领域，如科学领域、哲学领域或知识的性质领域，后来就慢慢地扩张到整个知识领域和知识理论的所有领域。知识转型首先是对旧的知识型的解构，因此毫无疑问地具有破坏性，破坏了人们已经接纳和习惯了的知识生活的基础和方式；但知识转型同时也是对新的知识型的建构，为人们提供新的知识基础和知识生活方式，因此同时又

---

① 参见：石中英. 知识转型与教育改革[M]. 北京：教育科学出版社，2007：20.
② 石中英. 知识转型与教育改革[M]. 北京：教育科学出版社，2007：20-21.
③ 同①21.

具有建设性。"①

知识转型并非是一个自发的过程，而是一个被一定的社会动力或社会条件所推动而发生的具有历史性和社会性的过程。这些社会动力或社会条件主要表现在两个方面：首先，来自知识分子内部对知识性质或标准问题的不懈追问与反思是促进知识转型的重要因素；其次，由于知识形态与社会形态之间存在着高度的相关性，当社会的政治、经济或文化结构发生重大变革时，会促使知识型发生转变。②

二、知识型的变革历程

石中英教授认为，从古到今，人类知识型经历了"原始知识型"或"神秘知识型""古代知识型"或"形而上学知识型""现代知识型"或"科学知识型"和"后现代知识型"或"文化知识型"四种知识形态和三次重大的变革，从原始知识型到古代知识型，从古代知识型到现代知识型的两次重大的转变已经完成，我们现在正处在从现代知识型向后现代知识型的转变时期。③

（一）从原始知识型到古代知识型的变革

原始知识型是原始社会的知识型，是人类最早期的一种知识形态。这种知识的性质不是经验的，而是神秘的。这种来自神秘力量的启示主要通过两条途径得以传播，一是仪式，二是神话。人们对于某种现象的解释不是诉诸经验，而是诉诸神秘的启示。神话是原始社会"无字的教科书"，是唯一得到保存的神秘启示，是原始社会唯一合法的知识，具有法律的作用。因此原始社会知识型又称为"神话知识型"，它具有神秘性、情境性、隐喻性、叙事性的特征。神话知识型产生了一切原始社会制度、机构和活动的知识基础。原始社会后期，神话知识型内在的合理性和外在的社会价值受到了质疑，神话知识型的"泛灵论"和情境性、隐喻性、叙事性遭到了否弃，古代知识型在解构与否定原始知识型基础上发展起来，它是对万事万物的本源所进行的一种形而上学的思考及其结

①　石中英. 知识转型与教育改革[M]. 北京：教育科学出版社，2007：26.
②　参见：石中英. 知识转型与教育改革[M]. 北京：教育科学出版社，2007：27-28.
③　同①46.

果，所以又称为"形而上学知识型"。它以一神论或本体论为基础，强调知识性质的明晰性、确定性和可靠性，它是世界本体的体现，具有抽象性、绝对性和终极性。获得这种知识的主要途径不是感觉，而是逻辑。

到了 11 世纪，形而上学知识型或古代知识型基本确立，它无疑大大促进了人类文化的进步，但同时它因对本体的狂热迷恋而逐渐发展为神秘的玄学，因对知识性质绝对性、终极性的过度追求而使大量知识成为不容置疑的教条，从而长期阻碍了与人类生活息息相关的实用知识的发展。到了 16 世纪，在宗教领域，马丁·路德（Martin Luther）领导的宗教改革；在思想领域，迪斯德鲁斯·伊拉斯摩斯（Desiderius Erasmus）与米歇尔·德·蒙田（Michel de Montaigne）对形而上学与神学的抨击；在政治领域，封建政权内部及其与教皇之间的权力斗争；在经济领域，资本主义萌芽以燎原之势遍布欧洲各地……这一系列的矛盾冲突为 17 世纪至 18 世纪现代意义上自然科学的发展以及新的科学知识型的确立准备了条件。①

（二）从古代知识型到现代知识型的变革

现代时期是人类历史上自然科学获得巨大进步的时期，反对形而上学和宗教神学知识及其理论的认识论革命最早是围绕着自然科学的探索进行的，所以现代知识型又称为"科学知识型"。

17 世纪被誉为欧洲历史上"科学的世纪"，牛顿、哥白尼、伽利略等科学巨人取得的对于现代科学而言具有决定性意义的巨大成就，培根、洛克（John Locke）、笛卡儿、斯宾诺莎（Benedictus Spinoza）、莱布尼茨（Gottfried Wilhelm Leibniz）等对形而上学知识型的绝对性、终极性和抽象性的批判和对于经验主义、理性主义认识论的弘扬，动摇了形而上学知识大厦的根基并奠定了科学知识型的基础。"18 世纪对于哲学家们来说是一个'理性的世纪'；对于政治家来说，是'资产阶级革命的世纪'；对于经济学家来说，则是一个'工业革命的世纪'。这些都是相互联系、相互促进的。"②科学知识观不仅在天文学、物理学、

---

① 参见：石中英. 知识转型与教育改革[M]. 北京：教育科学出版社，2007：60-61.
② 同①62.

化学、生理学等自然科学领域推翻了形而上学知识型而占据了统治地位，而且迅速向社会的政治、经济等领域扩展并发挥作用。19 世纪，现代科学知识型激流勇进，自然科学研究范式迅速成为社会学、政治学、历史学、经济学、人类学、心理学、教育学等知识领域的主导范式；科学理论开始转化为新的生产技术和强大的生产力；人们的思想观念和社会精神状况发生了根本性的变化，人类从上帝的统治中获得了解放并成为手握科学利剑的世界的主人；在日常生活中，尊重科学、探索科学、应用科学的习惯蔚然成风，科学知识型成为西方社会推行各类政策、建立各种机制的基础。① 到 19 世纪末期，科学知识型已经完全地确立起来。

科学知识型对形而上学知识型而言是一场真正的革命，一种彻底的转型，它在全面摧毁古代知识王国的同时建立起现代知识王国的新秩序。

20 世纪，科学研究与科学技术取得了巨大的成就，科学技术在一个国家政治、经济、文化各项事业的发展中具有举足轻重的战略意义。一方面这是科学知识型在现实社会中的价值体现，另一方面又是其优越性的现实证明。到 20 世纪末期，上到人们的认识领域，下到社会生活的各个方面，大到国家决策，小到个人日常生活，科学知识型无处不发挥其巨大的威力，实施其深刻的影响，它最终成为全人类精神生活的主宰。

现代知识型或科学知识型具有以下特征：一、真正的知识是既得到观察和实验的证实又得到严格的逻辑证明的知识，是实证的知识。二、真正的知识必须反映认识对象的本质，认识主体就像一面镜子一样真实地反映事物的属性。三、科学知识具有客观性、普遍性和可靠性，是反映了事物的客观本质的具有普遍意义的永恒的真理。四、观察和实验是获得一切科学知识的唯一途径，也是判断一种陈述是否科学知识的唯一方法。五、知识的陈述必须借助于一些特殊的概念、符号、范畴和命题来进行，数学和逻辑学被公认为是最基础的科学的语言，如果一种陈述既非数学的，又非逻辑的，那么它就不是科学的知识，

---

① 石中英. 知识转型与教育改革[M]. 北京：教育科学出版社，2007：62-63.

至少不是成熟的科学知识。六、科学知识是价值中立（value-neutral）或价值无涉（value-free）的，它超越任何意识形态、文化、国家、民族、地域、性别的限制，君临于无疆界的世界。①

（三）从现代知识型到后现代知识型的变革

人类在漫长的文明进程中每向前迈进一步总是要付出昂贵的代价，"科学知识型将人们的精神生活从形而上学与宗教神学的桎梏下解放出来，促进了人类知识和文明的进步，但是它同时又将人们陷于科学知识型的牢狱之中，给社会带来了深刻的精神危机和社会危机。"②就精神危机而言，由于科学知识居于霸权地位，科学知识型按照知识的证实程度与逻辑的一致性来评判其价值，将其他人文知识视为次要的或不完善的知识，从而使社会知识结构失去了平衡。人文知识和具有人文性质的知识的缺乏使人们在科技致富的同时感到了精神家园的荒芜，人生价值的迷惘。就社会危机而言，科学的进步改善了人类的生活状况，使人类意识到掌握科学知识是社会进步和生活幸福的必要途径，随着科学技术的长足发展，人类的欲望也无限地膨胀，人类在利用科技造福于自身的同时却使自然环境遭到了空前的破坏；以高科技为支持的现代战争所造成的伤害性也远远地超越了以往任何时期的战争；世界人民呼唤和平，但核战争威胁的阴云却一直笼罩在人类的上空③……科学技术的进步是无止境的，它将裹挟着人类走向不可知的未来，时代的发展呼唤着更为民主、开放的知识型的兴起。

自 18 世纪以来，哲学界对科学知识型的质疑此起彼伏，伴随着自然科学在 20 世纪的革命性发展，学术界各研究领域对科学知识型的批判甚嚣尘上，知识社会学、科学哲学和哲学三个领域的呼声最为响亮。

1. 知识社会学对科学知识型的批判

早在 19 世纪，马克思（Karl Marx）、恩格斯（Friedrich Von Engels）、尼采

---

① 石中英. 知识转型与教育改革[M]. 北京：教育科学出版社，2007：63-64.
② 参见：石中英. 知识转型与教育改革[M]. 北京：教育科学出版社，2007：69.
③ 同①69-70.

（Friedrich Wilhelm Nietzsche）、狄尔泰（Wilhelm Dilthey）等哲学家的理论已为知识社会学的产生奠定了基础。马克思关于"社会存在决定社会意识"的论断可以被看成是最早和最基本的知识社会学的命题；恩格斯关于在特定的条件下自然科学知识也要借助于社会及历史因素来解释的理论进一步丰富和发展了知识社会学的研究；尼采的文化思想和价值观点为古典知识社会学的产生和发展提供了较为直接的渊源；德国历史主义学派的代表人物狄尔泰认为人类的所有观点都是相对的，只有将人类思想与行动置于特定的文化背景下来研究才能作出正确的判断，这一思想为知识社会学的研究提供了方法论基础。

20世纪20年代，马克斯·舍勒（Max Scheler）与卡尔·曼海姆（Karl Mannheim）首次提出了"知识社会学"的概念并将其创立为一门学科。舍勒的理论虽然以哲学为基础，但却体现了浓郁的社会学色彩，他认为知识是一种社会现象，任何社会形态、任何社群、任何时期的文明都必然地拥有属于它自己的社会价值与法则和大家共同接受或建立的特殊实体秩序，所以社会现实具有复杂性与变化性，知识社会学由此形成了两大特色：一方面，社会学知识的类别日趋多元化；另一方面，社会实体与知识类别之间存在着不同密度的关联性。这里舍勒对科学知识型提出了质疑。他认为个体处于一个信念的世界，信念与价值总是在个体之前先行给定。"在客观领域的一切给予性秩序中，该秩序所拥有的价值品质和价值同一性，比价值中心里的一切存在都要先行给定；这是我们的高级'精神'行为及为这些行为提供材料的低级精神'功能'二者的本质结构所共有的严格规则，所以，根本没有什么价值中立的存在者能够'先天地成为'二级思维和判断中的感知、回忆和期待的对象……一切价值中立的存在或对价值漠不关心的存在，都是或多或少经过人工抽象的存在。"①可见，舍勒在此否弃了科学知识型的客观性、价值中立性和普遍性。

曼海姆深受舍勒思想的影响，他在舍勒思想的基础上进一步地提出不仅应

---

① 舍勒. 哲学与世界观［M］. 曹卫东，译. 上海：上海人民出版社，2003：33-34.

从社会学的角度而且应以"当代历史的观点"来探讨知识社会学的问题。"更确切地说，知识社会学所探求的是理解具体的社会-历史情况背景下的思想，在此过程中，各自不同的思想只是非常缓慢地出现。因此，一般来说不是思维的人，或其至进行思维的孤立的个人，而是处于某些群体中发扬了特殊的思想风格的人，这些思想是对标志着他们共同地位的某些典型环境所做的无穷系列的反应。"① "严格地说，说单个的人进行思维是不正确的。更确切地说，应认为他参与进一步思考其他人在他之前已经思考过的东西，这才是更为正确的。他在继承下来的环境中利用适合这种环境的思想模式发现自我并试图进一步详细阐述这种继承来的反应模式，或用其他的模式取代它们以便更充分地对付在他所处的环境变化中出现的新挑战。因此，每个个人都在双重意义上为社会中正在成长的事实所预先限定：一方面他发现了一个现存的环境，另一方面他发现了在那个环境中已经形成的思想模式和行为模式。"②

2. 科学哲学对科学知识型的批判

保罗·K. 费耶阿本德（Paul K. Feyerabend，又译作"法伊尔阿本德"）反对科学知识型的"意识形态"与"整体"特征，认为现有的一切科学哲学都是理性的，存在着一种固定的研究方法，但我们要探索的世界是未知的实体，所以我们的选择必须保持开放，切不可用某种科学哲学"预先就作茧自缚"。③ 他提出了自己的"无政府主义认识论"，指出，那些作为理性知识体系的科学定律不仅可以修改，而且纯属虚妄。他坚信科学史实复杂情境的堆积是非理性的。按照非理性的观点，方法论分析只能回到史料中去进行，因而，方法论必然地就不会是一套固定的规范。基于对这种理性主义方法论一元论的反对，他提出"多元主义方法论"，称为"反规则"，它只有一条原理："怎么都行"。④ 对于经验主义

---

① 曼海姆. 意识形态与乌托邦[M]. 黎鸣，等译. 上海：上海三联书店，2011：3.
② 同①3.
③ 法伊尔阿本德. 反对方法：无政府主义知识论纲要[M]. 周昌忠，译. 上海：上海译文出版社，2007：4.
④ 同③6.

方法论，费耶阿本德批判了理论与事实一致的原则，提出"反归纳法"。一方面，他认为科学的发展是一个复杂、异质的历史过程，高度精确、确证的理论无法把握其事实；另一方面，事实的描述不可能摆脱"成见"，因为成见是通过对比而不是分析发现的。"科学家所驾驭的材料、他那极其壮观的理论和所包括的复杂无比的技巧都完全是按这种方式构成的。"①因事实总是为理论（概念）而失去其作为论证依据的价值。他建议："我们应当发明一些新概念体系，它悬而未决，或者同极其精心地确立的观察结果相冲突，反驳最可能的理论原理，并引入不能构成现存知觉世界的组成部分的知觉……反归纳总是合理的，总是有成功的机会的。"②

虽然费耶阿本德的非理性主义因否定一切现存西方科学哲学而被称为西方科学哲学中的"一头迷途羔羊"，但他的多元主义方法论对于非理性因素的强调开拓了科学哲学方法论的视野；他理智地指出"一切方法论，甚至最明白不过的方法论都有其局限性"③，使其方法论折射出辩证法的光芒。

库恩在《科学革命的结构》（*The Structure of Scientific Revolutions*）中揭示了科学的本质，对科学知识型的客观性、普遍性与科学进步的线性累积发展状态提出了质疑。他创造性地提出了科学"范式"（paradigm）这一概念，将其解释为两重意义："一方面，它代表着一个特定共同体成员所共有的信念、价值、技术等构成的整体。另一方面，它指谓着那个整体的一种元素，即具体的谜底解答；把它们当做模型和范例，可以取代明确的规则以作为常规科学中其他谜题解答的基础。"④

库恩反对科学知识型所宣称的真理的普遍性。常规科学研究是一种解谜活动，而范式对于常规科学具有优先性。以共同范式为基础进行研究的科学家，

---

① 法伊尔阿本德. 反对方法：无政府主义知识论纲要［M］. 周昌忠，译. 上海：上海译文出版社，2007：10.

② 同①10.

③ 同①11.

④ 库恩. 科学革命的结构［M］. 金吾伦，等译. 北京：北京大学出版社，2003：157.

在从事科学实践之前必须承诺同样的规则和标准，科学实践所产生的这种承诺和明确的一致性是常规科学的先决条件，也是一个特定研究传统的发生与延续的先决条件。库恩认为，由于范式的存在，使科学知识型不可避免地会产生科学垄断与知识霸权的弊端，从而阻碍知识的全面发展。无论在历史上，还是在当代实验室内，常规科学活动"似乎是强把自然界塞进一个由范式提供的已经制成且相当坚实的盒子里。常规科学的目的既不是去发现新类型的现象，事实上，那些没有被装进盒子内的现象，常常是完全视而不见的；也不是发明新理论，而且往往也难以容忍别人发明新理论。相反，常规科学研究乃在于澄清范式所已经提供的那些现象与理论"①。当一种理论作为一种范式被接受，它将依据自身追求的信念和其特性所形成的成见，只强调知识王国中优于其竞争对手的某一部分，却不需要，也不可能解释它所面临的所有事实。科学原理不具有普遍性，即使是著名的牛顿定律其应用范围也是非常有限的。

库恩认为科学的发展并非一个连续的线性进步的过程，而是"一个由一连串相续的为传统限定的时期并间以非累积性的间断的点的过程"②，人们通常认为发展中前后相继的科学理论会逐渐逼近"真理"，这种观点并不合理。在库恩看来，"一个理论的本体与它的自然界中的'真实'对应物之间契合这种观念……原则上是虚幻的"③。所以"真理"其实并不存在。从历史的角度看来，"作为解谜工具，牛顿力学改进了亚里士多德力学，而爱因斯坦力学改进了牛顿力学"④。但库恩指出，在它们的前后相继中并不存在本体论发展的一贯方向。"相反，在某些重要方面（虽然不是所有方面），爱因斯坦广义相对论与亚里士多德理论的接近程度，要大于这二者与牛顿理论的接近程度。"⑤

---

① 库恩. 科学革命的结构[M]. 金吾伦，等译. 北京：北京大学出版社，2003：22.
② 同①185.
③ 同①185.
④ 同①185.
⑤ 同①185.

3. 哲学对科学知识型的批判

维特根斯坦（Ludwig Wittgenstein）在其学术生涯的后期转变了其哲学研究的方向，但依然关注语言的研究。可其后期的研究不再是对语言的逻辑分析，而是直接面对人们在日常生活中使用语言的实际过程，因为它们是有意义的，他否定语词或语句的哲学用法，认为它们是对日常语言的误用，因此他主张研究语言的方式应以描述取代分析。维特根斯坦将人们日常使用语言的活动比作棋类或球类游戏，这种游戏体现为三个基本特征：一是无限多样性。语言中"符号""词""语句"等要素有无数种不同的用途。新的语言类型、新的语言游戏不断地产生，而另外一些规则逐渐变得过时或遗失，日常生活的语言在运用中新陈代谢，实现着自我的创造和新生。二是主体的参与性。前期维特根斯坦的语言研究中，主体并没有被当成是实践着的主体。而其后期的语言研究已经认识到主体的参与是每一种语言游戏得以进行的关键条件。语言的使用同人的生命活动息息相关，主体的参与性以及不同主体使用语言的不同方式成为考察语言游戏的前提条件。语言是具体的、活生生的，而不是抽象的、僵死的，脱离生活本身来谈论语言纯属虚妄。三是语词和语句的工具性。维特根斯坦将语词和语句比喻为语言的工具，它们的功能和意义只有在具体的使用场景中才能表现出来，因此语句的意义并非隐藏在对它的分析中。

可见，维特根斯坦后期的哲学思想否定了现代知识型所强调的语言应当遵循的绝对的、确定的、准确无误的普遍规则，同时既否定了经验主义相信感觉经验是检验一个概念或命题是否真实的可靠条件的信念，又否定了理性主义认为概念和命题是对实在本质的反映的观点，他从语言学的角度对科学知识型进行了解构。

福柯通过对话语的诠释、对知识与权力关系的剖析对现代知识型进行了无情的批判。福柯在《知识考古学》（The Archaeology of Knowledge）中指出话语的形成主要体现在对象的形成、陈述方式的形成、概念的形成和主题的形成四个方面，而每一方面的形成都是由诸多关系构成的体系，并且这四个体系之间互相作用，所以话语的形成就是一个"像规则那样运作的复杂关系网络"。① 现代认识论认为一切知识只是对外在世界的再现，但福柯否认知识的结构来自外部世界，他认为外在对象只是话语建构的产物。福柯认为权力是一种可见又不可见、在场又不在场、无孔不入无处不在的神秘力量，知识与权力相互纠结，二位一体。福柯通过系谱学揭示了作为真理的知识和权力的关系，他主张"关注局部的、非连续性的、被取消资格的、非法的知识，以此对抗整体统一的理论"②。

上述思想对现代科学知识型的质疑和批判，不仅揭示了科学知识型的内在不足，而且推动了人类第三次知识型的转型——从现代知识型向后现代知识型的转变，后现代知识型是对现代知识型的革命，但它并不否认科学知识型的价值，而将其作为知识的一种形态视为与其他知识具有同等地位的知识。

"后现代知识型"是让-弗朗索瓦·利奥塔（Jean-Francois Lyotard）提出的概念，它体现了当代文化形态"反对大叙事，解放小叙事"的特征；而"文化知识型"是石中英教授在解构科学知识型基础之上根据正在建构的当代知识形态多样性、民主性、具体性的特征所确定的概念。

后现代知识型的特征可以概括为以下几个方面：一是，知识不仅是文化的要素，而且是文化的产物。文化形态的多样性决定了人类知识形态的多样性，不同的知识型具有等价性，任何知识型都不具备普遍性、绝对性和永恒性，知识的转型是不可避免的。二是，就知识与认识者的关系而言，文化知识型认为所有的认识者都生存于具体的社会历史文化环境之中，因此，不存在"普遍的知识分子"，而只存在"具体的知识分子"，任何人都不能将自己打扮成"真理"的代言人，认识的特权被废除，因为认识者的感觉和理性都是文化的产物，认识者的知识陈述与其知识信念密切相关。三是，在知识与认识对象的关系上，知识不再是对认识对象的"镜式"反映，不是对客观事物本质的揭示，知识只是人

---

① 福柯. 知识考古学[M]. 谢强，等译. 北京：生活·读书·新知三联书店，2008：80.

② 福柯. 权力的眼睛：福柯访谈录[M]. 严锋，译. 上海：上海人民出版社，1997：219.

们对其所选择的认识对象特征及其联系的一种猜测、假设或一种暂时的认识策略，任何经验的证据都是不充分的，因此，所有的知识都是可错的。四是，知识陈述的形式具有多样性、文化性、相对性，它们之间是不可代替的。概念、符号、范畴、命题等都是文化的产物，它们无法"反映"或"代表"事物的本质。五是，从知识与社会的关系方面看，如上所述，既然纯粹和抽象的认识者、对认识对象的镜式反映、代表事物本质的概念、范畴或符号均不存在，那么就不存在"纯粹客观""价值中立"与"文化无涉"的知识，世界上根本不存在一种普遍有效的真理性知识。①

（四）中国知识型与知识转型的特殊性

依据石中英教授的观点，原始社会时期，中国的知识型与世界其他国家和地区的知识型没有太大的区别，神话知识型是主要的知识形态。到西周时期，易经作为一种符号化的知识体系取代了神话知识型。它通过一些简单的概念或符号建构了解释万事万物的基本框架，使对世界的解释从对神的依赖转向对人的依赖；到了老子和孔子时期，他们提出了新的世界本体观，即"道"与"仁"。这与西方哲学家所思考的世界的本体的结论不同，但他们与西方哲学家一样进行了形而上学的沉思，所以得出的结论的方式是相似的。老子和孔子之后，思想家们重视知识的经世致用，他们大都致力于对社会和历史而非对自然和宇宙本体的沉思，注重研究历史与道德的知识而非形而上学的知识；宋明时期的理学家们则又转而致力于建构形而上学的知识体系，提出"理本论""心本论""气本论"等主张；明清时期经世致用的思想在文化领域再次兴起，学者们将经世致用作为判断知识真理性的最重要的标准，而批判宋明知识体系的空疏无用。② 因此，形而上学知识在中国古代时期没有能够发展成为系统性的体系和获得长期的、稳固的统治地位。

前述第二次知识转型主要发生于西方国家，中国的情况则与之大不相同。在中国古代文化长河中，判断知识的标准主要不是形而上学的标准，而是历史

---

① 参见：石中英. 知识转型与教育改革[M]. 北京：教育科学出版社，2007：80-83.
② 同①56-57.

的标准。知识领域对知识评判更多的是历史的考究而较少形而上学的争论，所以，中国知识领域并未像西方那样形成形而上学知识型的绝对的、霸权的学术气氛。一方面，这为多元知识的发展保留了较为开阔的空间；另一方面，由于中国古代知识领域过于尊崇历史知识和道德知识而导致科学知识的边缘化，其发展因缺乏社会动力支持而停留在体制外个体自发研究的水平上。到明清之际，受第一次"西学东渐"的影响，自然科学方在封建政府的支持下有所发展，但在观念上仍未受到重视。直到 19 世纪下半叶，由于鸦片战争以及西方列强和日本一系列侵华战争方才使晚清政府和部分知识分子意识到中国传统知识形态在总体结构上存在的问题，认识到学习西方现代科学知识的重要性。对于中国传统文化知识与西方科学知识之间关系问题上的争论最终以"中体西用"为问题解决的方案，实际上仍然是在传统的知识构架内解决问题。

19 世纪末 20 世纪初，一部分早期留学人员归国后将西方 18 世纪与 19 世纪发展起来的大量的西方科学知识系统地介绍到国内，使得中国知识领域更加深刻地认识到西方近现代文明的发展及其强盛的原因。1919 年五四运动倡导"民主"与"科学"，科学知识型因这一契机得到中国越来越多的知识界精英的认同。但科学知识型在中国知识领域形成的过程是一个非常复杂、艰难的过程，始终伴随着"科学"与"玄学"，"全盘西化派"与"东方文化派"的论争。新中国成立后，特别是 20 世纪 80 年代后，国家大力发展科学技术事业，建立了科学研究和教学体系，取得了令人瞩目的成就，广大人民认识到科学的力量。到 20 世纪末，科学知识型在中国人民的精神生活中的主导地位已经稳固地建立起来。①

在全球化的浪潮中，中国文化再也不可能孤立于世界文化汤汤之河而独守一隅，而是汇入其中与之共同经历浪起潮涌。中国古代知识型和现代知识型的形成与发展虽然经历了与西方国家不同的路径，但正在经历的现代知识型向后现代知识型的变革，却是当今中国文化与世界文化共享的时代文明。

综上所述，20 世纪以来所发生的世界文化转型为人类开启了一场新的文明

---

① 参见：石中英. 知识转型与教育改革[M]. 北京：教育科学出版社，2007：66-67.

之旅。多元化、开放性、创造性、有机性、系统性等文化品格所共塑的时代精神，将为这场文明之旅确立新的航标，为政治、经济、文化、科技以及社会生活各领域的发展开辟新天地。毋庸置疑，教育不应沦为时代精神所遗忘的角落，教育不仅应当跟随时代的步伐而除旧布新，而且应当创造未来的新时代。课程既是文化的因变量，也是文化的自变量。作为文化的因变量，课程必然地对文化的转型作出相应的反应；作为文化的自变量，课程自身的创造性又会促进其自身与文化不断地发展。二者之间的关系将在后文详述。

小结

20世纪所发生的文化转型是现代科学范式、现代社会现实和现代知识型发生全面变革的过程，这一过程正在进行。首先，在精神生活领域，它表现为人类世界观由于科学的革命而发生的变化，基于牛顿机械主义的现代世界观认为世界是封闭的、僵化的、单一的、绝对的、孤立的、被动的、静止的；而20世纪科学的新发现却揭示了世界的开放性、创生性、多元性、相对性、联系性、自发性、运动性的本质特征，由此而推动了人类世界观的变革。其次，在物质生活领域，以现代世界观为核心而形成的标准化、专门化、同步化、集中化、极大化、集权化原则与以大工业生产为基础的机械文化构成了现代社会生活的现实图景，随着生产力与科学技术的发展，人们的物质与精神需求、价值观念、生活方式逐渐复杂化，后工业文明击碎了机械文化的坚硬外壳，形成了弹性化、多元化、创造性、无穷变化和普遍联系的生活形态。再者，在知识领域，客观性的、普遍性的、确定性的科学知识型的霸权地位于20世纪末动摇了，后现代知识型代之而起，后现代知识型具有多样性、境遇性、个体性、相对性，它不仅是文化的要素，而且是文化的产物，因此又叫做文化知识型。与科学知识型相比，它是一种更为民主、开放的知识型。

文化转型需要经历一个漫长的过程，这一过程所需要的时间周期因文化转型的性质和范围而异，而文化的转型总是处于永无止境的运动状态中，一波将平，一波又起。世界文化转型波及具体的国家而引起该国家同样性质的文化转型的情况与具体国家的国情具有密切的关系，总体来讲，发达国家对世界文化变革的回应较为快速，因为它们更接近世界文化转型之波动的中心，而欠发达国家的回应较为迟缓，因为它们往往处于世界文化转型之波动的边缘。在世界文化转型之外，具体的国家在其本国之内也会发生文化转型，有时其性质具有该国文化的独特性。因而，不同国家对世界文化转型的回应往往出现不同步的现象。但一个国家只要存在着对外交流，就不可避免地会受到世界文化转型的影响和其他国家文化转型的影响。在当今时代，由于全球化的影响，不同国家对世界文化转型产生的影响所作出的反应逐渐趋于同步化。

正在发生的世界文化转型不仅反映了世界文化的发展趋势，而且体现了当今世界的时代精神，开放性、创造性、多元性、整体性、联系性、相对性、运动性等文化品格将作为时代精神的精华为中国当今设计学学科本科教育课程设计的变革提供思想基础和价值依据。

第三章　文化转型与课程变革

本章探讨 20 世纪以来中美两国各自所发生的文化转型对课程变革的影响。美国是现代课程的发祥地，随着时代的进步与文化转型，课程研究范式历经变革，对世界各国的课程研究与教育改革产生了深远的影响，因此具有一定的代表性。对中国课程的研究着重于 20 世纪以来随着不同历史时期的文化转型设计教育的发展及其相应的课程变革。本文尤其强调文化转型对教育价值观的影响、不同的教育价值观对课程变革的影响，这同时也是本章研究的视角。

第一节　文化转型与课程变革的关系

文化孕育了课程，但课程不仅传承文化，而且创造文化。文化与课程之间存在着双向互动的关系。文化转型对课程的影响体现在由于人类世界观、价值观的变革所引起的教育观、课程观的变革；由于知识领域内部的变革，如知识型、知识性质、知识类型、学科内容与体系的变革所引起的课程内容体系、课程组织形式、课程实施方法的变革；以生产方式为基础的社会的全面变革所产生的社会对人才需求的变革，从而引起的高等教育人才培养目标的变革及其相应的课程体系的变革。反之，课程的变革又会对文化的发展发挥积极的推动作用。"教育要受社会的经济、政治、文化等所制约，并对社会的经济、政治、文化等的发展起作用"①，这是教育的基本规律之一。文化转型对课程变革的影响是这一基本规律的体现。

课程变革受到本国文化转型与世界文化转型的双重影响。课程变革与本国文化转型之间存在着较为密切的呼应关系，自变量的变化在较短的时间内引起因变量的变化。但课程变革与世界文化变革之间的呼与应并不是同步的，自变量的变化在前，因变量的变化在后，其间的时间间隔很可能是数年、数十年甚至上百年，因各国国情而异。世界文化转型对课程的影响是通过对具体国家的文化转型的影响而起作用的，所以，发达国家和欠发达国家的文化转型对世界文化转型的影响所产生的反应一脉相承，发达国家的课程发展会对世界文化的变革产生较为快速的回应，而欠发达国家的课程发展会对世界文化的变革产生较为缓慢的回应，另外，发生于不同国家国内的文化转型会对各自国家的课程产生不同的影响，这样就会形成国家与国家之间课程理论与实践发展的不同步现象。但是，国际之间的文化交流对彼此的课程发展会产生促进作用。

由于文化全球化的影响，当今时期世界文化的变革将会在较短的时间内对世界各国的文化发展产生广泛而深刻的影响，从而缩小国家之间对世界文化变革所产生影响的文化性质的差异和时间差异，进而影响课程的发展；产生于具体国家的前沿的课程思想也会得以向其他国家迅速而广泛地传播，从而促进不同国家的课程变革。

第二节　20 世纪以来美国课程范式的变革

一、现代课程范式

（一）现代课程诞生的时代背景

1. 科学主义世界观的影响

随着现代纪元的到来，人类关于世界及其自身的观点发生了根本性的变化，

① 潘懋元. 新编高等教育学[M]. 北京：北京师范大学出版社，2006：13.

蒙昧时期对于宗教的信仰被科学信仰所取代，形成了现代世界观。现代世界观认为，人类通过观察、实验、测量、计算和理性思考来发现自然的法则，系统地发展科学知识，掌握科学规律，便可成为自然的主人，利用技术在征服自然的过程中造福于人类。几个世纪以来，这种世界观在科学、技术、工业方面取得了一个又一个的胜利，特别是进入 19 世纪以来，技术在科学的指导下获得了第二次工业革命的累累硕果，人们的物质生活和精神生活发生了巨大的改善，科学技术推动了整个人类文明的进步。到 19 世纪末，整个欧洲基本完成了产业革命，近代工业体系已建立起来，它标志着人类社会进入了新的文明时代——工业文明时期。这一时期，人们对科学的信仰与日俱增。科学主义、技术理性的世界观渗透了政治、经济、文化等各个领域和社会生活的各个层面，教育与课程研究也不可避免地被纳入到这种思维框架中。

2. 社会效率运动的影响

19 世纪末 20 世纪初，西方国家的经济结构发生了巨大的变化，劳动分工明确的大型工厂取代了以往手工行会中熟练工人教会学徒整个生产过程的生产方式，工业生产规模迅速扩大，技术革新日益加快。对众多不同分工进行有效的控制与管理将大大提高生产效率，而在这个大规模生产的时代，功效与效率是至高无上的，因此，"科学"管理成为这个时代工业发展的迫切需要。

1911 年，美国被称为"科学管理之父"的泰罗出版了著名的著作《科学管理原理》(*The Principles of Scientific Management*)，阐述了其科学管理的基本思路：对从事某项工作的熟练工人的工作进行分析，将该项工作划分为细小的操作单位，仔细观察工人的每一个动作，将每一动作所需要的时间进行测量，据此确定每一操作单位的效率标准；根据每一项工作的效率标准将工人配置于恰当的岗位，并配合相应的经济利益，使每个工人都处于最高效率和最大生产能力的状态。

泰罗所阐述的系统的科学管理的思想被称为"泰罗主义"(Taylorism)，其基本特征是效率取向、控制中心，把科学等同于效率，把人视为生产工具。这一管理思想因适应了时代的需求而迅速广泛地传播开来，对社会生活各个方面产生了深远的影响，形成了社会效率运动，从而也影响到教育与课程领域。

19世纪末20世纪初，美国课程领域各种变革思想在与官能心理学和古典课程观的斗争中，为课程研究拓宽了新的视域，结合科学主义世界观与社会效率运动的时代背景，使具有科学化特征的现代课程的诞生成为历史的必然。

（二）现代课程的诞生与发展

20世纪初，爱德华·L. 桑代克（Edward L. Thorndike）对实验心理学与统计和测量方法的研究成果为社会效率运动和科学化课程提供了理论依据。在其刺激-反应关系概念中，人的经验是可以被量化的，教育统计由此产生。

1918年，美国著名教育学家博比特的《课程》（*The Curriculum*）一书出版，标志着课程研究作为一个独立的研究领域诞生了。博比特开创了科学化课程开发理论，在其之后，查特斯、泰勒、布鲁纳、本杰明·S. 布卢姆（Benjamin S. Bloom）及其他课程专家沿着博比特的研究主线，使科学化课程开发理论得以深化和完善，形成了蔚为壮观的现代课程范式的图景，在世界课程领域产生了广泛而深远的影响。

1. 追求社会效率的科学化课程

博比特是科学化课程开发理论的奠基者和开创者，他引领了现代课程领域的研究导向。博比特深受泰罗主义和桑代克实验心理学的影响，在其早期著作中将工业科学管理的原则运用于学校教育，继而又把它推衍到课程领域，从而为现代课程范式确立了这样的隐喻：学校是"学校工厂"（school-factory），学生是"原料"（raw material），教师是"教师工人"（teacher-worker），教育正是为了获得理想成人这个"产品"（product）而对学生实施的加工过程。因此，博比特认为"教育是一个塑造过程，如同钢轨的制造一样。经由这种塑造过程，人格将被塑造成需要的形态。当然，人格的塑造要比钢轨的制造更为精密，而且包含更多非物质成分，然而塑造的过程并没有两样"①。这种课程观体现了企业生产中"效率取向、控制中心"的科学化管理原理。

---

① BOBBITT F. The supervision of city schools [M]//Twelfth Yearbook of The National Society for The Study of Education，Part I. Chicago：University of Chicago Press，1913：12.

博比特的科学化课程开发理论主要体现在对于教育的功能、课程的本质和课程开发的方法等几方面的研究，而课程开发的方法是其课程研究的重点。

博比特认为教育具有基础性（fundamentality）和功能性（functionality）两个方面。而教育的功能体现在将儿童培养成为未来能够履行成人生活的人。他在《怎样编制课程》（*How to Make a Curriculum*）一书中阐述了这样的思想："教育主要是为了成人的生活，而不是为了儿童的生活。教育的基本责任是为了 50 年的成人生活作准备，而不是为了 20 年的儿童及青年生活。"①在这里，教育的价值被设置于未来，教育的现时价值被忽略；教育的目标必然地具有预设性，教育的实施是在目标的制约下设计的课程程序。教育的功能由该程序的效率来保证，而效率的获得依赖于课程程序的科学化，因此"效率等同于科学"。课程设计的精确化与标准化是实现教育功能的有力保障。

博比特第一次将课程开发视为一个专门的学术研究领域，首创了科学化课程的开发方法。在《怎样编制课程》一书中，博比特提出了著名的"活动分析法"（activity analysis），包括如下五个步骤：第一步，人类经验的分析；第二步，具体活动或具体工作的分析；第三步，课程目标的获得；第四步，课程目标的选择；第五步，教育计划的制订。博比特对课程开发过程的分析与泰罗对企业生产过程的分析异曲同工，这是一种由整体到部分，不断简化，最终将人类的活动分析为具体的、特定的行为单元的过程与方法，这种方法体现了"泰罗主义"对课程领域的影响。

1923 年，查特斯的著作《课程编制》（*Curriculum Construction*）的出版使追求社会效率的科学化课程开发理论得以进一步推广。它提出了"工作分析法"（job analysis），类似于博比特的"活动分析法"，也可理解为活动分析法在职业工作方面的应用。但与博比特不同的是，查特斯使"理想"与"活动"相辅相成，共同作为确立课程内容与目标的依据。

博比特与查特斯大胆地扬弃了长期以来统治课程领域的古典课程及其以官

---

① BOBBITT F. How to make a curriculum[M]. Boston：Honghton Miffin，1924：8.

能心理学为理论基础而形成的形式训练理念，开创了科学化课程研究的先河，在课程发展史上具有革命性的意义。他们提出的课程开发过程中的一系列基本问题如课程目标是课程开发的基本依据；课程目标与人类生活、科学知识具有内在的联系；课程开发应注重系统的知识领域与日常生活的实际需要之间的关系等，为后继的课程研究者奠定了理论基础。因此，他们为课程开发作为一个独立的研究领域的形成与课程开发的科学化取向的确立作出了卓越的贡献。

但博比特与查特斯的课程开发理论也存在着历史的局限性。他们将教育与课程视为成人生活的准备，忽视了儿童主体性价值的存在；他们将教育过程等同于企业生产过程，效率取向，科学管理，这种"泰罗主义"管理模式在教育过程中的渗透使教育的本质遭到扭曲，教育过程的丰富性、生动性、复杂性因课程开发程序的机械性而遭到抹杀，因此，教育的"科学化"难以真正实现。

2. 追求开发技术的科学化课程

泰勒继承和吸收了前期课程理论家的研究成果和查尔斯·贾德（Charles Judd）、桑代克的心理学研究观点及方法并将其作为其课程研究的思想源泉，成为科学化课程开发理论的集大成者。

泰勒完整的课程开发理论的构建是在特定的社会现实条件下形成的，为了解决 20 世纪 30 年代经济大萧条时期高中学生的学习需要及协调中学与大学教育衔接问题，美国"进步教育协会"（Progressive Educational Association）对全美 30 所中学课程展开了一场综合性和实地实验性的"八年研究"。以此为基础，泰勒提出了课程开发的一般程序和原理，其主要思想反映在 1949 年出版的《课程与教学的基本原理》（*Basic Principles of Curriculum and Instruction*）一书中。

（1）"泰勒原理"的基本内容

泰勒在《课程与教学的基本原理》中提出了开发任何课程与教学计划时都必须回答的四个问题：①

第一，学校力求达到何种教育目标？（What educational purposes should the

——————————————

① 参见：泰勒. 课程与教学的基本原理[M]. 施良方，译. 北京：人民教育出版社，1994：2.

school seek to attain？）

第二，如何提供有助于实现这些教育目标的学习经验？（What educational experiences can be provided that are likely to attain these purposes？）

第三，如何为有效教学组织学习经验？（How can these educational experiences be effectively organized？）

第四，我们如何确定这些目标正在得以实现？（How can we determine whether these purposes are being attained？）

这四个基本问题被称为"泰勒原理"（Tyler Rational）。

（2）对"泰勒原理"的评价

泰勒在课程开发的过程中运用实证、实验的方法，对于课程目标的确定、学习经验的选择与组织、教学计划的评价等课程内容的研究强调确定性、客观性、规范性，显示了其课程研究的基本精神为科学理性的特征。以预设的教育目标为根本出发点，其他环节据此而展开，指向对环境的控制和管理，体现了课程开发的"控制"倾向。"泰勒原理"使课程开发过程成为一种理性化、科学化的过程，体现了其"技术旨趣"的价值取向。因此，"泰勒原理"深深地镌刻着它所诞生的那个时代所盛行的科学主义的烙印。

但是，"泰勒原理"言简意赅地阐明了课程开发的基本思想，确立了一种具有普适意义的课程开发模式，对世界各国的课程研究产生了逾半个世纪的深远影响，被誉为课程理论的"圣经"。

"泰勒原理"确立的是课程开发的一个非常理性的框架，然而，它并不试图回答所有具体内容，这些内容随教育阶段和学校的变化而变化，所以，它只是对回答这些问题的程序作了阐释。"我们甚至可以在一定范围内，用不同的课程理念来填充这个框架而得到不同的课程计划，这就给'泰勒原理'作用的发挥留下了相当的余地。这也正是'泰勒原理'在课程探究领域受到多方批评却仍长盛不衰的奥秘……'泰勒原理'为我们提供了一个课程分析的可行思路。"①

① 张华. 课程与教学论［M］. 上海：上海教育出版社，2008：111.

3. 追求学科结构的科学化课程

知识的发展对学科结构课程的产生具有根本性作用，它与社会现实需求及科学主义价值观共同反映了文化转型对课程变革的影响。

20 世纪 50 年代末至 60 年代是一个科学发展日新月异、科学知识急剧增多的时代，在科学研究中如何寻找一种恰当的方法来处理无限增多的知识成为当时面临的课题。解决这一问题的答案被确定为研究"科学的结构"，通过研究"基本观念"和"关键概念"等学科的核心问题进而拓展知识的范围。对于这一问题反应最强烈的是教育领域，所以美国发起了一场指向教育内容现代化、科学化的课程改革运动，被称为"学科结构运动"。

1957 年 10 月 4 日苏联成功地发射了第一颗人造卫星，此事震动了美国朝野。学者们认为造成美国在军事、科技方面落后于苏联的原因归根结底是教育的落后，于是举国上下决心致力于学校教育内容的现代化、科学化。1959 年 9 月，在伍兹·霍尔(Woods Hole)举行的教育研讨会上，布鲁纳做了题为"教育过程"(The Process of Education)的总结报告。报告确立了"学科结构运动"的理论基础和行动纲领，并成为 20 世纪 60 年代的课程宣言。

在这场运动中，一系列强调学科结构的新课程诞生了，这些课程的共同特征是以学科结构为课程开发的出发点和价值取向，因此被称为"学科中心"(subject-centered)或"学术中心"(discipline-centered)课程。

(1) 学科中心课程的开发原则

布鲁纳吸收了心理学家让·皮亚杰(Jean Piaget)、语言学家瑙姆·乔姆斯基(Noam Chomsky)和人类学家列维-斯特劳斯(Claude Lévi-Strauss)的结构主义思想，认为掌握事物的基本结构是了解事物本质的必然途径。同样，学习者只有掌握了学科的结构才能掌握课程知识。学科的基本概念、原理、法则之间存在着内在的联系，它们具有广泛而强有力的适应性，是知识范围得以拓展的基础。

布鲁纳认为学科结构课程的开发应当遵循以下原则：一是对智力的促进作用。学科概念的教学，不应奴性地跟随儿童的智力发展而应根据儿童智力发展的状况提供具有挑战性而且合适的机会，以促进其智力的发展。二是学科结构的选择应与儿童发展阶段相适应。布鲁纳指出"给任何特定年龄的儿童教某门学科，其任务就是按照这个年龄儿童观察事物的方式去阐述那门学科的结构"①。三是螺旋式课程。布鲁纳认为对于知识的掌握不可能一次完成，要真正掌握知识结构，就必须对同一概念每次都以新的观点反复多次地展开学习，不断加深对它们的理解，这种理解是通过在日益复杂的形式中学习运用而获得的，这样学科的基本概念便以螺旋上升的方式而展开，即所谓螺旋式课程（spiral curriculum），它体现了对"泰勒原理"中"直线性地重申主要的课程要素"②的超越。

（2）学科中心课程的基本特征

第一，"学术性"。持学科中心课程观点的学者们认为学校教育的目的与手段首先是从学术中抽取出来，未进入学术范畴的事件被认为是不适宜教授的，是学校教学所不希望的。

第二，"专业性"。学科中心课程观反对教育内容的相关性、融合性、广域性，反对学科的统整。约翰·H. 兰德尔（John H. Jr. Randall）等学者认为，由于知识世界急剧多元化，研究领域往往确立多种目标并借助多种研究方法加以实践，强化各自学科的独立性，学科之间彼此互不联系。约瑟夫·施瓦布（Joseph Schwab）则认为知识体系之间的差异和分离是客观现象，因而课程的专业性特征是学科的本质属性使然。③

第三，"结构性"。布鲁纳认为，"任何学科中的知识都可引出结构"④，"不论我们选教什么学科，务必使学生理解该学科的基本结构"⑤。他所强调的结构

---

① 布鲁纳. 教育过程[M]. 邵瑞珍，译. 北京：文化教育出版社，1982：49.
② 泰勒. 课程与教学的基本原理[M]. 施良方，译. 北京：人民教育出版社，1994：67.
③ 参见：钟启泉. 现代课程论[M]. 上海：上海教育出版社，2006：118-119.
④ 同①5.
⑤ 同④31.

是指学科自身既定的结构。

（3）对学科结构课程开发理论的评价

学科结构课程在研究的重点上与以往的课程研究相比发生了很大的转变，由对社会效率、开发技术的追求转向了对学科自身的研究，探寻对事物的本质和规律性的认识并以此作为教育的主要内容，从而谋求教育的科学化、现代化。自然科学研究领域与社会科学研究领域因结构观念而使庞杂的知识得以归纳整理，构筑了具有逻辑性和明确学科分类的知识体系，为知识激增时代提高人们信息处理的能力寻找到一种有效的途径。以学科结构为核心的课程体系使知识得以简化、统整和完善，有利于教授与学习，创造了现代化、科学化课程的典范。

但是，以布鲁纳为代表的研究学科结构课程开发理论的学者们将不同的学科理解为彼此独立的、互不联系的知识体系，人为地为学科之间设置了不可逾越的屏障，现在看来恰恰是违背知识发展的科学规律的。将学科结构作为先于学习过程的客观实在而视为课程的核心，忽视了学习者的主观意识，体现了机械理性的课程观。

值得肯定的是，布鲁纳提出的螺旋式课程反映了对"泰勒原理"中直线排列的课程组织方式的超越；对学习者认知的重视、探究学习的鼓励和学科结构的假设与学习者自身的发展阶段相协调的教育思想，却投射出布鲁纳的人文主义思想。因此，布鲁纳的课程思想虽然以"工具理性""价值中立"的科学主义特性为基本框架，但其中却蕴含着某些生动的气息。

（三）对现代课程研究范式的评价

1. 现代课程研究范式的意义

现代课程研究是课程史上的重大革命，它推动了教育现代化的进程，将课程的价值与社会发展的需求结合起来，使教育成为一种社会生产力。在现代课程研究过程中，知识的逻辑性、系统性受到重视，课程形成了完整的体系，其影响广泛而深远，其合理因素对当今的课程研究与教育实践仍具有积极的现实意义。

2. 现代课程研究范式的局限性

首先，现代课程反映了科学主义的世界观。现代课程范式诞生在一个科学主义盛行的时代，它基于科学主义的世界观，运用实证主义的研究方法，通过观察、实验、归纳、总结等手段，在体现效度、信度等科学研究标准的前提下，使研究结果标准化、规范化，具有可测量的特质，从而提炼规律性的认识，获得具有普遍意义的方法或原理，以应用于指导教育实践，体现了科学主义的深刻影响和对效率主义、技术理性的追求。实证主义的研究方法将课程视为价值中立的客观实在，它独立于个体、外加于个体，个体成为课程被动的接受者。"知识的主观层面被消除，知识的目的成为累积和分类。'知识是什么?'的问题，被代之以'什么是学习既定知识的最佳方法?'的技术问题。"①从而扭曲了课程的本质，在很大程度上削弱了其真正的教育价值。

其次，现代课程反映了工具理性的价值观。现代课程研究的兴起并不是基于学术的需要，而是基于特定历史阶段的社会的需要。博比特深受桑代克与泰罗效率观念的影响，认为效率和经济是课程开发中应当坚持的重要概念；泰勒进行 8 年研究的根本动因是为了解决 20 世纪 30 年代经济大萧条的情况下，失业率剧增使大量青少年返校就读而提出的课程需求问题；布鲁纳的学科结构课程的研究则是为了美国针对苏联的军事竞争、科技竞争。因此，现代课程兴起的动因即奠定了其价值追求的工具理性色彩。为了满足行政和管理的指令，实现社会控制的目的，课程开发的利益追求必然是教育效益的提高，课程开发的手段必然要符合技术操作的规范。课程被按照行政指令被动地传输，知识是价值中立的客观实在，教育者与学习者的行为被按照教育这架机器传输轨道的规范而预定，客观化、标准化剥夺了教育过程的主观性因素，使教育过程如同一架钢铁机器一样按照指令机械地运行，程序性、规范性、操作性、技术性构成了运行过程的基本的也是最重要的要求。由此可见，现代课程成为行政与管理的工具，实现工具理性是现代课程研究的价值所在。

① 周佩仪. 从社会批判到后现代[M]. 台北：台湾师大书苑有限公司，1999：59.

再者，现代课程范式反映了机械主义课程观。博比特与查特斯课程研究中的"泰罗主义"管理模式将教育过程等同于工业生产，忽视了教育过程的丰富性、生动性和复杂性；"泰勒原理"以预设性的教育目标为出发点，其他环节据此而展开，体现了课程开发的控制倾向，使课程体系成为一个封闭的系统；布鲁纳的学科中心课程将学科结构视为先于学习者的客观实在，强调学科的独立性，割裂了学科之间应有的联系。上述课程观都反映了现代课程研究中所存在的浓郁的机械主义色彩，而将丰富、生动、复杂的课程活动抽离为枯燥、僵化、简单的机械框架。

现代课程范式体现了它所存在的那个时代的精神，随着社会的进步和文化的转型，课程范式的变革成为历史的必然。

二、课程范式的变革

20 世纪 60 年代末 70 年代初，施瓦布、詹姆斯·B. 麦克唐纳（James B. Macdonald）、派纳等一批具有反思精神的美国课程学者开始对传统课程观念提出质疑，探索新的课程研究路径，呼吁对传统课程进行"概念重建"（reconceptualization），推动了课程范式的变革。

（一）课程范式变革的时代背景

1. 时代精神的影响

20 世纪中期，科学的发展在两种相向的维度上影响着人们的世界观。一方面，"二战"以后的和平环境为科学技术的迅速发展创造了有利的条件，科学主义在科技繁荣、物质丰富的前提下成为时代的思想霸权；另一方面，量子力学、相对论、热力学、混沌理论、生命科学、信息科学等科学理论的新发展动摇了人们原有的世界观，新的世界观在与传统世界观的冲突中逐渐形成。部分科学及其他学科的研究从关注客观世界转向关注人类自身。人本主义心理学、西方存在主义哲学、现象学、精神分析理论、法兰克福学派、哲学诠释学、知识社会学等理论研究成果所传达的科学、哲学和社会学思想，揭示了人作为活生生的个体的主观能动性，人与自然构成了有机的、整体的和谐关系，是对现代主义"机械论""原子论"的否定；确信真理产生于个体与环境互动过程的体验中，个体是意义的诠释者、创造者，是对逻各斯中心主义、科学霸权主义的拒斥；认为生命的意义在于意识的觉醒和人性的解放，是对政治霸权、科技理性控制本质的批判。以上理论对于个体生命的生动性、能动性、丰富性、创造性的尊重，其非理性人本主义的价值取向实现了对现代主义价值观的超越，它们作为时代精神的精华为课程范式的变革提供了思想动力。

2. 社会现实的影响

20 世纪 60 年代是西方社会大动荡的时期。在美国，反主流文化(counter-culture)运动、反战运动、女性主义运动等此起彼伏。"二战"后，美国经济迎来了空前的繁荣，丰裕时代的新文化与传统文化之间产生了张力，人们以新时代的主人的身份对主流文化与社会规范提出质疑，寻求自我身份的文化认同和个性解放，企图实现他们创造新的社会、新的生活方式的理想。社会意识形态与现实的变革冲击着课程领域，成为促进课程变革的又一种现实力量。

3. 课程领域的状况

就课程领域而言，随着工具理性的膨胀，价值理性却日益衰微。"在实证主义哲学思想的笼罩之下，'科学研究范式'(scientific research paradigm)达到登峰造极的程度，课程理论研究被简约为课程开发的'工艺模式'的探讨，课程研究领域也就具有了反理论(atheoretical)和反历史(ahistorical)的特征"。[①] 轰轰烈烈的"学科结构运动"不但没有解决现实问题，反而导致课程领域走向衰亡。在"学科结构运动"进行的过程中，课程领域内出现了研究方向的新探索。兴起于20 世纪五六十年代，被称为"第三势力"的人本心理学为课程理论研究从科学主义取向向人文主义取向的转向提供了理论基础。受亚伯拉罕·H. 马斯洛(Abraham H. Maslow)、卡尔·R. 罗杰斯(Carl R. Rogers)等所提出的人本主义心理学思想和其他人本主义哲学思想的影响，部分课程学者对传统课程范式提出挑战，构想了非行为主义基础的新课程形态。

---

① 张华，等. 课程流派研究[M]. 济南：山东教育出版社，2000：260.

（二）课程范式的变革

派纳指出，美国课程领域在 20 世纪 70 年代以前，课程研究主要围绕"泰勒原理"所提出的四个基本问题而展开，其目的在于探讨"怎样有效地开发课程"；20 世纪 70 年代以后，课程研究发生了范式的转变，以更加广阔的视界和理论为基础力求其研究能够体现时代的精神，其目的在于探讨"怎样理解课程"。从此，"课程开发"范式转向"课程理解"范式。

课程理解范式最先是从概念重建主义课程研究开始的。但施瓦布的实践性课程对促进课程范式的变革发挥了积极的意义。

三、实践课程范式

施瓦布针对"泰勒原理"与"学术中心"课程脱离教育实践、排斥课程主体的现实问题，认为传统课程领域岌岌可危，它需要新的研究方法以适应新的问题。

从 1969 年至 1983 年，施瓦布相继写了《实践：课程的语言》（*The Practical：A Language for Curriculum*），《实践：折中的艺术》（*The Practical：Arts of Eclectic*），《实践 3：转换成课程》（*The Practical 3：Translation into Curriculum*），《实践 4：课程教授要做的事》（*The Practical 4：Something for Curriculum Professors to Do*），由此建立起不同于传统课程开发理论的实践性课程开发理论。

施瓦布认为，实践性课程是由教师、学习者、教材、环境四个要素构成的，在此结构中，教师与学习者之间是一种"交互主体"的关系，主体之间的交互作用是最生动、深刻、微妙而复杂的，它是课程意义的源泉。课程四要素之间的交互作用构成了一个有机的生态系统，这也是实践性课程的基本内涵。

实践性课程开发的基本方法是"审议"（deliberate），"课程审议"是课程开发的主体在对具体教育实践情境中的问题反复讨论权衡的基础上，获得一致性的理解或解释，最终做出恰当的、一致性的课程变革决定并制定相应的策略的过程。课程审议的主体是"课程集体"，是由校长、社区代表、教师、学习者、教材专家、课程专家、心理学家和社会学家等组成的，是一个民主性的课程组织，这体现了实践性课程开发的民主精神。

实践性课程开发根植于具体的课程实践情境，教师与学习者不仅成为课程开发的主体，而且成为课程的基本构成要素。课程开发的过程不再是普遍性理论或模式的演绎过程，而是课程主体之间针对具体实践情境的需要而进行的审议过程。因此，实践性课程开发理论在价值取向上是"实践理性的"，是对传统课程"技术理性"的超越。但实践性课程因课程主体缺乏反思性而未能实现主体的彻底解放。

四、概念重建主义课程范式

由于观念和立场的冲突，概念重建主义课程研究分化为两种理论派别，一派是以现象学、存在主义、精神分析理论为理论基础，强调课程的研究应以个体自我意识的提升与存在经验的发展为着眼点，被称为"存在现象学"课程理论，其主要代表有派纳、格鲁梅特（Madeline R. Grumet）、格林（Maxine Green）、休伯纳（Dwayne E. Huebner）、威利斯（George Willis）、范梅南（Max Van Mannen）等；另一派以法兰克福学派、哲学诠释学、知识社会学为理论基础，强调课程理论研究应注重对社会意识形态的批判与社会公正的建立，被称为批判课程理论，其主要代表有阿普尔（Micheal Apple）、韦克斯勒（Philip Wexler）、曼恩（John S. Mann）、弗雷尔（Paulo Freire）等。

（一）存在现象学课程

存在现象学课程认为，个体是意义的诠释者与创造者，个体在其"自我履历"（autobiography）中进行"概念重建"，从而使意识水平不断提升，最终获得自由与解放，个体所获得的内在的自我知识比外在的客观知识更为重要。存在体验课程充分尊重个体的主体性，认为课程是师生通过互动共同进行价值创造的过程。

为了探讨课程的本质，派纳提出应从词源学的角度去理解"课程"——curriculum 一词。在传统课程观中，其含义是从名词"跑道"——race course 这一原始意义上生发而来的，这样，"课程"即被理解为预先设定的围绕目标而展开的教学内容的排列，是静态的，学习者的任务便是记诵这些教学内容最终通过评价而完成其学程，而学习者的主体性却迷失于其中。鉴于此，派纳将"课程"一词回归于其拉丁语词根——currere，它是动词，其含义是围绕跑道跑的动态过程，强调的是"跑的体验"，而非静态的跑道。在派纳的"currere"中，个体的存在体验是核心，其理念在于强调学习者个体在此过程中对其"自我履历"（autobiography）进行"概念重建"（reconceptualize）的能力。因此，"currere"是一种"存在体验课程"。

在"存在体验课程"中，其主体是一个个"具体存在着的个体"。这里的个体是"具体的"而非各种观念的"抽象"；是活生生"存在着的"而非各种僵化的"目标"；是完整的"超越性的自我"而非各种固定的"角色"或"其他人的对象化"。"存在体验课程"的本质正是这种"具体存在的个体"的"生活体验"（lived experience）的诠释。通过这一过程，将"人的真谛"——主体性解放出来，是"存在体验课程"的根本目的。

派纳以一种"自然有机论"的整体观念来思考个人与他人、社会之间的关系。"解放工作能够而且必须沿着几个维度发生，并且该工作在任何一个维度上的成功（比如经济维度），与其他维度（政治、心理、性别的维度）工作的重要方面是辩证联系的。这是一种人类和自然世界的'生态'观。"[①]

派纳对"存在体验课程"理念的确立超越了传统意义上的"课程"的概念，促进了现代课程观向后现代课程观的变革。

（二）批判课程理论

批判课程理论学者认为课程不是价值中立的，而是具有明确的政治性。意识形态是社会特殊集团利益的反映，它总是通过各种形式渗透到学校课程中，所以课程不断地"再生产"着社会的不平等，从而压迫人性。批判课程理论把课程作为一种"反思性实践"（praxis），通过意识形态批判追求获得社会公正和人的解放的最终目标。

阿普尔认为，霸权历史地渗透于人们的意识之中，而学校与不平等的经济结构之间存在着真正的关系，"学校充当了文化和意识形态的霸权机构"，"不

---

① GIROUX H A, PENNA A N, PINAR W F. Curriculum & instruction [M]. Berkeley：McCutchan，1981：433.

仅'加工个体'，而且'加工知识'"①，"知识就是权力，但主要掌握在已经拥有知识的人手里，掌握在已经控制了文化资本和经济资本的人的手里"②。因此，阿普尔呼吁将批判课程引入学校，呼唤教师与学习者通过对课程知识及其隐含的意识形态的反思、批判，进行新的意义创造，以实现社会公正，获得自我解放。

批判课程理论以一种整体性的视角探讨课程与政治、经济、文化等社会因素的相互关系，对增进人们对社会和文化再生产过程如何在政治领域发挥作用的过程的理解，引导人们注意到国家及其机构的相对自主性的重要意义，注意到国家对学校教育所产生的经济的、意识形态的影响具有积极的意义。但其再生产理论主要关注了对冲突和斗争的宏观的和结构性的分析，而对学校日常生活中的冲突的能动作用却关注不够。

（三）概念重建主义课程范式的特征

概念重建运动中课程学者以不同于传统课程研究的全新视角，探讨了新的课程范式，就其哲学基础、研究方法和课程价值取向几方面而言，概念重建主义课程范式已体现了明确的后现代课程范式的特征。

1. 理论来源

概念重建主义课程研究从西方存在主义哲学、现象学、精神分析理论、法兰克福学派、哲学诠释学、知识社会学等理论中汲取精华，作为课程研究的哲学基础，深化丰富了课程研究的内涵。上述哲学理论与维特根斯坦的日常语言哲学，阿尔弗雷德·N. 怀特海（Alfred N. Whitehead）的过程哲学，查尔斯·S. 皮尔士（Charles Sanders Pierce）、威廉·詹姆士（William James）和杜威的实用主义、后结构主义、解构主义等一起形成了对现代理性展开批判和超越的哲学思潮，成为后现代主义思想的源泉。因此，概念重建主义课程理论与后现代主义理论具有共同的思想根源，从而决定了其共同的课程价值取向。

---

① 阿普尔. 意识形态与课程[M]. 黄忠敬，译. 上海：华东师范大学出版社，2001：6.
② 同①181.

2. 研究方法

概念重建课程学者则超越了科学主义的影响，广泛采纳人类学、文学、艺术等领域的探究精神并将之内化于自身，将课程研究置于活生生的自然场景中，追求对被研究者在生活经历、现场情境与周遭环境的交互影响中所产生的真实意义的理解，是与定量研究相对的质的研究。在此研究中，被研究者成为研究的主体，对意义的探究是研究的根本。从而形成了具体性、独特性、多元性的研究方法，摈弃了现代课程实证研究以寻求统一化、标准化的普遍规律为目的的科学手段，为课程和课程主体的意义回归开辟了新的途径。

3. 课程价值取向

概念重建主义课程旨在追求个体的意识提升，使之获得自主性、独立性的主体性回归。"存在现象学"课程理论通过对个体"存在体验"的关注和意识水平的提升而指向人的自由解放；批判课程理论则通过社会批判而指向社会公正和人的解放。两种课程理论共同的价值取向是最终实现人的解放。因此，概念重建主义课程的本质是"解放理性"。

五、后现代课程范式

后现代课程范式的哲学基础是后现代主义。当下流行于西方世界的后现代主义思潮主要有两种风格：一种是流行于欧洲大陆的激进的或解构的后现代主义，另一种是流行于英语国家的温和的或建设性的后现代主义。前者反对传统结构主义以客观性和理性问题为研究对象，企图恢复非理性倾向，追求从逻辑出发而得出非逻辑的结果。其主要代表有福柯、雅克·德里达（Jacques Derrida）、雅克·拉康（Jacques Lacan）、利奥塔等的后结构主义。后者则是在对现代主义世界观进行建设性批判的基础上试图对之进行超越，并构建一种新的世界观，其主要代表有以理查德·罗蒂（Richard Rorty）为代表的新实用主义和以大卫·雷·格里芬（David Ray Griffin）为代表的建设性后现代主义。

与后现代主义哲学的两种特征相呼应，后现代主义课程范式大致可划分为两种类型，即批判性的后现代主义课程观和建设性的后现代主义课程观。

（一）批判性的后现代主义课程

美国著名学者车里霍尔姆斯（C. H. Cherryholms）于 20 世纪 80 年代系统地确立起"课程的后结构观"（post-structural perspectives on curriculum）。提出"批判实用主义"方法论，其实质是建构与解构的辩证法，将这种方法应用到具体的课程领域便形成了车里霍尔姆斯的课程策略：①

第一种后结构的、批评的、重实效的策略是描述历史发展、政治实践和课程理论与实践之间的关系，用以揭示权力怎样形成了课程话语，以及为什么某些学科比其他学科获得了优先权。

第二种后结构策略是以权力优先于课程话语的观点揭示哪些个人或集团从课程中获益，相反，谁又在课程中被剥夺了权力。

第三种后结构行动是要对课程话语进行仔细的阅读和分析，是谁在倾听这些话语？谁又被排除在外？使用了哪些隐喻和论点？

第四种策略是弄清什么是占主导地位的和有价值的课程范畴。既然占主导地位的范畴不能确立课程体系的逻辑基础，那么研究可以导致对课程组织原则的价值和意识形态进行思考，则是一种审慎的态度。

第五种策略是对学习者有机会学习的知识要形成多种解释，因为依据后结构主义的观点，潜台词迥异于表层含义是一种合理的推断。

第六种策略是课程的建议、要求等要根据其他学科的变化和发展而进行检验，因为将它们置于一个广阔的学科背景中可以为课程的话语和实践提供洞悉。

车里霍尔姆斯在以上课程策略中将课程置于广阔的社会环境中来思考，将课程研究的解构与建构辩证地统一起来，体现了其"批判实用主义"方法论的特征。

（二）建设性的后现代主义课程

建设性后现代主义课程的哲学基础是建设性后现代主义。建设性后现代主义侧重于在解构性后现代主义开辟的空间中从事建设性的耕耘，"它积极地寻求

① CHERRYHOLMS C H. Power and criticsm: poststructural investigations in education[M]. Columbia: Teachers College Press, 1988: 145-146.

重建人与世界、人与人的关系，积极寻求重建一个美好的新世界"①。

多尔的建设性后现代主义课程以皮亚杰的生物学世界观、普里戈金的耗散结构理论、杜威的过程理论和怀特海的有机论为理论基础，将自然科学中的复杂性、自组织、非线性、混沌、开放性与哲学中的过程性、有机性理论融入课程中并内化为其基本的特性。他构建起了一种后现代课程模体，在这个模体中多尔提出了 4R 标准，以取代传统的 3R（读、写、算）标准，4R 是指丰富性（richness）、回归性（recursion）、关联性（relations）和严密性（rigor）。

丰富性：后现代课程是开放的，开放性意味着创造性、诠释性的多层性和意义世界的多样性。因此，课程必然是丰富性的。课程需要有足够的含糊性、挑战性、混乱性，使课程主体与课程、主体之间进行相互作用与对话，由此而产生丰富的意义。

回归性：回归性意味着人类将思想回转到自身的能力，是一种反思性活动。心智或自我"转过来"反思自身，以这种方式真正地去创造有意识的自我。回归性课程应当留出相应的空间，让学习者（或班级）转回到过去的观点，使学习者的经验得以更加深入与拓展。回归性课程是开放的，每一个终点就是一个新的起点，而每一个起点又来自于前一个终点。

关联性：后现代课程的关联性具有教育方面和文化方面的双重重要意义，前者指课程中的联系，它赋予课程以丰富的模体或网络；后者指课程之外的文化或宇宙观联系，这些联系形成了课程赖以生存的大的背景。

严密性：严密性是四个标准中最重要的，它旨在"防止转变性课程落入蔓延的相对主义或感情用事的唯我论"②。在转变性框架中，不确定性、变换的关系和自发的自组织得以强调，它不同于现代科学所强调的学术逻辑、科学观察和数学的确定性，后现代课程的严密性是解释性和不确定性，是有目的地寻

---

① 格里芬. 后现代科学：科学魅力的再现[M]. 马季方，译. 北京：中央编译出版社，1998：2.

② 多尔. 后现代课程观[M]. 王宏宇，译. 北京：教育科学出版社，2004：258.

找不同的选择方案、关系和联系。在解释性框架中，确定性与不确定性组合在一起。

20 世纪 80 年代以后，生态后现代主义、后现代女性主义在课程领域活跃起来，后现代课程领域进一步繁荣，当前后现代课程仍然在不断地发展中。

（三）后现代课程范式的特征

1. 理论基础

后现代课程吸收了诠释学、现象学、批判理论、美学理论、心理分析理论、后结构主义、建设性后现代主义、生态后现代主义、后现代女性主义、种族研究、性别研究等理论精华，作为课程研究的哲学基础。这些理论成果所呈现的思想超越了科学化课程与概念重建主义课程所依据的科学理论和哲学理论，为课程研究打开了更为广阔的、多元的、复杂的视域。一方面，后现代课程范式以有机论、整体论的世界观和宏观的视野在人、自然、社会之间的新型关系的背景上把握课程的本质；另一方面，又从微观的视角上多角度地理解、诠释课程主体在与具体情境的际遇中的个体体验、意识提升，鼓励复杂性、多元性、创造性。

2. 研究方法

后现代课程范式运用人文-理解的方法，首先将课程置于整体"生态"的层面，不仅关注课程背后的价值与规范，而且更加关注学习者的存在体验、主体性的创造价值和课程过程中"冲突"的意义。其次，注重对意义的理解，将课程置于广泛的社会、政治、经济、文化、种族等关联性的背景中来理解，使个体深层的精神世界和生活体验与其所存在的世界联系起来寻找课程的意义。再者，通过课程的主体与客体世界的互动，揭示历史和社会存在的意义。因此，后现代课程范式属于质的研究。

3. 价值取向

后现代课程范式注重学习者个体的存在价值，学习者的感觉、情绪、意图、反思等体验活动以及个体在与其存在的世界交互作用中所进行的诠释活动，是个体知识建构与自身成长的过程。课程的最终目的指向了学习者自身的全面解放，因此，后现代课程范式的价值取向是"解放理性"。

课程研究的价值取向大致经历了由对"技术兴趣"的追求逐渐转向"实践兴趣"，最终指向"解放兴趣"；课程研究的基本课题由"课程开发"逐渐转向"课程理解"。①

第三节　20 世纪以来中国设计教育的发展与课程设计的变革

中国的设计教育从晚清时期的工艺教育，民国时期的图案、工艺和手工教育，新中国建设时期的工艺美术教育，改革开放之后的工艺美术教育向艺术设计教育的转变，再到 21 世纪的设计教育百余年的历程中从孕育、萌芽、发展到繁荣，其发展轨迹体现了教育价值观、学科性质以及相应的课程设计与文化转型之间的内在关系。

一、晚清时期的设计教育：工艺教育的兴起

清朝晚期，经过鸦片战争的洗礼，中国社会经历着急剧的变革。半殖民地半封建社会逐渐形成，新的资本主义生产方式进一步发展，思想文化领域与社会现实的变化促进了中国设计教育的萌芽。

在思想文化领域，残酷的社会现实促进了知识型的转变。一些有觉悟的知识分子认识到传授儒家经典的传统教育是造成国家贫穷落后的重要原因之一，提出"师夷长技以制夷"的教育思想。这种经世致用思想促进了中国近代知识的发展。甲午战争以后，严复翻译了《天演论》，宣扬"物竞天择""适者生存"的西方思想。他在书中指出，世界上一切民族都在为生存而竞争，"进者存而传焉，不进者病而亡焉"，"负者日退而进者日昌"，② 西方科学知识型的导入，动摇了传统知识型的统治地位，由中国传统知识观重"道"轻"技"转变为"道""技"并

① 参见：张华. 课程与教学论[M]. 上海：上海教育出版社，2008：29.
② 严复. 严复集：第五册[C]. 北京：中华书局，1986：1351-1352.

重，在文化知识领域形成"中体""西体"并存的局面。另一方面，构成洋务派左右两翼的官僚阶级和早期维新人士在兴办洋务教育，共同坚持学习西方、求富自强的主张和"中学为体、西学为用"的原则，但早期资产阶级维新人士兴办教育的根本目的并不在于巩固封建统治，而着重于为新兴的民族资本主义的发展积蓄后备力量。他们在教育中更多地融入了西方资产阶级的民主观念和中国传统的民本思想，将工艺教育作为振兴实业、国富民强的根本。

在国体衰弱、列强入侵的严酷现实面前，封建统治阶级中的一部分成员与早期维新人士基于求富自强的愿望，发起了洋务运动，他们兴办近代企业、建立新式海陆军、创办新式学堂，在企业经营中引进了一些现代科技和管理方法，客观上对中国资本主义的产生和初步发展发挥了促进作用。办学堂、翻译西学书籍、派留学生等举措为西学的传播和中国科技的发展创造了条件，并对"重农抑商""商为四民之末"等封建思想产生了冲击。西方列强在打开中国大门之后进一步进行政治、文化、经济侵略，开展设立教会、创办实业、开办商铺等活动。上述两个方面为晚清时期工艺教育的兴起奠定了现实基础。

晚清时期的工艺传习所可以看做是工艺教育的开端。当时教会所办的工艺传习所主要有两类，一类为出口生产而设，另一类则作为慈善事业来经营。

烟台培真女子学校是当时比较著名的工艺传习所，以传授抽纱工艺为主，产品出口欧洲，其教育性质具有职业性、生产性。上海土山湾孤儿院工艺院则是一所慈善性学校，采用半工半读的教育形式，即学生除每日学习正规课程外，其余时间在训练班学习工艺技术。

除了教会创办的工艺传习所外，在男耕女织的小农经济模式中，逐渐出现了具有工艺学堂雏形的女工传习所。这种女工传习组织既有民办的，也有官办的。到清朝末年，兴办女学形成潮流。

在洋务派所开设的新式学堂中也常常附设工艺教育。1866 年左宗棠设立的福建船政学堂以培养制造与驾驶人才为主要目的。其中设立的绘事院与艺圃培养了大批从事机器制造与机械制图的设计人才和能工巧匠。1896 年，张之洞于南京创办江南陆师学堂，开设的课程有"兵法、行阵、地利、测量、绘图、算学、营垒、工程、军器、台炮、操练马步炮队及命中取准、德语文字"①。其中测量、绘图即机械制图设计,从工艺特性上讲,当今的工业设计专业与之有着很深的渊源。1897 年张之洞又于南京创设江南储才学堂,聘请华洋教习与东洋工艺匠手教授机器、制造、绘画、木作、铜工、漆器、竹器、玻璃、纺织、建筑等各门工艺。张之洞注重理论与实习相结合,要求学生对各项工艺必须亲手操作。② 1902 年张之洞于南京创立三江学堂,图案教育定为主科之一。之后,图案教育在民国时期经陈之佛、雷圭元、庞薰琹、沈福文、叶麟趾、邓白、李有行等教育家的发展而成长为设计教育的分科体系。

工艺教育兴起于 19 世纪中叶中华民族救亡图存的危难之中,在之后百余年的时代变迁与文化转型中,从涓涓细流到汤汤江河,生命力日益强盛。

1898 年的百日维新期间,清政府颁布了一些保护和鼓励民族企业发展的政策,大大激发了人们"实业救国"的热情,民族企业的发展得到了促进。之后维新运动虽然失败了,但清政府为了挽救岌岌可危的政权,于 1901 年至 1905 年陆续实施了一系列的"新政",兴办学堂是其中的重要内容,各类新式学堂借此契机蓬勃发展起来。

1903 年《奏定学堂章程》(癸卯学制)的制定是这一时期教育领域发生的重大变革,它标志着中国教育近代化的开始。在章程涵括的大、中、小学堂、蒙养院、各级师范学堂与实业学堂、艺徒学堂章程中,实业学堂、艺徒学堂都设置了工艺与设计专业。工艺教育占据了重要的地位和相当大的比重。此时期的工艺教育在教育宗旨、培养目标与授课内容方面已经具备了一定的联系性,但并未形成完备的体系。1906 年清政府学部成立后,明确了国家的教育宗旨:"忠君、尊孔、尚公、尚武、尚实"③;国家教育的格局基本确立起来,学校教育系

---

① 江南陆师学堂招募章程[G]//高时良,等.中国近代教育史资料汇编·洋务运动时期教育.上海:上海教育出版社,1992:505.

② 参见:袁熙旸.中国艺术设计教育发展历程研究[M].北京:北京理工大学出版社,2003:53.

③ 学部奏请宣示教育宗旨折[M]//陈学恂.中国近代教育史教学参考资料:上册.北京:人民教育出版社,1986:564.

统包括普通教育、实业教育和师范教育；根据不同的教育性质和办学定位，形成了不同的人才培养目标，实业教育侧重于职业性培训，着重发展培养工艺与设计的专门人才的工艺教育；师范教育侧重于素质性教育，着重培养师资的手工教育；相应地，两类学校开设的课程内容也是不同的。

晚清时期的工艺教育从民间自发的生产活动到以国家教育制度规范的各级各类工艺专业教育形式，从设计与制作、生产合一到设计与制作、生产分离；从手工劳动到与科学技术相结合；从师徒间的言传身授到依据教育宗旨、培养目标、专业特性形成的规范化课程；从以生产盈利为目的到以人才培养为目标等，这些变革体现了设计教育和设计学学科课程形态的初步形成。

二、民国时期的设计教育：图案、工艺与手工教育

（一）设计教育萌芽的时代背景

辛亥革命以后，受资产阶级民主思想的影响，教育领域发生着重大的变革。在民国政府的推动下，教育界进行了一系列的改革。1912 年元月，中华民国临时政府成立；1 月 19 日，《普通教育暂行办法通令》和《普通教育暂行课程标准》正式颁布。首任教育总长蔡元培提出"注重道德教育，以实利教育、军国民教育辅之，更以美感教育完成其道德"[1]的教育宗旨。"美育"被纳入了最高教育指导精神。新的教育宗旨突破了封建"教化思想"和"中体西用"旧思想的束缚，初步体现了国家和社会意志。特别是五四运动对民主与科学精神的广泛传播，在很大程度上改变了中国人民的世界观，对消除迷信、开启民智发挥了积极的意义，重视教育成为这一时期的社会风尚，教育界呈现了蓬勃繁荣的景象。倡导学习西方，实行教育改革蔚为教育界的潮流。

第一次世界大战期间及战后初期，中国民族资本主义工商业发展迅速，辛亥革命以及五四运动激发了中国反帝反封建的资产阶级民主革命风潮，在抵制帝国主义经济侵略的同时促进了民族工商业的发展。手工艺领域也出现了复兴的景象，与机器生产相结合的现代工艺应运而生，这种情况比较突出地反映在

---

① 宋恩荣，等. 中华民国教育法规选编(1912—1949) [G]. 南京：江苏教育出版社，1990：1.

染织、陶瓷领域。在资本主义工业迅速发展的同时，资本主义商品经济也随之繁荣起来，商家的形象推广、消费者的审美欲求成为商业竞争的基本要素，商业领域产生了招牌设计、商业广告、商品包装、书籍装帧、舞台美术等设计形式，这是在社会发展的促进下新的知识类型诞生的具体体现，也是初期的设计学学科知识发生分化的具体体现。工商业的发展对设计人才提出了迫切的要求。

民国初期的中国在思想、教育、知识、经济各领域发生的变化，是文化转型的现实体现。设计的价值与功能随着生产技术的推广和生产方式的变革而日益彰显，设计教育从孕育中萌芽成为历史的必然。

（二）多样化的办学类型、培养目标与课程设计

民国初期，基于上述社会发展的需要，美术学校纷纷成立。依据学校性质和办学定位的不同，大体可以划分为美术学校中的图案教育、师范学校中的手工教育和工业学校与职业学校中的工艺教育三种类型。

1. 美术学校中的图案教育

民国时期以下学校陆续成立并开设了图案科：1912 年上海图画美术院成立；1918 年国立北京美术学校成立并创设图案系（1923 年改称国立北京美术专门学校，1925 年改称国立北京艺术专门学校，1927 年改称京师大学校美术专门部，1928 年改称国立北平大学艺术学院，1934 年恢复为国立北平艺术专科学校），这是中国图案教育的始创；1928 年，杭州国立艺术院成立（1929 年更名国立杭州艺术专科学校，1938 年国立艺术专科学校，1950 年中央美术学院华东分院）；1920 年私立武昌艺专成立；1926 年上海新华艺专成立；1930 年增设工艺美术系并开设图案课程；1924 年私立北平美专成立；1939 年四川省立成都高级工艺职业学校成立（1941 年改称四川省立技艺专科学校，1942 年改称四川省立艺术专科学校）。其课程设置见表 3-1。

总体而言，美术学校的图案教育、师范学校的手工教育和工业学校与职业学校的工艺教育都是基于社会发展对设计行业的催生和对设计人才的需求而诞生的，其教育价值取向可以溯源至清末的实利主义教育，是社会本位的。但是

表 3-1 1918 年国立北京美术学校图案系工艺图案专业课程设置表

学科科目	预科 每周时数		本科 每周时数	第一学年	每周时数	第二学年	每周时数	第三学年
伦理学	1	伦理学	1	伦理学	1	伦理学	1	伦理学
实习	14	平面图案制作	15	各种工艺、立体图案新案制作	18	建筑装饰、各种工艺图案、新案制作	19	同前学年及毕业制作
绘画	9	写生临摹及新案制作	9	同前学年	8	同前学年	8	同前学年
图案法	2	平面图案法立体图案法						
工艺制作法			2	漆工、金工	2	铸金、陶器、染织	3	陶器、染织
建筑学			2	建筑学大意				
美术工艺史			2	东西绘画史	2	东西绘画史东西建筑史		
用器画	4	平面画法投影画法	2	投影画透视画	2	同前学年		
物理	2	物性、力学、热学、电学、光学						
化学	4	无机、有机						
外国语	2		2		2		2	
制版术			3	写真版及摄影术、网目版	3	玻璃版、亚铅版、网目版	4	玻璃版、三色版
印刷术			2	石版印刷、三色版印刷	2	金属版印刷、木版印刷、复色版印刷	3	同前学年
博物	2	艺术应用博物学						
合计	40		40		40		40	

由于学校性质和办学定位的不同，其人才培养目标也各有侧重。美术学校的图案教育侧重于培养具有设计实践能力兼备理论知识的设计师或教育工作者；师范学校的手工教育、工业和职业学校中的工艺教育的培养目标则另有侧重，以

下将分别论述。1918 年国立北京美术学校图案系工艺图案专业课程的设计体现
了上述培养目标的特点(见表 3-1)。①

从课程设计来看，北京美术学校的图案教育基本上反映了以下几个方面的
特点。首先，图案专业划分为两个专业方向：一是工艺图案方向，主要针对各
类工艺品种的设计，课程由基础图案到工艺图案再到工艺制作，实践性逐渐加
强；二是建筑装饰类图案方向，主要针对建筑装饰类的图案设计，课程内容由
建筑图案课程及与建筑相关的建筑学基础知识和工程技术类知识构成，体现了
学科的综合性、交叉性。其次，实习课程的比例随着年级的增高逐年增加，从
35％到 47.5％，体现了对实践性教学的重视。再者，专业理论课程、通识课程
与专业课程相辅相成。

这份课程设计反映了一定的教育价值观和教育思想：一、体现了专业教育
与素质教育相结合的特点，在很大程度上体现了培养目标以学习者为中心的价
值取向；二、预科课程中写生临摹及新案制作、平面图案制作、平面图案法、
立体图案法等课程具有明显的日本图案教学理念，反映了当时日本教育思想对
中国图案教育的影响。

这份课程设计也存在着一定的缺点，一是课程内容的表述比较模糊，如"各
种图案工艺、立体图案、新案制作"，"建筑装饰、各种工艺图案、新案制作"
等，使人难以形成对课程内涵明晰的理解；二是前修课程与后继课程之间缺乏
逻辑性，如前修课程"写真版及摄影术、网目版"与后继课程"玻璃版、亚铅版、
网目版"之间课程名称重复出现，造成了课程概念的含混不清。总之，在图案教
育的始创时期，课程设计尚处于摸索阶段，其系统性、完整性还有待于进一步
提高。

但随着图案教育在探索中不断地发展，课程设计逐步完善。到 20 世纪 30
年代后期，图案教育的课程设计在课程内容的逻辑性与课程体系的系统性方面
已经有了显著的改善。成立于 1938 年的"四川省立技艺专科学校课程门类设置

① 国立北京美术学校学则(选录)[G]//中国近现代艺术教育法规汇编(1940—1949).
北京：教育科学出版社，1997：125.

表"和"四川省立技艺专科学校工艺图案课程内容表"可以说明这一点(见表3-2、
表3-3)。①

表3-2 四川省立技艺专科学校课程门类设置表

课程类型	适用系科	课 程 名 称
共同必修普通课	各科	公民、国文、史地、理化、数学、体育
共同必修实习课	各科	绘画(铅笔画、毛笔画、水彩画、速写)、平面用器画、立体用器画
共同必修讲授课	各科	工艺史、色彩学、图案法(基础图案、平面图案、立体图案)、外语、教育概论、教育心理、教育行政
分科讲授课	服用科	染织工程、服装心理学、构图法
	家具科	木器工程、金属器制造法、陶瓷器制造法、室内装饰
	漆工科	髹漆工程、装饰法
分科实习课	服用科	工艺图案、刻版、调配染料、印染、刺绣、编织、蜡染、整理
	家具科	工艺图案、工具运用、依图制器、泥塑、石木雕刻、锤打工、编结工
	漆工科	工艺图案、材料制造、髹漆工、脱胎、平绘、雕漆、变涂、填嵌、粉蒔绘、高漆绘、泥塑、压胎

表3-3 四川省立技艺专科学校工艺图案课程内容表

系科	一年级	二年级	三年级	四年级	五年级
服用科	写生便化法	适合纹样、连续纹样立体图案简易专业装饰设计	染织图案之单位配置、连续方法、多色运用、大件染织品及衣料设计	印染图案之排版练习	大幅染织制作服装及佩戴用品设计、综合复习创作
家具科	同上	同上	陶瓷器、金属器、木器之制图设计	整套家具制图设计	室内装饰设计、公共场所及住房之家具布置
漆工科	同上	同上	复杂漆器胎形设计、复杂图案装饰	大件漆器设计、成套漆器之制图装饰	精致家具、贵重陈设品之制图设计及装饰

---

① 转引自:夏燕靖.对我国高校艺术设计本科专业课程结构的探讨[D].南京:南京
艺术学院,2007:18-19.

从课程表的结构和内容设计来看，该校的课程设计体现了以下几方面的特征：一是课程结构比较明确严谨，课程的纵向结构由"共同必修普通课""共同必修实习课""共同必修讲授课""分科讲授课""分科实习课"构成，横向结构由共同课程的各科与专业课程的各科如"服用科""家具科""漆工科"构成；二是实行了分科教学；三是课程内容的设计具有逻辑性，如"染织图案之单位配置""连续方法""多色运用""大件染织品及衣料设计"，课程随学程的展开而在广度、深度和综合性上逐渐拓展；四是课程内容兼顾对民族工艺的传承和对国外先进知识技术与经验的借鉴吸收，具有一定的时代性、开放性；五是课程体系具有了系统性、整体性，体现了人文与科学、技能与素养、知识与能力的有机统一。

以上课程设计的特点反映了该校的培养目标强调专业能力与综合素养并重的特点。

2. 师范学校中的手工教育

民国初年，全国共有师范学校 200 余所，高等师范学校大都沿袭清末两江师范学堂的先例，开设图画手工专修科。这类学校有：1915 年成立的北京高等师范学校；1916 年成立的南京高等师范学校；1914 年成立的广东高等师范学校；1914 年成立的四川高等师范学校；1918 年成立的北京女子高等师范学校等。中等师范学校设图画手工科的有：1912 年成立的福建第一师范学校，山东第一师范学校，1924 年成立的江苏第四师范学校等。

师范学校中的手工教育虽受实利主义教育思想的影响，但其人才培养目标并非功利性的，而是旨在对学习者创造能力的激发和德性与素养的陶冶。朱元善曾于 1917 年发表《创设专科师范学校》一文时指出，师范学校手工科的教育价值在于"决非徒以练习手指，发达筋肉为毕事，其有善成创作力，构造力之效能，殆亦与图画相若。且勤劳活动之德性，工作艺术之兴味，皆不可赖此以养之"①。

---

① 朱元善. 创设专科师范学校[M]//朱有瓛. 中国近代学制史料·第三辑：下册. 上海：华东师范大学出版社，1990：497.

　　基于上述培养目标，师范学校的手工课程多设有图案课程和手工课程两个系列，使图案设计与手工创作实践相辅相成。上海专科师范学校（1924 年改称为上海艺术学校）图画课程有一般性绘画课程和图案课程、手工课程。图案课程包括平面图案、立体图案、工艺图案、平面几何图案、头像、阴影、透视图等；手工课包括细纸工、黏土工、石膏工、竹工、麦秆工、木工、金工等。①

　　3. 工业学校与职业学校中的工艺教育

　　民国时期工业学校与职业学校继承了开设于清末时期实业学校中的工艺教育，根据 1913 年北洋政府教育部公布的实业学校规程，工业学校分为甲种和乙种两类。有代表性的有湖南省立甲种工业学校（1914 年由湖南公立中等工业学校而更名），1918 年成立的广东省立第一甲种工业学校，1912 年成立的江苏省立第二工业学校，浙江省立甲种工业学校（1916 年由浙江公立甲种工业学校而更名）。另外，1912 年创建的正则女子职业学校是当时较为著名的职业学校。

　　工业学校与职业学校的培养目标有别于上述两种学校，它旨在培养具备从事工艺设计技能的专业型人才，课程的设计强调实践性。根据 1913 年北洋政府教育部颁布的实业学校规程，甲种工业学校的课程包括"金工、木工、土木工、电气、染织、应用化学、窑业、矿业、漆工、图案绘画等十科"②；乙种工业学校包括"金工、木工、藤竹工、染织、窑业、漆工等六科"③。当然根据不同学校专业设置的不同，课程内容会有差别。浙江省甲种工业学校机织科除设有图画、用器画外，还有机织法、意匠、图案、原料、力织、工场实习、工场管理等。职业学校的课程不如工业学校涉猎的领域宽阔，与民生联系更加紧密，常见的有刺绣、编织、图画、裁缝等。这两类学校的课程强调学用一致，教学与生产密切结合。④

----

　　①　参见：袁熙旸.中国艺术设计教育发展历程研究[M].北京：北京理工大学出版社，2003：98.

　　②　同①99.

　　③　同①99.

　　④　同①99.

1937 年抗日战争全面爆发至 1949 年新中国成立之前十几年的时间，教育秩序遭到了很大的破坏，这一时期设计教育的情况不再详述。

（三）民国时期设计教育思想与价值取向

民国前期是中国教育思想非常活跃的时期，中外教育思想和教学理念在相互碰撞与对话中最终汇成一股合流，它们对设计教育思想与价值取向的影响是综合性的。民国之初，晚清经世致用的实利主义思想影响尚存；蔡元培提出"兼容并包"的教育理念，对民国时期的教育具有深远的意义；"五四"文化运动期间，杜威将美国实用主义思想传入中国并得以广泛传播；另外，黄炎培的职业教育思想应时代之需成为一股潮流。在教学理念和教学模式方面，从晚清至民国初年师法日本到 20 世纪 20 至 30 年代学习法国、美国等欧美国家，这与多元化的教育思想一起为此时期设计教育思想的兼容并蓄创造了条件。

20 世纪上半叶正值美国现代课程范式兴起并在世界范围内广泛传播之时，工具理性的价值取向和科学化研究方法在科学主义盛行的西方国家被奉为圭臬。但上述美术学校图案教育和师范学校手工教育的课程设计却体现了素质教育与专业培养并举的追求学习者全面发展的教育价值观。这说明民国时期的设计教育并未失却价值理性而片面地追求工具理性，西方现代课程范式尚未能对中国的课程领域形成深刻的影响。以下三个方面是导致这种现象的重要因素：其一，就世界观而言，此时期是现代科学世界观在西方世界占据绝对的统治地位的时期，而在中国却是现代科学思想刚刚传入，人们的现代科学世界观刚刚开始形成；其二，就社会形态而言，此时期西方工业社会文明发展迅速，而中国刚刚结束半殖民地半封建社会，民族资本主义初步发展；其三，就知识型而言，此时期科学知识型在西方国家已经占据霸权地位，而中国的情况却是科学知识型在知识阶层初步得到认可但尚未确立。由此可见文化形态对教育价值观的影响。

就教育理念和教育模式而言，民国的设计教育在初期较大地受到日本的影响，20 世纪 20 至 30 年代以后法国和美国的影响逐渐增强，而日本的影响渐弱。

经过数年的探索，中国的设计教育在博采众长中逐渐形成了兼容并蓄的状态，日本模式、法国模式的特征不再分明。

值得指出的是，民国时期的设计教育存在着脱离实际和重技轻艺的弊病，这种弊病成为设计教育中的顽疾长期地影响着教育观念和教学实践，甚至至今犹存。

三、新中国建设时期的设计教育：工艺美术教育

（一）新中国成立之初社会现实对教育的影响

新中国成立之初，新中国面临着重重困难。在经济方面，与欧洲发达国家相比存在着二三百年以上的差距。1949 年与 1936 年相比，重工业生产大约下降了 70%，轻工业生产下降了 30%，农业生产下降了 25%。① 国家经济濒于崩溃。在政治方面，国内有国民党遗留的反革命分子的破坏，国际上有以美国为首的西方资本主义阵营的政治孤立、经济封锁、军事威胁。在文化方面，存在着多方面的困难，一是教育落后；二是文化作品的创作量少；三是文化作品的生产量少，其传播和销售不够发达；四是文化作品的欣赏和消费受到很大的限制。

新中国教育的处境与半个世纪前十分相似：面临新中国在政治、经济和文化方面的层层压力，"以迅速实现工业化、富国强兵为主要目标，教育又一次成为实现国家目标的强大工具"②。围绕着迅速实现工业化、建设强大国防的现实需要，国家制定了以在不远的将来赶上和超过西方发达国家的"赶超战略"目标，50 年代初通过对高等学校大规模的"院系调整"，按照苏联模式建立起新的高等教育制度，实现了教育重心的转移。"苏式的'专家教育'以培养'现成的专家'为目标，造成学校和学科结构的文理分驰、理工分家"③。

为无产阶级政治服务是此时期教育的基本功能之一。"伴随着建立高度集中

---

① 参见：葛丽君，等."中国近代史纲要"课案例式专题教学教师用书[M].北京：中国人民大学出版社，2008：286.

② 杨东平.艰难的日出：中国现代教育的 20 世纪[M].上海：文汇出版社，2003：119.

③ 同①129.

的计划经济体制，新中国逐渐形成了一种整体主义的社会，国家控制、管理社会生活和个人生活的所有方面，社会和私人的空间基本不复存在。在巩固新政权的斗争中，不仅要通过国家机器清除旧社会的遗留，而且需要向公民提供新的意识形态和政治认同感。"①

1950 年 6 月在北京召开的第一次全国高等教育工作会议上，确定了这一时期的高等教育方针："以理论与实际一致的方法，培养具有高度文化水平、掌握现代科学和技术成就、全心全意为人民服务的高级建设人才"。② 1957 年，毛泽东提出新的教育方针："我们的教育方针，是使受教育者在德育、智育、体育几方面得到发展，成为有社会主义觉悟的有文化的劳动者。"③这一方针对后来教育的发展产生了深远的影响。

"随着向苏联学习，教育的正规化建设和对教育质量的重视，使得在教育的平等与效率的天平上，重心逐渐移向了后者。"④"在五六十年代现实的发展中，围绕实施国民经济建设的'五年计划'和向苏联学习的正规化建设，我国教育逐渐走上'精英教育'的路线。它主要表现为：国家优先发展培养专才的高等教育，并且对大学生免收学费；在中小学实行重点学校制度，形成以升学为教育目标的'小宝塔'结构，选拔和培养少数'尖子'。出现了重高等教育、轻基础教育，重工程技术教育和科学教育、轻文科教育，重专业教育、轻普通教育等教育价值的失衡。"⑤因此，此时期"国家教育发展的重心，放在能够直接促进经济和科技发展的高等教育上，体现的是国家对'效率'的追求，强调教育的直接功利价值"⑥。

---

① 杨东平. 艰难的日出：中国现代教育的 20 世纪[M]. 上海：文汇出版社，2003：134.
② 董宝良. 中国近现代高等教育史[M]. 武汉：华中科技大学出版社，2007：253.
③ 毛泽东. 毛泽东选集：第五卷)[M]. 北京：人民教育出版社，1977：385.
④ 杨东平. 艰难的日出：中国现代教育的 20 世纪[M]. 上海：文汇出版社，2003：154.
⑤ 同④155.
⑥ 同④155.

（二）工艺美术教育的发展与课程设计

新中国建立之后，设计教育进入了新的发展阶段，工艺美术教育的基本格局初步建立起来，工艺美术的学科地位基本确立。但是对工艺美术学科性质的探讨和争论却持续了数十年，将工艺美术理解为手工艺、手工业的思想久久不能消除，这在一定程度上造成了教育观念的褊狭。

1949 年底，北平国立艺术专科学校的办学体制经过初步调整与华北大学三部美术系（原延安鲁迅艺术学院美术系）合并，由中央人民政府决定更名为国立美术学院，1950 年 1 月更名为中央美术学院，将陶瓷科、图案科合并而成为中央美术学院实用美术系，设立陶瓷科、染织科和印刷美术科。与此同时，国立杭州艺术专科学校改称为中央美术学院华东分院。1952 年底至 1953 年初随全国院系调整，中央美术学院华东分院实用美术系归并中央美术学院实用美术系。1954 年，中央美术学院实用美术系改为工艺美术研究室，为建立工艺美术学院做准备。1956 年，国务院正式批准成立中央工艺美术学院，由中央手工业管理总局副局长邓洁兼任院长，雷圭元、庞薰琹任副院长。该院建院之初下设三个系，即由原中央美术学院的实用美术系染织科、陶瓷科、印刷科扩建为染织美术系、陶瓷美术系和装潢美术系。

高等工艺美术教育应坚持怎样的办学方针和培养怎样的人才？针对这一问题的探讨，始终伴随着新中国时期的工艺美术教育，它是这个时代政治、经济、文化发展的缩影，反映着这一时期的教育价值取向，这种价值取向又具体地体现在课程设计中。

1956 年 11 月，中央工艺美术学院副院长庞薰琹在建院典礼上阐述了高等工艺美术教育的培养目标："随着国家社会主义建设事业的发展，人民物质文化生活的逐步提高，国家和人民对工艺美术品的需求日益增加，工艺美术教育事业也必须相应地向前发展，工艺美术学院所培养的学生应是具有一定马列主义思想水平和艺术修养，掌握工艺美术的创作设计及生产知识与技能，全心全意为社会主义服务的专门人才。"①这与建国初期的教育方针是一脉相承的。

然而，当时教育界对高等工艺美术教育的认识还存在着严重的分歧，这些认识直接反映在办学方针上。中央工艺美术学院对于办学方针的探讨主要有三种意见：第一种意见从手工业生产和手工艺品销售的角度出发，认为工艺美术学院的教学应采取作坊式，师傅带徒弟，学生的主要来源是手工艺工人，培养的人才主要为生产服务；第二种意见是认为高等工艺美术人才的培养应继承和发展民族民间装饰艺术，学院应以装饰美术家为主导，培养富有民族情感、坚持民族化艺术道路、能从事装饰美术高级阶段的艺术创作的设计人才；第三种意见缘于欧洲综合设计思想，强调艺术与现代科学技术的结合，提倡工艺美术要为社会主义建设服务，为广大人民的衣食住行服务。②

显然，第三种意见更为符合这一时期国家的教育方针，所以在争论中它占了优势地位。但事实上，教育界对于高等工艺美术教育办学方针的认识并未取得实质上的统一。办学方针和培养目标的不确定，对新中国高等工艺美术教育的教学实践造成了较大程度的负面影响。

随着1957年与1958年国家教育方针的两次调整，强调高等教育要培养有社会主义觉悟、有文化的劳动者，教育要与生产劳动相结合，在举国上下掀起的"大跃进"运动中，相应地，工艺美术教育调整着教学的方式和课程的内容。1958年，为了贯彻党中央"教学结合生产""勤俭办校"的方针，中央工艺美术学院成立了中国美术社，全院师生均为社员。其主要任务是对内领导勤工俭学和组织生产劳动，对外承接各种有关产品的设计和加工订货，这种方式为学生创造了参加社会劳动生产实践的机会。另外，劳动实践课程作为重要的内容加入

①　庞薰琹于1956年11月1日在中央工艺美术学院正式建院典礼上的讲话[G]//中央工艺美术学院院史 1956—1991.
②　参见：陈瑞林. 20世纪中国美术教育历史研究[M]. 北京：清华大学出版社，2006：193.

到专业教学中。① 1957 年至 1959 年中央工艺美术学院的课程设计比较充分地体现了这一时期的教学特征(见表 3-4 与表 3-5)。②

课程表中的课程设计主要反映了以下四个方面的问题:一、理论课程主要由哲学、政治理论课程与专业理论课程构成,与 1918 年国立北京美术学校图案系的理论课程相比,内容大量减少,能够培养学习者科学素养的课程不复存在,共同课已经不具备通识教育的价值;二、体现了专业细分的趋势,染织美术系分为挑、补、绣专业,地毯专业和印染专业,在一定程度上割裂了专业之间的内在联系;三、专业实习和劳动生产实践作为正规的课程内容占有较高的学时

表 3-4 中央工艺美术学院陶瓷美术系 1957—1959 年课程设置表

课程＼专业	共同课	基础课	专业课
陶瓷专业	社会主义概论 哲学 毛泽东著作选读 艺术概论 中国美术史 中国工艺美术史 世界美术史 外国语 体育 劳动生产实习	素描 水彩 中国画 基础图案	陶瓷史、历代陶瓷风格、陶瓷工艺学、陶瓷设计、专业技术(瓷器技术、陶器技术)成型、瓷器釉下彩、高温色釉、陶器釉下彩、无釉陶器、低温色釉、技术选修、专业实习等

备注:
(1) 陶瓷美术系学制由 1956 年 9 月改为五年学制。在五年学制中,总学时数 5388,其中共同课(含艺术理论、专业史论课)为 1294,占总学时数的 23.3%;基础课为 2253,占总学时数的 40.7%;专业课为 1641,占总学时数的 29%。
(2) 各门专业课的教学方式,除共同课外,均按单元制排课,实行的是单科突进的教学计划编排。
(3) 基础图案课 628 学时,中国画 678 学时,素描 637 学时,是全部课程中所占学时比重最大的课程。
(4) 专业技术课为 350 学时,占总学时数的 6%;技术选修课为 155 学时,占总学时数的 2.6%。

---

① 参见:陈瑞林. 20 世纪中国美术教育历史研究[M]. 北京:清华大学出版社,2006:193.
② 转引自:夏燕靖. 对我国高校艺术设计本科专业课程结构的探讨[D]. 南京:南京艺术学院,2007:25-27.

表 3-5　中央工艺美术学院染织美术系 1957—1959 年课程设置表

课程＼专业	共同课	基础课	专业课（按设计品种或工艺设课）
挑、补、绣专业	社会主义概论 哲学 政治经济学 毛泽东著作选读 艺术概论 中国美术史 中国工艺美术史 世界美术史 外国语 体育 劳动生产实习	素描 水彩 水粉 中国画 基础图案 中国染织纹样 中外染织纹样 临摹	挑花设计：枕套、提包、服装装饰、头巾、沙发枕巾、台布（补织）、床毯等
			补花设计：枕套、面巾、书包、茶垫、台布、窗帘、床毯、儿童服装装饰等
			刺绣设计：（含手绣、机绣）手帕、头巾、围巾、服装装饰、靠垫、窗帘（补织）、挂屏等
地毯专业			坐垫设计、长条毯设计、卧室用毯设计、小轿车用毯设计、马褥、鞍套设计、客厅用毯设计、舞台用毯设计、小壁挂设计、客厅装饰壁挂设计、毛围巾设计、提花毛毯设计
印染专业			印染设计：衣料、围巾、头巾、台布、床单、裙花、蓝印花布、印染工艺生产工序、印染实习（其中印染实习为一年时间）等
织花专业			编织靠垫设计、编织围巾设计、兄弟民族织花布设计、青年及中老年衣料彩色条格花布设计、印花织花布装饰料设计、民间织花带设计、棉织衣料设计、沙发布设计、棉毯或毛巾设计、拉拔毛毯设计、交织衣料设计、织花实习等

备注：
(1) 染织美术系的学制由 1956 年 9 月改为五年学制。在五年学制中，总学时数 5754，其中共同课（含艺术理论、专业史论课）为 1289 学时，占总学时的 22.4%；基础课为 3045 学时，占总学时的 52.9%；专业课为 1420 学时，占总学时的 24.7%。
(2) 各门专业课的教学方式，除共同课外，均按单元制排课，实行单科突进的教学计划编排。
(3) 基础图案为 830 学时，为全部课程中课时比重最大的一门课程。
(4) 专业实习、劳动生产实践约为 550 学时。

比例，用于学生下厂学习熟悉生产工艺的过程；四、强调专业课程与广大劳动人民的现实生活相结合，将生活用品的生产设置为课程的内容，削弱了课程内容的学术性。

20 世纪 60 年代初，在对新中国的教育进行回顾与反思的基础上，国家主管部门对教育的各项指标进行了调整。在这种形势下，全国各美术学校和艺术学校的工艺美术教育从培养目标到系科设置再到课程设计进行了系统的调整。

1961 年文化部颁布的《高等工艺美术学校教学方案》提出的工艺美术教育的培养目标，不再强调教学与社会生产相结合和培养有社会主义觉悟的、有文化的劳动者，而是强调工艺美术教育旨在培养具有爱国主义精神和国际主义精神，愿为社会主义、共产主义而奋斗，具有广博的文化艺术知识和修养的能够从事工艺美术设计、教学和研究的人才。这一培养目标所体现的教育价值观在一定程度上是对 1957 年以来国家办学方针中体现的极左思想的超越和否定。

相应地，文化部在吸收前期各学校工艺美术教学的经验教训的基础上，对课程规划和课程结构进行了调整和完善，规定高等工艺美术教育的学制为 5 年，"教学时间共 225 周，其中：教学（包括考试、考察）172 周，占总周数的75.8%；生产劳动 27 周，占 12.2%；专业实习 26 周，占 12.0%。"①从课程结构中的比例来看，生产劳动与专业实习所占的比例比"大跃进"时期大幅度降低，形成了以课堂教学为主、生产劳动与专业实习为副的结构。另外，在纵向结构上，形成了绘画基础、专业基础和专业设计的层次关系。在横向结构上形成了不同性质的课程相互交错综合的结构，以发挥"博""专"结合的教学功能。总体而言，此时期的课程设计已经具备了系统性、合理性的特征，为之后的设计教育的课程设计奠定了基本的框架。

本次工艺美术教学方案设置了染织美术、陶瓷美术、书籍美术、商业美术、壁画美术、建筑装饰六个专业，专业的设置体现了社会分工对工艺美术学科内部结构的影响，同时也体现了学科性质仍然具有较强的绘画特性倾向。②

以上主要述及的是 1949 年新中国成立至 1966 年十七年间的设计教育发展情况，文化大革命爆发至 1976 年十年间教育系统遭到极大的破坏，这里不作详述。

---

① 袁熙旸. 中国艺术设计教育发展历程研究[M]. 北京：北京理工大学出版社，2003：174.

② 参见：袁熙旸. 中国艺术设计教育发展历程研究[M]. 北京：北京理工大学出版社，2003：175.

（三）对新中国工艺美术教育的评价

首先，新中国的工艺美术教育体现了与计划经济体制相适应的国家主义性格，教育被视为社会的一种上层建筑，为新中国时期国家的政治、经济、文化建设服务，所以，这一时期学校的培养目标是国家教育方针的翻版，学校教育失去了相对的独立性。这一现象在 50 年代体现得较为突出，60 年代虽有所改观，但由于"文革"的影响而使高等教育的正常秩序中断，因此，学校教育对价值取向、培养目标以及相应的课程体系的探讨未能进一步深入。

其次，学校的培养目标、专业设置、课程设计均以当代社会发展需要为根本依据，甚至依据社会行业分工而设置专业，使教育在与社会发展的关系中处于被动适应的地位，必然造成教育的发展落后于社会发展的局面，从而削弱了教育在社会发展中所应当发挥的促进作用。教育不仅应当立足于当今的社会生活的需求，还应当面向社会未来发展的需求。

再者，过于专门狭窄的专业教育，造成了专门化人才褊狭的知识结构，使之成为"单向度"的人，从而限制了学习者作为一个完整的人的全面发展，在很大程度上扼杀了其作为主体的创造性、能动性。

四、改革开放以来的设计教育

（一）文化转型对教育领域的影响

改革开放以来，中国社会经历着急剧的变革。在思想文化领域，在经历长期的禁锢之后，人们的思想获得了前所未有的解放，这不仅仅是政治的解放，更重要的是人性的解放。面对开放的世界，人们获得了广阔的选择、鉴别、吸收和创造各种文化的空间。在东西方文明的碰撞中，科学知识得到更为广泛的传播，科学知识型逐渐成长起来，中国社会尊重科学、学习科学、应用科学的习惯蔚然成风。科学技术作为第一生产力，为社会各领域的发展注入了强大的动力。人们的精神面貌和日常生活都发生着翻天覆地的变化。

计划经济模式向社会主义市场经济模式的转型，不仅使经济体制本身从僵化集中的模式中解放出来，促进产业结构向多元化发展；而且在意识形态领域促进社会中的个体从单一的国家主义的思想体系之下解放出来，其主体意识在改革开放的春风中觉醒，他们作为国家主人的主体性得以弘扬，从而激发了其能动性、创造性的全面发挥。个体的创造力汇聚为社会的能动性进而促进文化形态及社会生活各领域的变革。

伴随着急剧的文化转型与社会变革，教育面临着发展滞后的严峻现实。作为文化转型与社会变革的因变量，教育的本质需要在经济振兴和社会发展中进行新的探索；作为社会的主体，教育承担着价值选择、文化整合、社会凝聚的责任与义务。在新的历史时期，教育需要对自身发展与文化转型所产生的教育价值观的变革、社会对人才需求的变化、知识型的转变所引起的学科性质的发展等问题作出回答。改革开放以来，中国政府与教育理论界对教育本质、教育方针问题的探讨是教育改革的重要举措，它从意识形态领域反映了教育的价值追求与时代的精神。

20 世纪 80 年代初，教育界形成了这样的共识，即教育不仅仅是社会的上层建筑，教育在新的历史时期的指导思想和方针应当充分体现为社会主义现代化建设服务，充分体现以教学为中心，要反映教育与生产力的关系，认识到教育对促进经济发展的巨大功能。进一步认识教育与人的发展的关系，教育的根本目标是促进人的全面而自由的发展。[①] 1980 年，邓小平首次提出了"四有"的培养目标，即"有理想、有道德、有知识、有体力"。[②] 后调整为"有理想、有道德、有知识、守纪律"和"有理想、有道德、有知识、有纪律"。培养"四有"新人的教育目标对 80 年代的中国教育具有普遍的指导意义。1985 年 5 月，《中共中央关于教育体制改革的决定》提出了新的教育指导思想："教育必须为社会主义建设服务，社会主义建设必须依靠教育。"[③]这是对 1958 年提出的"教育为无产阶级政治服务"极"左"路线下造成的教育功能的扭曲、教育高度政治化的否

---

① 参见：杨东平. 艰难的日出：中国现代教育的 20 世纪[M]. 上海：文汇出版社，2003：236.

② 中央教育科学研究所. 中华人民共和国教育大事记（1949—1982）[M]. 北京：教育科学出版社，1983：582.

③ 佚名. 中共中央关于教育体制改革的决定[N]. 人民日报，1985-05-29(1).

定和纠正。教育从为政治服务转向为经济建设服务，这是历史的巨大进步。但是，这一指导方针仍然存在着局限性，教育仍然只是居于社会发展中的从属地位，而没能确立起主体性、先导性地位。1998 年，九届人大常委会第四次会议通过《中华人民共和国高等教育法》，其中规定："高等教育必须贯彻国家的教育方针，为社会主义现代化建设服务，与生产劳动相结合，使受教育者成为德、智、体等方面全面发展的社会主义事业的建设者和接班人"；"高等教育的任务是培养具有创造精神和实践能力的高级专门人才，发展科学技术文化，促进社会主义现代化建设"。① 这一培养目标对教育与社会、教育与人之间的关系做出了基本规定，体现了教育的基本功能。对人的创造精神和实践能力的强调体现了对人的主体性的尊重。

（二）工艺美术教育向现代设计教育的转型与课程设计的变革

改革开放加速了中国社会的现代化转型，加快了工业化的进程。工艺美术的学科性质基于政治、文化、经济变革的合力，其学科理念和实践探索随之发生着巨大的转变。

改革开放之初，国家对国民经济提出"调整、改革、整顿、提高"八字方针，并在经济建设十条方针中将消费品工业的发展提升到重要的地位，从而促进了轻工业的迅速发展。1980 年 7 月，中央财经领导小组扩大会议提出"日用品工艺化，工艺品实用化"的轻工业发展策略，从政策的层面促进日用工业品和工艺美术品生产的相互结合，从而为工艺美术步出手工艺尤其是特种手工艺的领域创造了条件。工艺美术向现代设计的转型，经历了一个从理论到实践的过渡过程。现代设计思想于 20 世纪 70 年代末开始传入中国，与中国的设计观念相互交融与碰撞，在一定程度上促进了中国现代设计体系的建立。但现代设计体系的建立仅仅依靠理论是无法完成的，它是学科—商业—产业良性互动的过程，体现为对西方现代设计理论的引入和学习，市场经济环境的发育和成长，工业制造

---

① 中华人民共和国教育部. 中华人民共和国高等教育法［EB/OL］.［2015-10-20］. http://www. moe. edu. cn.

体系的发展与完善。① 随着改革开放的深入，中国经济进入了高速发展时期，就国内市场而言，消费者在满足物质消费的同时，审美因素、情感因素等精神消费需求逐渐生长。20 世纪 80 年代末，东南沿海一带的大型制造企业在完成规模、技术、设备的基础建设后，开始寻求如何通过提高附加价值来获得更高的经济效益，因此创造性因素逐渐成为企业生存与竞争的必要因素，从而促进企业由制造性生产向创造性生产转变。就国际市场而言，设计因素的重要性日益彰显。80 年代中期，轻工业产品的生产开始与国际标准接轨。但是由于长期的闭关锁国政策和计划经济体制的影响，国内企业缺乏技术改造的内部动力和外部压力，产品生产的样式和种类几十年一贯制，企业的经营效益和产品质量与国外同类行业相比差距巨大，在世界经济舞台的竞争中软弱无力。面对这种情况，国家政府主管部门与企业家均认识到设计的价值，开始尝试将设计作为竞争的因素引入企业的生产中。

　　工业设计的发展在促进中国设计领域和教育领域对现代设计观的认识过程中具有至关重要的意义。现代设计观念在中国的确立经历了一个由理论到实践的转化过程。改革开放之初，工艺美术超越传统手工业—手工艺的范畴而与科学技术相结合已是时代的必然要求。庞薰琹教授曾指出："现代工艺美术已经进入美术要与科学相结合的时代，工艺美术是多学科结合的产物。"②他呼吁在新的历史时期建立传统与现代相结合的新型工艺美术体系。张道一教授则认为工艺发展应注重横向联系，主张"传统工艺、民间工艺和现代工艺像辫子股样编结起来。编结起来不等于融为一体，而是各有侧重，全面发展，并作综合的思考，加强内在的联系……使传统的不老化，焕发青春；使民间的不冷落，进入现代生活；使现代的不洋化，创造出中国的特点"③。张道一教授所提出的关于工业设计、传统工艺美术和民间美术在新的历史时期的发展关系激起了教育界的热

---

　　① 参见：陈晓华. 工艺与设计之间：20 世纪中国艺术设计的现代性历程[M]. 重庆：重庆大学出版社，2007：167.

　　② 庞薰琹. 庞薰琹工艺美术文集[M]. 北京：轻工业出版社，1986：32.

　　③ 张道一. 辫子股的启示[J]. 装饰，1988(3)：39.

议，关于"工艺美术"和"工业设计"的争论，极大地促进了现代设计观念在中国的确立。"当'工业设计'这门学科真正建立起来时，完整意义上的当代工艺美术事业才算建立起来。"①伴随着工业设计产业的兴起，人们对工业设计学科属性所蕴含的艺术与技术、审美与功能、价值与伦理等辩证关系由理论认识过渡到理论与实践相结合的认识，随着工业设计学科观念在中国学界与业界的建立，现代设计观念也逐步建立起来。

"文革"之后，多所美术学校在1977年即恢复了停顿十年之久的全国统一招生制度。经过几年的重建，全国设计教育迅速发展起来，除美术学校、艺术学校设立了工艺美术系或设计系之外，工科类、师范类、综合类学校也纷纷设立了设计类学科。设计学学科的范畴和性质都发生了很大的变化。1978年广州美术学院工艺美术系设有装潢、染织、陶瓷、磨漆四个专业，1986年发展为陶瓷、染织、装潢、服装、环艺、装饰、工业造型七个专业。工业设计专业发展迅速，成为此时期设计教育中的特色专业。湖南大学是第一所在高等工科类学校中设立设计学学科的学校，1978年该校成立机械造型及制造工艺美术研究室；1982年成立机械造型工艺美术系，同年招收第一届本科生；1985年改为工业造型设计系及工业造型专业，1987年更名为工业设计系。专业名称的衍变反映了人们对学科性质的理解所经历的过程。无锡轻工业学院于1977年将造型设计专业扩建为轻工产品造型设计系；1978年招收本科生。1982年的课程内容中增设了"制图""材料工艺学"等具有工程技术特色的新课程，1983年又增设了"人体工学""材料工程学"，为工业设计学科注入了全新的观念（见表3-6、表3-7与表3-8）。②1985年，系的名称更改为工业设计系，下设造型设计、包装设计、室内设计和服装设计四个专业；1986年，该系开始招收理工类本科生，形成了全国首创的"艺工结合"的办学特色。此外，北京理工大学、同济大学等工科类高等学校也相继创建了工业设计专业，为中国设计教育模式探索了新的途径。

---

① 李砚祖. 回忆·限度·思索：工艺美术三题[J]. 装饰, 1988(3)：36.
② 无锡轻工业学院教务处. 无锡轻工业学院教学资料[A]. 1982.

表3-6 1982年无锡轻工业学院轻工业产品造型美术设计专业（日用器皿设计方向）教学进程计划表

课程类别	课程名称	教学总学时	第一学年		第二学年		第三学年		第四学年	
			第一学期 21周	第二学期 21周	第三学期 21周	第四学期 22周	第五学期 24周	第六学期 20周	第七学期 22周	第八学期 21周
政治课	政治	236	2×19 38	2×18 36	2×20 40	2×21 42	2×21 42	2×19 38		
文化史论课	艺术概论	82			2×20 40	2×21 42				
	中国工艺美术史	80					2×21 42	2×19 38		
文化体育课	文学作品选读	74	2×19 38	2×18 36						
	外语	333	4×19 76	3×18 54	3×20 60	3×21 63	2×21 42	2×19 38		
	体育	196	2×19 38	2×18 36	2×20 40	2×21 42	1×21 21	1×19 19		
绘画基础课	素描	336	16×6 96	16×6 96	12×4 48	16×6 96				
	色彩画	280					16×5 80	16×5 80	24×5 120	
	国画	280					16×5 80	16×5 80	24×5 120	
专业基础课	造型基础	392	16×4 64	16×4 64	12×10 120	16×9 144				
	雕塑	80	16×3 48	16×2 32						
	制图	80			4×20 80					
	日用器皿材料工艺学	80					2×21 42	2×19 38		
	装饰基础	520	16×6 96	16×6 96	12×6 72	16×6 96	16×7 112	16×3 48		
专业设计课	专业设计	424					16×4 64	16×6 96	24×11 264	
	毕业设计论文	480								24×20 480
总学时数		3953	494	450	500	525	525	475	504	480
			944		1025		1000		984	
			入学教育1周 考试1周	军训2周 考试1周	考试1周	考试1周	劳动2周 考试1周	考试1周	考试1周	毕业鉴定1周
每周总学时			26	25	25	25	25	25	24	24

表 3-7　1983 年无锡轻工业学院轻工业产品造型美术设计（家用电器设计方向）教学进程计划表

顺序	课程名称	按学期分配			学时数分配						理论教学按学期分配									
		考试	考察	课程设计	共计	讲课	实验	现场教学	课堂讨论·习题课等	课程设计	第一学期 21周	第二学期 23周	第三学期 21周	第四学期 21周	第五学期 21周	第六学期 22周	第七学期	第八学期	第九学期	第十学期
1	政治课	24.6	13.5		216						2×18 36	2×18 36	2×18 36	2×18 36	2×18 36	2×18				
2	体育		13.5		180						2×18 36	2×18 36	2×18 36	2×18 36	2×18 36					
3	外语	24.6	13.5		306						4×18	3×18	3×18	3×18	2×18	2×18				
4																				
5																				
6	文学作品选读	2	1		72						2×18	2×18								
7	艺术概论	4	3		72								2×18	2×18						
8	中国工艺美术史	6	5		72										2×18	2×18				
9	素描	2.4	1.3		348						16×6	16×7	12×5	16×5						
10	色彩画	6	5		160										16×5	16×5				
11	国画	5.7	6		280										16×4	16×6	24×5			
12	造型基础	1.2.3.4			408						16×7	16×7	12×6	16×7						
13	雕塑	4	3		68								12×3	16×2						
14	制图												5×18							
15	产品效果表示															24×5	24×5			
16	人体工学	7			40												2×20			
17	材料工艺学	6			82											2×21	2×20			

续表

顺序	课程名称	按学期分配			学时数分配						理论教学按学期分配									
		考试	考察	课程设计	共计	讲课	实验	现场教学	课堂讨论·习题课等	课程设计	第一学期 21周	第二学期 23周	第三学期 21周	第四学期 21周	第五学期 21周	第六学期 22周	第七学期	第八学期	第九学期	第十学期
18	装饰基础	2.3.4.6			536						16×5	16×7	12×6	16×6	16×7	16×4				
19	专业设计		5.6.7		400										16×4	16×6	24×10			
20	毕业设计				480													24×20		
21																				
22																				
23																				
选修课																				
统计	周学时数										26	25	26	25	25	25	26	24		
	总学时数				3930						468	498	492	482	486	504	520	480		
	考试				18						7	7	9	8	9	9	4	1		
	考查										7						1			
	课程设计																			
统计	课程门数																			

表3-8　1983年无锡轻工业学院轻工业产品造型美术设计（日用器皿设计方向）教学进程计划表

顺序	课程名称	按学期分配 考试	考察	课程设计	学时数分配 共计	讲课	实验	现场教学	课堂讨论·习题课等	课程设计	理论教学按学期分配 第一学期 21周	第二学期 23周	第三学期 21周	第四学期 21周	第五学期 21周	第六学期 22周	第七学期 22周	第八学期 21周	第九学期	第十学期
1	政治课	24.6	13.5		216						2×18	2×18	2×18	2×18	2×18	2×18				
2	体育		13.5		180						2×18	2×18	2×18	2×18	2×18	2×18	2×18			
3	外语	24.6	13.5		306						4×18	3×18	3×18	3×18	2×18	2×18				
4																				
5																				
6	文学作品选读	2	1		72						2×18	2×18								
7	艺术概论	4	3		72								2×18	2×18						
8	中国工艺美术史	6	5		72											2×18	2×18			
9																				
10	素描				440						16×6	16×6	12×4	12×6	16×4	16×4				
11	色彩画				400							16×4	16×4	12×4	16×5	16×5	24×7	24×3		
12	造型基础				356						16×4		12×10	12×9						
13	雕塑				80						16×3	16×3								
14	制图				80								4×20							
15	图形显示				84								5×18							
16	材料工程学				96												24×5			
17	人体工学	7			32												2×20			
18	装饰基础	6			400						16×6	16×6	12×6	12×6	16×4					
19	专业设计	2.3.4.6			496											16×6	16×6	24×14		

续表

顺序	课程名称	按学期分配			学时数分配						理论教学按学期分配									
		考试	考察	课程设计	共计	讲课	实验	现场教学	课堂讨论·习题课等	课程设计	第一学期 21周	第二学期 23周	第三学期 21周	第四学期 21周	第五学期 21周	第六学期 22周	第七学期 22周	第八学期 21周	第九学期	第十学期
20	毕业设计·论文	5.6.7			408												24×17			
21																				
22																				
23																				
选修课																				
统计	周学时数										26	25	25	25	23	23	24	24		
	总学时数				3873						494	450	500	525	483	437	504	480		
	考试																1			
	考查																			
	课程设计																			
统计	课程门数										8	8	8	8	10	8	2	2		

这一时期国内学校加强了对外交流活动，德国、法国、美国、英国、意大利等西方国家的现代设计思想和教育观念传入国内，从而加速了工艺美术学科性质的转变和工艺美术教育向现代设计教育的转型。

20 世纪 90 年代以后，中国的计算机产业迅速发展。现代网络通信方式逐步确立，信息社会的征象已经显现。计算机技术不可避免地进入设计领域，成为一种新兴的设计媒介。工艺美术的学科内涵在新的文化转型中再次发生转变，这种变化引起了课程内容设计的变化。北京印刷学院在国内率先将计算机技术引入教学中，使学习者能够熟练地运用计算机技术进行平面设计、动画设计、网页设计以及信息的采集、存储、编创和输出，将学习者培养成为具备艺术素养和运用高科技手段从事设计创新活动的高素质复合型人才。之后，国内许多学校相继将计算机技术引入设计教育的课程中，从而促进了艺术领域与科学领域的融通。

继 1963 年国家教育部与国家计委修订《高等学校通用专业目录》之后，为了适应改革开放以来新的历史时期政治、经济、文化的发展，1987 年在调整、修订的基础上第二次颁布了《普通学校社会科学本科目录》，工艺美术学科设 9 个专业：环境艺术设计、工业造型设计、染织设计、服装设计、陶瓷设计、漆艺、装潢设计、装饰艺术设计、工艺美术历史及理论。对当时专业划分过细、标准不一的情况有所规范。随着社会的进一步发展，学科目录在 20 世纪 80 年代末到 90 年代初又有了再次修订的必要，1993 年颁布了第三次修订的专业目录，工艺美术学科的专业由 9 种调整为 8 种，漆艺专业归于装饰艺术专业。

20 世纪 90 年代随着信息社会的到来，工艺美术的学科概念已经不能适应设计领域在新科技条件下的变化，1998 年，国家教育部正式公布了新修订的《普通高等学校本科专业目录》，该目录的颁布标志着工艺美术教育转变为艺术设计教育，中国的设计教育发展到一个新的阶段。目录将原工艺美术领域的专业进行了全面的调整，将环境艺术设计、产品造型设计、染织艺术设计、服装艺术设计、陶瓷艺术设计、装潢艺术设计、装饰艺术设计 7 个专业合并为艺术设计一个专业。专业目录进一步规范了学科性质，从理论上确立了工艺美术教育向艺术设计教育的转变，从学科建设理念上改变了新中国成立之后近半个世纪以来所形成的以行业分工为依据的专业教育形式。

（三）改革开放至 20 世纪 90 年代设计教育的价值取向

总体而言，自改革开放至 20 世纪 90 年代设计教育的价值取向基本上是社会中心的，而人才培养则是技能本位的。20 年来历次修订的专业目录所确立的"培养目标"中反映了这一特点。1998 年的专业目录对人才培养目标与 1987 年、1993 年专业目录所规定的培养目标基本一致，只是在业务能力范畴增加了"管理"这一项内容，陈述如下：

"艺术设计业务培养目标：本专业培养具备艺术设计与创作、教学和研究等方面的知识和能力，能在艺术设计教育、研究、设计、生产和管理单位从事艺术设计、研究、教学、管理等方面工作的专门人才。

业务培养目标要求：本专业学生主要学习艺术设计方面的基本理论和基本知识，学习期间学生将通过艺术设计思维能力的培养、艺术设计方法和设计技能的基本训练，具备本专业创新设计的基本素质。

毕业生应获得以下几方面的知识和能力：

1. 掌握艺术设计的基本理论和基本知识；

2. 掌握艺术设计创作的专业技能和方法；

3. 具有独立进行艺术设计实践的基本能力；

4. 了解有关经济、文化、艺术事业的方针、政策和法规；

5. 了解国内外艺术设计的发展动态；

6. 掌握文献检索、资料查询的基本方法。"①

培养目标对本科教育专业人才的"设计技能训练""本专业创新设计的基本素质"予以突出的强调，而对人才的综合素养、综合能力少有关注，未免失之专狭，不能够体现时代的精神。

专业目录中所确立的培养目标具有全国性的指导意义。全国高等学校设计

---

① 国家教育部高教司．普通高等学校本科专业目录和专业介绍[M]．北京：高等教育出版社，1998：94.

教育本科人才的专业培养目标往往遵循专业目录中的基本精神。

1997 年山东工艺美术学院装潢专业人才培养目标陈述如下：

"本专业主要培养德、智、体、美全面发展的，能在各有关的企业事业单位从事美术设计的高级专门人才。具体要求如下：

1. 坚持四项基本原则，拥护中国共产党的领导，努力学习马克思主义、毛泽东思想和邓小平理论，有理想、有道德、有文化、有纪律，具有艰苦奋斗的精神和勇于创造的科学态度。

2. 系统掌握本专业的基本理论和基本知识，熟悉我国有关艺术和设计方面的方针、政策和法规，了解中外美术和设计的历史、现状和发展方向，能独立完成以各类平面视觉传达设计和包装装潢设计为主的各种设计任务，并具有较强的现代设计能力。

3. 有较好的文化素养和较高的审美能力。

4. 学会一门外语，具有阅读和一定的听、写、说的能力。

5. 具有健康的体魄。"①

2006 年山东轻工业学院艺术设计专业环境设计方向培养目标陈述如下：

"二、业务培养目标：

本专业培养具备环境艺术设计与制图方面的知识和能力，能在企事业部门、学校、科研单位从事环境艺术设计、教学和研究等方面工作的高级专门人才。

三、业务培养要求：

本专业学生主要学习艺术设计的基础理论知识，并通过艺术设计思维能力的培养、艺术设计方法和技能的训练，具备较强的创新意识、市场意识和专业设计能力。

毕业生应获得以下几方面的能力：

1. 掌握环境艺术设计的基本理论和基本知识；

2. 掌握环境艺术设计创作的专业技能和方法；

---

① 山东工艺美术学院教务处. 山东工艺美术学院教学资料[A]. 1997.

3. 具有独立进行环境艺术设计实践的基本能力；

4. 了解有关经济、文化、艺术设计的方针、政策和法规；

5. 了解国内外环境艺术设计的发展动态；

6. 掌握文献检索、资料查询的基本方法。"①

以上两则培养目标的陈述反映了国家专业目录所规定的专业培养目标对广大高等学校的深刻影响。相应地，遵循课程目标而进行的课程设计同样反映了技能本位的教育思想(见表3-9与表3-10)。② 山东工艺美术学院1997年的课程设计选修课的课程内容仍然以专业课程为主，而没有跨学科的课程内容，可以说明该校此时期依然将专业教育放在了非常重要的位置，而并没有强调素质教育。

改革开放不仅促进了物质文明的发展，同时极大地推动了精神文明的进程，随着物质生活的改善，人们的精神面貌和思想观念发生了重大的变化，主体的能动性和创造性的解放构成了这一时期社会政治、经济、文化全面发展动力源泉的重要组成部分。设计教育有必要选择新的价值取向，探索促进学习者身心全面发展的培养目标与相应的课程体系，以应答时代精神的呼唤。

五、21世纪的设计教育应选择怎样的价值取向与相应的课程设计

中国高等教育跨入21世纪，面临着多方面的挑战。第一，社会向市场经济的转型不可避免地会对高等教育产生负面影响，造成功利主义、实用主义思想的泛滥。第二，精英化教育向大众化教育的过渡，使优质教育资源供不应求，教育质量下降。第三，由于历史的原因，专业化教育观念影响至今，从而抑制了素质教育的开展。正如有的学者所感叹的那样："大学之道和大学的理念曾经是清晰的。在中国现代大学的百年诞辰，我们需要寻回失落的精神资源，需要重温大学精神，需要重建现代大学制度。"③

---

① 山东轻工业学院教务处. 山东轻工业学院本科培养方案[A]. 2006：182.

② 山东工艺美术学院教务处. 山东工艺美术学院教学资料[A]. 1997.

③ 杨东平. 教育：我们有话要说[M]. 北京：中国社会科学出版社，1999：343.

表 3-9 山东工艺美术学院装潢艺术设计（装潢设计班·本科）教学计划必修课课程进度表

课程类别	课程总时数及比例	序号	课程编号	课程名称	授课学时数	各学期每周课内学时数								各学期上课周数								备注
						第一学期	第二学期	第三学期	第四学期	第五学期	第六学期	第七学期	第八学期	第一学期 16周	第二学期 19周	第三学期 19周	第四学期 19周	第五学期 19周	第六学期 19周	第七学期 20周	第八学期 15周	
政治思想教育课	382 7.63%	01	060101	大学生思想道德修养	34		2								17							
		02	060102	法律基础	32	2								16								
		03	060103	中国革命和建设	62			2	2							17	14					
		04	060104	马克思主义哲学	60				2	2							11	19				
		05	060105	马克思主义经济学	58					2	2							10	19			
		06	060106	世界政治经济与国际关系	56						2	2						9	19			
文化课	652 16.48%	07	070101	文学	130	2	2	2	2					16	17	17	15					
		08	070102	英语	260	4	4	4	2	2				16	17	17	11	19				
		09	070103	体育	130	2	2	2	2					16	17	17	15					
		10	000101	计算机文化基础	132	4	4							16	17							
史论课	96 2.43%	11	070401	艺术概论	30				2								15					
		12	070402	美学原理	28				2								14					
		13	070403	设计史	38						2								19			

续表

课程类别	课程总时数及比例	序号	课程编号	课程名称	授课学时数	各学期每周课内学时数								各学期上课周数								备注
						第一学期	第二学期	第三学期	第四学期	第五学期	第六学期	第七学期	第八学期	第一学期16周	第二学期19周	第三学期19周	第四学期19周	第五学期19周	第六学期19周	第七学期20周	第八学期15周	
基础与专业课 2494 63.04%	专业基础课 1192 38.13%	14	021101	素描	166	14	14	18						4	4	3						
		15	021102	色彩	156	14	14	18						3	2	3						*
		16	021103	图案	84	14	14							3	3							
		17	021104	超级写实	88					22							4					
		18	021105	表现技法	72				18								4					
		19	021106	设计构成（平、立、色）	138	14	14	18						3	3	3						
		20	021107	标志设计	66					22								3				
		21	021108	版式设计	36			18								2						
		22	021109	字体设计	138	14	14	18						3	3	2						
		23	021110	摄影	132			30	18							2	4					*
专业课 1302 32.91%		24	021111	包装容器设计	72				18								4					
		25	021112	纸包装结构设计	44					22								2				
		26	021201	样本设计	66						22								3			
		27	021202	POP广告设计	66						22								3			
		28	021203	招贴广告设计（含理论）	206					22		24						5		4		
		29	021204	书籍装帧设计	66						22								3			
		30	021205	包装设计	258				18	22	22	24					3	3	3	3		
		31	021206	VI设计	88						22								4			
		32	021207	声像广告设计	96							24								4		
		33	021208	毕业考察	96							24								4		
		34	021209	毕业设计（含论文、答辩）	360								24								15	
		35	021210	毕业展览、毕业教育																	5	
总计					3544																	

表 3-10　山东工艺美术学院装潢艺术设计（装潢设计班·本科）教学计划限定选修课程进程表

课程类别	序号	课程编号	课程名称	授课学时数	各学期每周课内学时数								各学期上课周数								备注
					第一学期	第二学期	第三学期	第四学期	第五学期	第六学期	第七学期	第八学期	第一学期16周	第二学期19周	第三学期19周	第四学期19周	第五学期19周	第六学期19周	第七学期20周	第八学期15周	
基础课与专业课	01	021113	装饰基础	110		14	18							4	3						
	02	021114	工笔重彩	72				18								4					
	03	021115	电脑辅助设计	44					22								2				
	04	021211	环境艺术设计	114						22	24							3	2		
	05	021212	展示设计	72							24								3		
	06	02121																			
	07	02121																			
	08	02121																			
	09	02121																			
	10	02121																			
总计				412																	

课程总时数及比例　412　10.41%

设计教育面临着同样的问题，自 1999 年以来，在盲目地、持续地扩大规模的过程中，大学缺失了自己的精神，迷失了办学方向，教学研究滞后，教育水平下降。这些问题具体反映在培养目标、课程内容、课程结构、课程实施各环节所形成的课程体系中。在信息社会与知识经济时代来临之际，立足于全球文化的冲突中，中国当今设计学学科本科教育在新的文化转型中应当选择怎样的价值取向以及相应的课程体系？这是本书在后文中要着重探讨的问题。

小结

中美两国课程的发展轨迹是不同的，它们既受到本国文化转型的影响，也受到世界文化转型的影响，还会受到其他国家思想文化的影响。但是，随着信息社会的来临，在文化经济全球化浪潮的影响下，两国课程的发展与世界文化转型的关系日益密切。

下面以世界文化转型、美国文化转型与课程变革、中国文化转型与课程变革三条脉络相比较的方式来阐述世界文化转型、本国文化转型、国家之间文化交流互动与课程变革之间的关系。

由于 19 世纪科学技术所产生的累累硕果极大地促进了人类的物质文明与精神文明的发展，所以，尽管量子力学与相对论诞生于 20 世纪初，但 20 世纪上半叶却是科学主义盛行的时期、科学知识型居于霸权地位的时期和工业文明发展至鼎盛的时期。美国国内社会效率运动的兴起促进了科学管理方法的诞生，因此而产生了以追求效率为价值取向、以科学管理的方法为研究方法的现代课程范式。此时期杜威的实用主义教育思想在美国的教育领域已经独树一帜。正当 1918 年博比特的现代课程范式诞生之际，1919 年中国兴起了"五四"文化运动，西方文化在中国得到广泛的传播，杜威的实用主义教育思想传入中国，又源于民国初年蔡元培对"兼容并包""五育并举"教育思想的倡导，使这一时期中国的教育价值观有别于美国的现代课程所追求的教育价值观，而使促进学习者全面发展的素质教育得到了一定的发展。20世纪40年代末，运用实证、实验的方法，对于课程目标的确定、学习经验的选择与组织、教学计划的评价等课程内容的研究强调确定性、客观性、规范性的"泰勒原理"诞生，"泰勒原理"使课程开发过程成为一种理性化、科学化的过程，依然深深地镌刻着那个时代所盛行的科学主义的烙印。50年代初，中国高等教育学习苏联模式，推行以迅速实现国家工业化为目的的专业化教育，不仅造成了学校和学科结构的文理分驰、理工分家，而且造成了学习者的异化，使之成为按照社会需要而塑造的"产品"。就教育的价值取向和课程观而言，此时期中国的高等教育与博比特所创造的现代课程范式异曲同工，尽管中国所受到的影响来自苏联，但可见教育思想在国际的相互传播和影响。

在世界文化范畴中，20世纪中叶，量子力学、相对论、热力学、混沌理论、生命科学、信息科学等科学研究的新发现动摇了人们基于牛顿机械论的现代世界观，新的世界观开始形成。人本主义心理学、西方存在主义哲学、现象学、精神分析理论、法兰克福学派、哲学诠释学、知识社会学等理论研究成果所传达的科学、哲学和社会学思想，为课程范式的变革提供了思想动力。此时期，美国国内社会运动频起，人们以新时代的主人的身份对主流文化与社会规范提出质疑；在课程领域，"工具理性"日益膨胀，"学科结构运动"使现代课程范式走向了登峰造极的地步。世界文化的变革与国内文化和社会的现实共同推动着课程由现代范式向后现代范式的转向。中国教育界在反思50年代教育中所存在的极"左"路线的基础上，于60年代初提出新的教育指导思想，体现了由专业化教育向素质教育的回归，但十年动乱未能使新的教育思想进一步深化。60年代初至70年代末"文化大革命"结束的一段时间里，由于闭关锁国的政策，中国中断了与西方国家的交流，所以教育思想基本上没有受到外来文化的影响。70年代，美国课程领域兴起了概念重建主义运动，发生了"课程开发"范式向"课程理解"范式的转变。80年代，西方社会的工业文明趋于完成，新的世界观逐渐形成。美国的课程领域兴起了后现代课程范式，后现代课程观开始向世界课程领域传播。70年代末80年代初，在改革开放政策的推动下中国加快了向现代化社会的转型和工业化的进程。教育界与西方国家广泛交流，促进了工艺美术学科性质、课程内容与教学方法的变革，现代设计观念逐渐形成。但一直到 90 年代设计教育依然秉承社会中心的价值取向与技能本位的人才培养目标观。

　　20 世纪末，人们的整体的、有机的世界观基本上取代了孤立的、机械的牛顿主义世界观；与此同时人类迎来了信息社会，信息技术促进了文化全球化的进程。在知识经济时代，知识的创造性、多元化特征更加突出，科学知识型的霸权地位动摇了，文化知识型正在兴起。美国的教育领域呈现着多元化的景象，工具理性价值取向依然存在，但后现代教育学与后现代课程观所倡导的价值理性却是人类教育所追求的旨归。后现代课程观于 21 世纪初传入中国，促进了中国教育界对教育价值与课程观念的反思。1998 年随着第四次《普通高等学校本科专业目录》的颁布，中国设计教育进入了新的发展阶段，标志着具有全面的现代设计意义的艺术设计教育的开始。值得指出的是，20 世纪末信息社会来临之时中国因为是后发的现代化国家而没有完成工业化的进程，但在经济文化全球化浪潮的推动下，中国的内在发展逻辑被打破，即在进行着工业化建设过程的同时与世界各国共同迎来信息社会，共享后工业社会的文明（见表 3-11）。

表 3-11　20 世纪世界文化转型、中美两国文化转型与课程变革

时间	世界	美国		中国	
	文化转型	文化转型	课程变革	文化转型	课程变革
20 世纪 10 年代至 20 年代	科学主义思想盛行；量子力学与相对论诞生；科学知识型居于主导地位	社会效率运动兴起；崇尚科学管理方法	现代课程范式诞生	"五四"文化运动兴起；杜威实用主义哲学传入中国；多元化的教育思想相互交融；"兼容并包""五育并举"的教育思想为中国教育的主导思想	素质教育价值取向的课程设计
20 世纪 40 年代末至 50 年代	科学主义思想盛行；生命科学取得了新的突破；科学知识型居于主导地位	崇尚实证研究；人本心理学诞生	泰勒原理诞生；学科结构运动兴起	文化建设提出"百家争鸣、百花齐放"方针；推行计划经济体制；开展"大跃进"运动	学习苏联"专业化"教育；教育为政治服务；教育与生产劳动相结合；实习劳动课程比例增加

续表

时间	世界	美国		中国	
	文化转型	文化转型	课程变革	文化转型	课程变革
20 世纪60 年代	科学主义思想盛行；知识类型激增；"耗散结构"理论诞生；信息社会征象出现；当代人本主义哲学影响增强；人本主义心理学进一步发展；后现代主义思潮兴起	人本主义心理学进一步发展；后现代主义思潮兴起；社会运动此起彼伏；信息社会征象出现	学科结构运动失败；实践课程范式诞生	反思 50 年代的"左倾"思想；实行计划经济体制；文化大革命爆发	素质教育有所恢复；课堂课程比例提高，实习劳动课程比例下降
20 世纪70 年代	科学主义思想盛行；工业文明进入鼎盛时期；世界文化呈现多元化趋势；后现代主义进一步发展	科学主义思想盛行；工业文明进入鼎盛时期；多元文化兴起；经济局势恶化；后现代主义进一步发展	概念重建主义课程范式诞生；课程研究从"课程开发范式"转向"课程理解范式"	文化大革命正在进行中；70 年代末文化大革命结束；实行改革开放政策；文化开始复兴	恢复了正常的高等教育制度；工艺美术教育在新的历史时期面临着学科性质与教育观念的转变
20 世纪80 年代	科学主义思想仍占据主导地位；工业社会向后工业社会转变；科学知识型向文化知识型转变；后现代主义进一步发展	科学主义思想仍占据主导地位；工业社会向后工业社会转变；科学知识型向文化知识型转变；主流文化回归；后现代主义进一步发展	后现代主义课程范式诞生；多元化课程范式并存	开展物质文明、精神文明建设；扩大对外开放；确立了在公有制基础上"有计划的商品经济"；东西方文化碰撞交融；科学知识型向主导地位发展	社会中心、技能本位的教育价值观；工艺美术学科性质发生转变；工业设计教育迅速发展；现代设计观逐渐形成
20 世纪90 年代	信息技术发展迅速；信息社会即将来临；科学知识型向文化知识型转变	科学主义思想仍然占据主导地位；信息技术发展迅速；信息社会即将来临；科学知识型向文化知识型转变	后现代主义课程进一步发展；多元化课程范式并存	物质文明、精神文明共同发展；进一步扩大对外开放；实行社会主义市场经济体制；科学技术发展迅速；科学知识型的主导地位基本确立	计算机技术促进现代设计的发展；第四次《普通高等学校本科专业目录》修订，确立"艺术设计"专业名称；现代设计观念进一步形成

第四章　中国当今设计学学科本科教育培养目标设计的变革

中国当今设计学学科本科教育培养目标设计的变革是时代精神的要求。中国设计教育在百余年的沧桑历程中，秉承工具主义教育价值观，形成了技能本位的人才培养目标观，其影响至今犹存。当今世界文化转型与中国文化转型所形成的时代精神呼唤着中国教育价值观的变革，相应地，人才培养目标观与培养目标设计应当随之变革。本章针对中国当今设计学学科本科教育人才培养目标设计中存在的现实问题，在分析研究学习者发展需要、社会发展需要和学科发展需要的基础上，坚持以学习者为中心的原则，探讨中国当今设计学学科本科教育培养目标设计的方案。

第一节　培养目标设计的基本知识

一、培养目标的内涵与功能

（一）教育目的、培养目标与课程目标的体系性

培养目标是课程设计的依据和准则。培养目标不是孤立存在的，它必然地体现着一定的教育哲学观，是基于某种教育价值观而确立的。教育的哲学观、价值观体现于教育目的（education aims）之中。教育目的是"一定的社会培养人的总要求。是根据不同社会的政治、经济、文化、科学、技术发展的要求和受教

育者身心发展的状况确定的。它反映一定社会对受教育者的要求，是教育工作的出发点和最终目标，也是制定教育目标、确定教育内容、选择教育方法、评价教育效果的根本依据"。① 它反映着某个国家或民族最为宏观的教育价值，规定着教育活动的总体方向，具有高度的概括性。因此，教育目的的实现需要经历一个从"应然"到"实然"的过程，转化为教育目标和课程目标，进而贯彻于教育活动中。教育目标（education goals）反映的是不同性质的教育和不同阶段的教育价值，是各级各类学校根据教育目的和自己学校的性质及教育任务，对教育对象提出的特定要求。所以，教育目标亦可表述为"培养目标"。基础教育、高等教育、职业教育、成人教育等分别具有不同的教育目标或培养目标。培养目标与教育目的一脉相承，是对教育目的的具体化。为了使课程设计与教学工作切实可行，还必须使培养目标进一步具体化、明确化，将其转化为课程目标。课程目标（curricular objectives）是具体体现在课程设计与教学活动中的教育价值。相对于教育目的和培养目标而言，它的内涵更为丰富。在本书中，课程的概念既具有名词意义，又具有动词意义，所以课程目标既包括某一大学本科教育中为培养不同学科、不同层次、不同类别的人才而确立的目标，又是对具体的教学活动及其实效提出的规定和要求。它既可以指某一学科的整体的培养目标，亦可指某一学科中一门具体课程的目标，甚至可以更为具体地指某门课程中某一阶段，如某一周、某一课时抑或某一课时当中某一环节中的目标。

由此可见，教育目的、培养目标与课程目标是教育活动中一脉相承的三个不同的目标层次，它们相互依存而构成了教育活动的目标体系。其中教育目的居于宏观层次，培养目标居于中观层次，具体的课程目标则居于微观层次。它们之间的关系可以由图4-1来表述。

不同学校的培养目标既具有统一性，又具有差异性，二者辩证地结合在一起。一方面，不同学校的培养目标必须反映共同的教育目的；另一方面，不同学科、不同层次的学校将教育目的落实在具体的培养目标当中，设计重点突出、

---

① 夏征农. 辞海：教育学·心理学分册[M]. 上海：上海辞书出版社，1987：1.

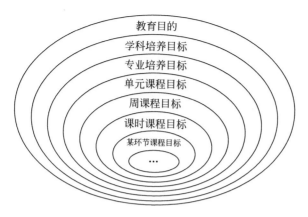

图 4-1　教育目的、培养目标、课程目标之间的关系

特色鲜明的课程体系。

（二）培养目标的功能

培养目标为教学活动提供了明确的导向，为课程内容与方法的优选提供了依据。其功能主要体现在以下四个方面：一是判断"什么知识最有价值"和"什么方法最有价值"的重要参照，是课程设计中选择课程内容与教学方法的基本依据。二是课程与教学组织的重要依据。由于培养目标反映了特定的教育价值观，所以将课程设计为怎样的类型，以及将教学活动设计为怎样的形式，从某种意义上讲，均取决于课程目标。三是为课程实施提供了依据。课程实施是创造性地实现培养目标的过程，是"应然"的教育哲学观转化为"实然"的教育价值的教育活动，因此培养目标必然地成为课程实施的重要依据。四是为课程评价提供依据。课程评价是对教育教学活动实效的评价，是判断教育价值与调整课程设计策略的重要依据，所以，培养目标在某种程度上为课程评价规定了标准。[1]

二、培养目标设计的依据

培养目标的设计是一项具有创造性的工作，而非教育目的向培养目标的简单推衍。培养目标设计的依据或来源问题，曾是 19 至 20 世纪课程领域内备受争论的问题。自 1949 年泰勒在《课程与教学的基本原理》中将学习者的需要、当

---

① 参见：张华．课程与教学论[M]．上海：上海教育出版社，2008：152．

代社会生活的需要、学科发展的需要并列为培养目标设计的三个基本依据之后，将这三个方面作为课程设计的目标维度逐渐得到普遍的认同。而不同的教育价值观对于这三个方面的不同侧重，分别形成了以学习者的需要为优先目标的课程设计、以社会发展需要为优先目标的课程设计、以学科发展的需要为优先目标的课程设计和以三种需要并重的折中性的课程设计，如课程发展史上曾一度产生的学习者中心课程论、社会中心课程论、学科中心课程论三种典型的课程观以及其他折中性的课程观。

（一）学习者的需要

学习者的需要主要体现在以下两个方面。首先，学习者的需要体现为作为"人"的身心全面发展的需要。促进学习者身心的全面发展是课程的一个基本职能。对学习者的兴趣和需求、认知发展和情感形成、社会过程和个性养成等各方面的研究对于培养目标的设计都具有重要的价值。学习者随着自身的发展其需求是不断变化、不断生成、不断提升的，因此，这种身心发展的需要既具有时间性的差异，又具有个体性的差异。可见，确定学习者需要的培养目标既应尊重学习者身心发展的具体阶段的特殊性，又应尊重学习者个体间的差异性。其次，学习者是国家或社会未来的建设者，课程一方面担负着把人类认识世界和改造世界的经验的结晶传递给一代又一代年轻人的责任，另一方面又发挥着塑造国家与社会未来的建设者的职能。就这一点而言，学习者的需要与社会发展的需要是紧紧地联系在一起的。大学本科教育关于人才培养的规格定位，既作为学习者自身发展的需要，又作为社会发展的需要应当成为培养目标设计的重要依据。

（二）社会发展的需要

学习者不仅生活于学校中，而且生活于社会中，学习者个体的发展总是与社会的发展紧紧地交织在一起。社会发展的需要包括空间与时间两个维度的需求。就空间维度而言，社会发展的需要是指学习者生活的社会空间，从一个社区到一个民族、一个国家乃至整个人类的发展的需要；就时间维度而言，不仅是指社会发展的当下需要，而且包括社会生活的发展趋势和未来的需要。①学校教育在实现传承、保存、创新文化的文化功能、传播与维护具有政治意义的主导意识形态的政治功能、培养适应和促进当代经济发展人才的经济功能等过程中，将地方范畴与国家范畴甚至国际范畴的社会发展需要统一起来，将社会发展的现实需要与未来社会发展的远景需要统一起来，是将社会发展需要作为培养目标设计的依据时所应思考的重要问题。

（三）学科发展的需要

人类生活与文化水乳交融。人类既是文化的创造者，又是文化的存在，人类既吸取文化的营养，又受到文化的制约。学科是人类对通过经验而获得的一切知识的归纳和总结从而形成的知识的逻辑体系，是知识的主要支柱。通过学校课程学习学科知识，是学习者由自然人发展为文化人的主要途径，是学科知识得以传承和创新的主要途径，同时还是推动社会文明和进步的主要途径。泰勒曾经指出学科知识的价值体现于两个方面：一方面是指向学科本身的创造与发现；另一方面是指向学科知识的运用，满足个人和社会发展的需求，这是学科的工具价值。但泰勒过分地强调了学科的工具价值而忽视了学科本身发展的需要作为培养目标依据的意义。根据当下的文化价值观，将学科发展确定为培养目标的来源，需要合理地认识以下几个方面的问题：② 一是，知识的价值是什么？知识的存在是为了理解世界还是控制世界？人类创造知识是为了提升生活的意义还是为了满足自身的功利需求？二是，什么知识最有价值？当斯宾塞于19世纪提出这一问题时，答案是"科学知识最有价值"。这是科学主义世界观与功利主义课程观的具体体现。然而，一个多世纪的事实证明，科学主义是酿成现代性危机的主要根源，人文知识的价值日益受到人们的关注。人们认识到：最有价值的知识是使生活意义得以提升、个人获得自由解放、社会不断臻于民主公正的知识，这种知识是科学精神与人文精神的统一。因此，作为培养目标设计来源的知识是应当融合了科学精神与人文精神的知识。三是，谁的知识最有价值？在科学主义大行其道的时代，科学知识被认为是价值中立的、是客观

---

① 参见：张华．课程与教学论[M]．上海：上海教育出版社，2008：184-185.
② 同①188-189.

真理的化身，而时至今日，人们意识到任何知识都是价值负载的，都反映着某种意识形态，即使是自然科学知识也只是某一历史时期某一科学共同体信念的反映，它执行着意识形态的功能。所以当将学科知识作为培养目标设计的来源时，有必要审视这种知识是否能够维护社会公平、是否能够推进社会民主。

第二节　中国当今设计学学科本科教育
培养目标设计的现状

第一节中所述及的关于培养目标设计的相关知识既形成了课程研究与教学实践的传统，又影响着课程研究与教学实践的现实，在日新月异的文化洪流中，培养目标设计的传统思想是否依然具有现实的教育意义？在当今的文化语境中，中国当今设计学学科本科教育培养目标的设计应当如何反映国家的教育目的？如何体现学校的特殊定位？坚持怎样的培养目标设计的向度观？把握怎样的培养目标设计的基本取向？针对这些问题，笔者通过对用人单位、学校与学习者三方进行问卷调查、抽样调查与重点访谈层层深入的调查方法研究中国当今设计学学科本科教育培养目标设计的现状，反思其存在的问题，探索其变革的路径。

一、中国当今设计学学科本科教育培养目标设计存在的问题

中国当今设计学学科本科教育培养目标设计所存在的问题集中反映在以下几个方面。

（一）人才培养规格趋于同质化

高等学校人才培养目标的设计应当坚持统一性与差异性相结合的原则。所谓统一性是指不同学科、不同层次的学校所设计的培养目标应当共同反映国家统一的教育目的；所谓差异性是指不同的学校应当根据各自的具体情况进行特殊的办学思想和学科发展定位，设计有别于其他学校的个性化的人才培养目标，制订人才培养的规格。然而，在教育实践中，有些高等学校由于认识上的误区，错将教育目的理解为培养目标，从而混淆了二者的层次性、体系性，这是造成

设计学学科本科教育人才培养规格同质化的一方面原因；另一方面原因是，部分高等学校对自身的层次定位、学科特色和具体的办学条件缺乏深入的研究，培养目标的设计不能确切而真实地反映学校的特殊性，甚至学校之间盲目地学习模仿，这样就形成了不同层次、不同类别高等学校培养目标的同质化的局面。人才培养规格的同质化的倾向与社会对人才规格的多元化需求之间的矛盾是中国当今设计学学科本科教育所存在的主要问题之一。

（二）高等学校人才培养与社会需求之间存在着矛盾

笔者针对社会对设计学学科本科人才的需求情况和现实情况进行了田野调查，分为四个步骤进行。第一步，依据不同的专业类别选择用人单位作为调查对象，包括以文化传播与设计制作为主要业务内容的综合性公司，以平面设计为主要业务内容的设计公司，以产品设计为主要业务内容的设计公司或企业设计部门，以研究开发为主要业务内容的设计研究公司，对这些用人单位中的管理人员和设计师以开放性的问题进行访谈；第二步，对访谈资料进行分析研究，对涉及设计人才培养的主要问题进行归纳、概括、提炼，设计为问卷中的主要问题；第三步，针对提炼的主要问题进一步进行深度访谈；第三步与第四步同时进行，扩大调查范围，以总加量表测量态度指数的方法对用人单位进行问卷调查(见附录 A、附录 B)，涉及 36 家用人单位，发放问卷 287 份，回收问卷 252 份，有效问卷 176 份，有效率 69.8%。被调查者对设计人才知识、素养、能力、品格各方面素质需求的态度指数和对本单位本科设计人才各项素质的现实状况的态度指数的对比情况，显示着社会对人才的需求和高等学校人才培养之间存在的差距(见图4-2～图4-17)。这不仅反映了学校在人才培养目标的设计与人才培养规格的制订时，对社会、学习者与学科三个培养目标来源深入研究的缺乏，而且反映了基于培养目标的课程体系在人才培养过程中所发挥的教育价值的缺失。①

———————————

① 图4-2～图4-17 中，5、4、3、2、1 分别代表社会对设计人才各项素质需求的态度指数"非常重要""比较重要""无所谓""不太重要""非常不重要"和对本单位具有理想素质的本科设计人才的现实状况的态度指数"非常好""比较好""一般""比较差""非常差"。

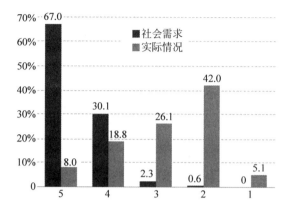

图 4-2　设计师的"综合素养"

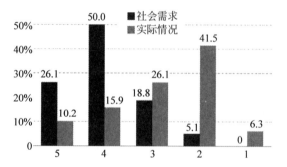

图 4-3　设计师的"人文素养"

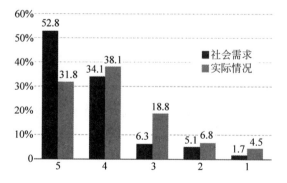

图 4-4　设计师应具有"开放的视野"

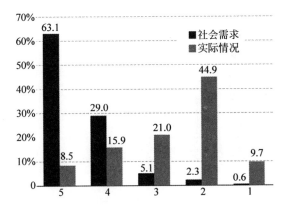

图 4-5　设计师应具有良好的"艺术素养"

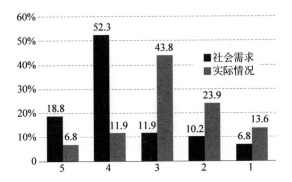

图 4-6　设计师的"研究能力"

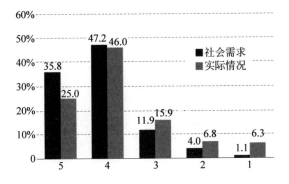

图 4-7　设计师的"专业技能"

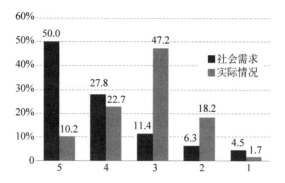

图 4-8　设计师的"专业能力"

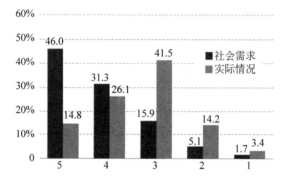

图 4-9　设计师的"语言表达能力"

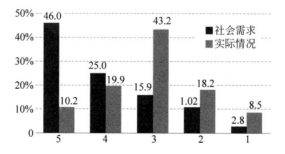

图 4-10　设计师的"逻辑思维能力"

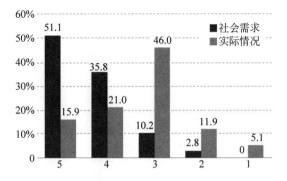

图 4-11　设计师的"创造性"

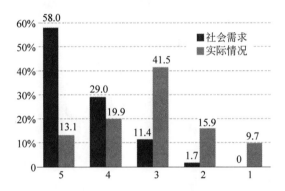

图 4-12　设计师的"沟通协调能力"

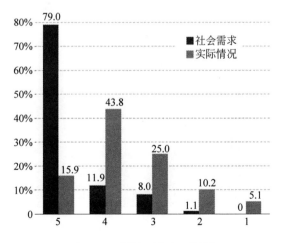

图 4-13　设计师的"团队精神"

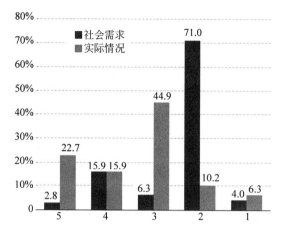

图 4-14　设计师的"个性"

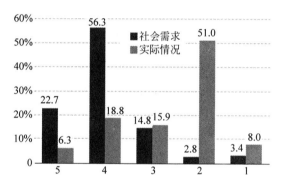

图 4-15　设计师的"社会经验"

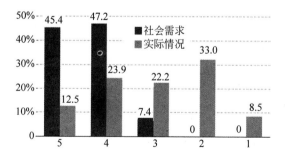

图 4-16　设计师的"学习能力"

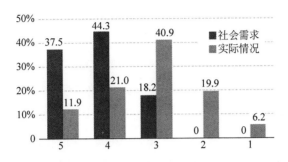

图 4-17 设计师的"可持续发展的能力"

对于设计学学科本科人才的个性发展可以从两个方面来理解，一方面是指智力方面的个性，表现为设计师独特的设计思维能力和专业特长；另一方面是指情感方面的个性，表现为设计师区别于他人的特殊的性格。

从调研结果来看，具备一定规模的设计公司认为设计师的个性并不重要，由于团队合作的需要，设计师常常需要牺牲在专业设计方面的个性而服从团队的利益；而设计师独特的情感特性则往往成为团队合作的障碍。但基于人才类型需求的多元化，具备专业特长的人才则往往受到欢迎。另一种不同的情况是，在某些小型的设计机构中，尤其是大学生自主创业建立的具有个体品牌性的设计机构则认为智力个性与情感个性对于设计人才的职业能力的提高都具有重要意义。

文化的多元化来源于文化的个性化，个体的个性化构成了文化多元化的最基本单位，它是文化创造与发展的前提。设计产业的繁荣同样需要个性化的设计。国际著名品牌苹果（Apple）、无印良品（Muji）、索尼（Sony）、三星（Samsung）无不以个性化的设计取胜。因此，即使一个团队共同的设计成果也需要个性化成果的引导而形成团队共同的个性取向。个性化与团队精神不应成为对立的两个方面，而是需要设计师在态度上以团队利益为前提进行取舍。这里应当强调的是，无论是社会还是学校，都应当对设计人才的个性化设计、个性化素养尤其是个性化教育予以足够的重视。

（三）片面强调技能培养，忽视学习者的全面发展

其实从对社会用人单位的调查中可以发现这一问题的严重性。以随机抽样

方式对高等学校中从事设计学学科本科教育的教师进行问卷调查，着重研究学校课程与人才素质之间的关系，使学校所设计的能够培养设计人才各项素质的课程与社会用人单位对设计人才所需求的各项素养之间形成态度指数的对比。本次调查发放问卷 319 份，回收问卷 291 份，有效问卷 162 份，有效率 55.6%。

图 4-18 是对问卷中 5 级量表中社会用人单位对设计人才素质表达态度指数"非常重要"与教师表达学校课程"很充分"的 1 级（问卷中以 5 来表示）的比较结果，集中地体现了被调研的学校在课程设计中对"专业技能"的强调，而忽视了对于学习者"艺术素养""人文素养""科学素养""开放的视野"以及"研究能力""专业能力""语言表达能力""沟通协调能力""团队精神""社会经验""学习能力""可持续发展的能力"等综合素养和综合能力的培养，从而忽视了学习者作为一个"完整的人"的全面发展的需要，将"完整的人"割裂开来，是机械主义思想在现实教育中的反映。

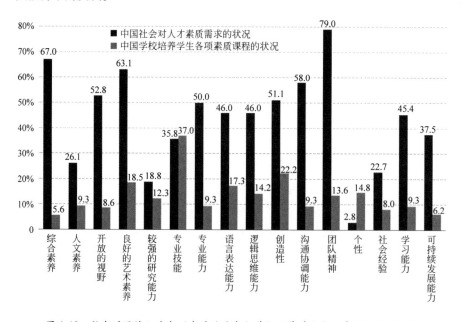

图 4-18　社会对设计人才各项素质的需求与学校培养学生各项素质的课程比较

（四）学习者的个性差异没有得到充分的尊重

图 4-19 是对中美两国设计学学科在校本科生的问卷调查的结果，对于在课

程实施过程中"老师尊重学生的个性，做到因材施教"（见附录 H、附录 I）这一
问题的态度指数显示，中国学习者的个性差异没有得到充分的尊重。随着教育
的大众化进程，学习者的个性差异日益淹没在规模逐渐扩大的班级授课中，这
是教育活动面对这一问题时的无能为力。而更重要的一点是，在认识方面，在
当前的课程研究与教学实践中，"普遍主义"价值取向仍然居于主导地位，这是
值得教育界清醒地认识到的问题。

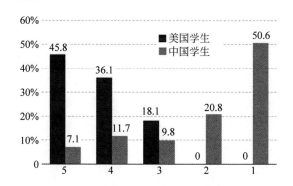

图 4-19　中美两国学生对课程实施中"老师尊重学生的个性，
做到因材施教"的情况的态度指数比较

　　上述存在于培养目标设计中的问题虽然呈现于教育实践，但这只是问题的
表象，而问题的根本则是深藏于表象之后的教育价值观与社会政治、经济、文
化、科技的时代发展趋势之间所形成的张力，这种张力在教育实践中转化为教
育成果与社会需求之间的矛盾。因此，本书的研究，有必要对当今设计学学科
本科教育现行培养目标设计进行反思，有必要审视传统教育价值观对现行教育
实践的影响及其所产生的诸多现实问题。

　　二、对中国当今设计学学科本科教育现行培养目标设计的反思

　　（一）如何理解教育发展与社会发展的关系

　　这是一个在教育实践中常常被忽视的问题。教育发展与社会发展的关系问
题主要涉及社会发展需要的时间维度对培养目标的影响。传统课程研究和教育
活动中常见的误区是将学校教育与社会发展的关系理解为前者对后者的被动适
应。然而，"从对现存社会的研究中抽取课程目标，是以承认社会上流行的价值

准则和运作方式为前提的。而事实上，社会的价值取向本身也是在不断变化的。我们今天对课程目标所作出的抉择，其结果将在二十年后同我们见面。"①随着文化的转型，学校教育与社会发展的关系也发生着深刻的变化，只将社会的当前需要作为培养目标设计的依据而忽视社会发展的趋势和未来需求，那么教育活动无异于"刻舟求剑"。但这种观念的误区在现实中屡见不鲜，更可叹的是，相当数量的教育工作者秉持着错误的观念却浑然不觉，长此以往，教育的发展将被远远地抛在社会发展的后面，这是一个十分严峻的问题，是一个值得教育领域警醒的问题。

（二）如何理解人才培养与社会需求的关系

人才培养与社会需求之间的关系问题是教育发展与社会发展关系问题的具体化，如果将教育的功能理解为只是再现当代和现有的社会关系而忽视教育的未来价值，那么，将人才培养理解为是对社会需求的被动适应，甚至将二者理解为螺钉与螺母的关系，则是一种必然的逻辑。而在当前的教育领域，尤其是教育实践领域，这种观念的影响依然普遍存在。依据这种教育价值观，学习者仿佛作为"物"而不是作为"完整的人"被教育机器所塑造，继而像螺钉一样被恰当地镶嵌于社会需求的螺母中。设计学学科本科教育的人才培养对于专业技能的强调和对于学习者作为"完整的人"的其他素养与能力的忽视，正是上述教育价值观在教育实践中的具体体现，它因追求教育的短期绩效而忽视了长期利益，因强调学习者的片面发展而忽视了"完整的人"的全面发展的需求，是工具主义教育价值观在培养目标设计中的体现，学习者的主体性因此被扼杀了。教育实践具有服务于社会的功能，但这种功能不应当仅仅体现为对社会的消极适应。对于这一问题的反思，不可避免地需要探讨课程设计的向度观问题。

（三）坚持怎样的课程设计的向度观

20 世纪的课程领域曾经出现过"儿童中心课程论"与"人本主义经验课程论"等强调学习者发展需要优先性的课程形式，但总体来讲，"社会行为主义课程

---

① 施良方. 课程理论：课程的基础、原理与问题[M]. 北京：教育科学出版社，2007：101.

论""社会改造主义课程论"等强调社会发展需要优先性的课程形式以及"要素主义课程论""永恒主义课程论""学术中心课程论"等强调学科发展需要优先性的课程形式，形成了课程设计的主导形式并对当今的课程研究与教学实践产生了深刻的影响。由于工具主义教育价值观和学习苏联模式，中国的课程研究与教育活动在新中国成立之后半个多世纪的时间里一直强调社会发展需要的优先性与学科发展需要的优先性，而作为教育主体的人的主体性却长期遭到忽视。然而，诚如联合国教科文组织的报告书《学会生存：教育世界的今天和明天》中所指出的："把一个人在体力、智力、情绪、伦理各方面的因素综合起来，使他成为一个完善的人，这就是对教育基本目的的一个广义的界说。"①促进学习者身心的全面发展是教育所追求的终极目标。在知识型与课程观正在经历变革的今天，课程设计应当坚持怎样的向度观，如何审视社会发展的需要、学习者发展的需要和学科发展的需要三个维度在教育实践中的关系？其中哪一方应当被确立为课程设计的基点？怎样处理好这一基点与其他两个从属来源之间的关系？这是培养目标设计需要思考的关键问题。

对于上述问题的反思，既是教育发展的现实需要，又是课程设计研究中需要解决的根本问题。在中国当今课程研究与教育实践中，这些问题所揭示的矛盾，将会形成变革的动力，促使课程研究与教学实践步入时代的前沿。

第三节　设计学学科本科教育培养目标设计的变革

一、对培养目标设计的三个来源的研究

（一）对社会发展需要的研究

伴随着世界文化转型，中国当今所经历的文化转型具有多重性。在农业经济向工业经济、工业经济向知识经济、民族经济向全球经济努力转变的过程

---

① 联合国教科文组织国际教育发展委员会．学会生存：教育世界的今天和明天[M]．华东师范大学比较教育研究所，译．北京：教育科学出版社，2009：195．

中，全球化浪潮的冲击与知识经济时代的来临成为影响中国当今社会发展及其人才需求的主要因素。在全球化与知识经济的文化大潮中，同样体现了世界文化转型所彰显的创造性、开放性、多元化、有机性、系统性等时代精神的特征。

1. 文化与经济全球化及其对人才发展的要求

文化与经济的全球化是人类经验的相互分享以及理想、文化价值的相互丰富过程；它深刻地改写着所有国家的社会发展特征，是一个机遇与挑战、希望与危机并存的过程。全球化涉及的是众多国家与社会之间多种多样的纵向与横向联系，从这些联系中形成今日的世界体系。在全球化进程中，世界部分地区所发生的事件、所作出的决策以及所进行的活动，对于遥远的世界的其他地区的个人和团体都会产生具有重大意义的影响，全球化在两种维度上发挥作用，横向扩展和纵向深化同时进行，它意味着形成世界共同体的众多国家与社会之间的相互作用关系与相互依赖性都在不断地加强。它是现代生活的一个典型特征，也是一个十分矛盾的过程，它的影响范围十分广大，影响结果多种多样。①如果以整体的、系统的观点来理解全球化，那么，它是一个全世界各民族文化合和共生的有机系统，地方文化跨越民族与国家的边界在相互交流与碰撞中创生出多元文化蔚为壮观的绚丽景象，这是其良性发展的愿景；而事实上，在全球化过程中，异域文化相互学习借鉴而形成的融合趋势使一些地方文化、民族文化的传统受到侵蚀，这是其消极的一面，是值得警惕的。

中国是全球化过程中的后来者，面对全球化的滚滚浪潮，需要解放思想，将国际视野与国家意识辩证地统一起来，既能够从全球利益的角度出发，锐意开放创新，又能够警惕西方中心论而正确地认识本国发展的潜力和正确的价值取向。

文化与经济全球化对当今人才的发展提出了如下要求：具有宽广的国际化视野和强烈的创新意识；具有良好的民族文化素养；具有较强的跨文化沟通能

---

① 参见：里斯本小组. 竞争的极限：经济全球化与人类的未来[M]. 张世鹏，译. 北京：中央编译出版社，2000：33-39.

力；具有较强的运用国际化专业知识的能力；具有较强的信息运用与处理的能力；具有良好的政治素养。

2. 知识经济及其对人才发展的要求

经济合作与发展组织（OECD）在《以知识为基础的经济》一书中将知识分为四类：知道是什么（know what）的知识，是叙述事实的知识；知道为什么（know why）的知识，即关于事物规律和原理的知识；知道怎么做（know how）的知识，即关于技能和窍门方面的知识；知道是谁（know who）的知识，即关于人力资源方面的知识。① 人类正在步入知识经济时代，"知识经济""是指区别于以前的、以传统工业为产业支柱，以稀缺自然资源为主要依托经济的新型经济，它以高技术产业为第一产业支柱；以智力资源为首要依托，因此是可持续发展的经济"②。

从与教育的关系来看，知识经济主要体现了三个方面的特征：首先，知识成为经济中最基本的生产要素。在知识经济时代，"科学技术是第一生产力"，知识与农业社会、工业社会的生产相比，一是具有无限性，它可以源源不断地创造发明出来；二是具有快捷性，其更新速度非常快；三是具有极大的可利用性，知识创新的成果可以为人类所共享。其次，创新是知识经济的核心。知识经济时代生产的特点是以创新为生产的主体，其劳动主体是具有知识和人力资本的人。创新的实现需要以两个方面为前提，即从重视劳动者的模仿能力向强调创新能力的转变，从技术创新向知识生产的基础能力创新的转变。再者，获取、掌握和运用新知识的能力是知识经济的重心。在知识经济时代，任何知识都只有暂时性的意义。对于劳动者而言，学习的能力具有十分重要的意义，掌握最新知识的能力和创造性地运用知识的能力比掌握多少现有知识的能力更为重要。③

---

① 参见：经济合作与发展组织（OECD）. 以知识为基础的经济[M]. 杨宏进，等译. 北京：机械工业出版社，1997：6.

② 吴季松. 21世纪社会的新趋势：知识经济[M]. 北京：北京科学技术出版社，1998：4.

③ 参见：张廷凯. 新课程设计的变革[M]. 北京：人民教育出版社，2003：44-45.

知识经济时代对人才发展的要求体现在以下几个方面：具有创新意识和创新精神；具有创造性地掌握运用新知识的能力；以"能力本位"的价值观为前提而具备"一专多能"；具有终身学习的能力；具有较强的主体意识和社会责任感。

3. 文化创意产业的兴起及其对从业人才的要求

（1）文化产业的特征

全球化从一开始就为自己内在地确立了经济和文化两个方面的战略目标，文化全球化的实现以及由文化全球化带动的文化产业的国际性协同发展，使文化产业迅速发展成为各国经济体系乃至全球经济体系的重要组成部分。文化产业既是知识经济的体现，又是经济全球化的必然产物。

文化产业（culture industry）是指结合创造、生产与商品化等方式，以精神性的文化内容的生产与流通为本质属性的产业。文化产业于 20 世纪中叶随着后工业时代的来临而在发达国家逐渐兴起，至 20 世纪末 21 世纪初，文化产业不仅是发达国家文化的基本形态之一，而且日益成为强大的经济实体，甚至成为经济发展的引擎。美国、英国、法国、德国等国家由于充分认识到文化产业的重要性，纷纷通过立法的途径促进其长足地发展。当今的文化产业，已经成为一个国家综合国力最直观、最具体的反映。中国文化产业的起步较晚，它的出现是社会主义经济发展的产物。中国文化产业的发展大致经历了 4 个阶段：20 世纪 70 年代末至 80 年代初是其萌芽阶段；80 年代后期至 90 年代初是其成长阶段；90 年代至 21 世纪初是其发展的自觉阶段；2002 年以后，是其发展的繁荣阶段。2002 年，党的十六大报告首次提出大力发展文化事业与文化产业，并制定了一系列推动文化产业发展的政策，进一步促进了文化产业的全面发展。

美国用"版权产业"（copy-right industry）来表述商业和法律意义上的文化产业；英国提出创意产业（creative industry）的概念，诠释为"源自个人创意、技能和才华，通过知识产权的开发和利用，具有创造财富与就业潜力的行业"①，它涵括广告、建筑、艺术与文物交易、工艺品、设计、时装设计、电影、互动休

---

① 花建. 区域文化产业发展[M]. 长沙：湖南文艺出版社，2008：17.

闲媒介、音乐、表演、出版、软件开发、电视广播 13 个行业。无论是文化产业、版权产业还是创意产业，都形成了以文化内容创造为核心，逐渐拓展为文化产品制造业和文化产品销售的同心圆结构。2005 年 12 月，中国北京市委九届十一次全会作出了大力发展文化创意产业的战略决策，"文化创意产业"这一概念开始在国内传播。它是指依靠创意人的智慧、技能和天赋，借助于高科技对文化资源进行创造与提升，通过知识产权的开发和运用，产生出高附加价值的产品，具有创造财富和就业潜力的产业。① 目前在产业结构调整、经济增长模式转变的需求和文化消费的需求两种动力的促进下，中国的文化创意产业形成了文化艺术、传媒产业、软件网络、创意设计、策划咨询、休闲娱乐和体育运动等行业集合，正以前所未有之势迅速崛起。

文化创意产业属于知识密集型的新兴产业，具有不同于传统产业的鲜明特征。首先，文化创意产业具有较高的知识性。它是一种主要利用知识、信息和智能资源来创造大量文化产品和文化服务的产业，它所创造的主要价值凝聚在人所创造的文化符号系统中。这种文化符号系统既具有物质性，又具有精神性，既可以在跨越地域、国家边界的广阔空间维度中被全世界人民所享用，又可以超越时代的局限在悠长的时间维度中被赋予新的内涵而无限地再生。其次，文化创意产业具有较高的附加价值。文化创意产业处于技术创新、艺术创造和设计研发等产业价值链的高端环节，在文化创意产品的价值中，科技、文化和艺术的附加价值的比例明显地高于普通产品和服务，是一种高附加价值的产业。再者，文化创意产业具有较强的融合性。文化创意产业的高知识性、高智能化使其与信息技术、传播技术和网络技术的广泛应用存在着密切的联系。随着数字技术的发展，尤其是计算机技术和网络技术的突飞猛进，其实质不仅改变了人们获得信息的时间、空间和成本，更重要的是，技术进步不是像工业化时代那样发生在某一产业内部，而是发生在不同产业的交汇处，从而打破了各种产业边界。信息技术的广泛运用及生产方式的根本转变，导致了产业之间的相互

---

① 参见：韩俊伟，等. 文化产业概论[M]. 广州：中山大学出版社，2009：11.

融合与渗透。因此，文化创意产业是经济、文化、艺术与科技在学科与产业、理论与实践中相互碰撞和融合的产物。

（2）文化创意产业对从业人才的要求

"在农业社会和工业经济的初级阶段，经济的增长主要是靠物质资本；在工业化的中期，货币资本的作用越来越大，而在工业化的后期和知识经济时代，人力资本的作用越来越成为经济增长的主要内容，特别是在文化产业这种需要大量知识资源、智能资源、信息资源的领域，人力资本的创新性和创造性，更会对其他资本产生一种放大效应。"①中国前国家主席江泽民在"亚洲太平洋地区经济合作组织人力资源能力建设高峰会议"上提出："当今世界，人才和人的能力建设，在综合国力建设中越来越具有决定性的意义。人类有着无限的智慧和创造力，这是文明进步不竭的动力源泉。开发人力资本，加强人力资源能力建设，已成为关系当今各国发展的重要问题。"②文化产业领域所强调的人才的"能力"，意味着人力资本的主体性、社会性、经济性是文化产业中最宝贵的财富。"能力建设是人力资本增值的关键途径，创新和绩效是能力主义资本理论的核心。强调创新就是强调创新精神的培育和创新能力的开发。关注绩效就是明确以工作的业绩和效率来衡量能力的高低。"③

文化创意产业的人才观包括以下内容：具有服务于社会、奉献于社会的主人翁精神；具有正确的人生观、价值观；具有广博而丰厚的文化素养；具有创新意识和创新能力；具有终身学习的能力。

由于文化创意产业具有综合性的特点，当个体的人不能够兼备这种综合素养或能力的时候，就需要组建人才类型合理组合的团队。根据花建研究员的研究，文化创意产业的从业团队至少需要五类人才的合理组合：一是把握项目的大局，作出战略决策的决策人才；二是进行产业的营运，推进日常管理的管理

---

① 花建. 区域文化产业发展[M]. 长沙：湖南文艺出版社，2008：169.

② 江泽民. 加强人力资源能力建设　共促亚太地区发展繁荣[EB/OL]. [2007-01-10]. http：//www. people. com. cn/GB/jinji/31/179/20010515/465404. html.

③ 花建. 区域文化产业发展[M]. 长沙：湖南文艺出版社，2008：171.

人才；三是承担艺术的创新，开发创意源泉的创意人才；四是具有复合的技能，提高专业水准的技术人才；五是具有坚守自身的岗位，保证质量完成的操作人才。[①]

4. 设计产业发展的趋势及其对人才的要求

（1）设计产业发展的趋势

设计产业作为文化创意产业群的核心，对当今与未来经济的发展具有举足轻重的意义。世界各国纷纷推动设计产业的发展，使之成为新的经济动力的引擎。随着文化创意产业的兴起，中国设计产业方兴未艾，为从"中国制造"向"中国创造"的转变，实现产业结构优化升级发挥着重要的推动力量。当前中国设计产业结构正在发生着深刻的变化，设计产业的组织形式、业务范畴、作业性质、知识领域逐渐向综合化、多元化、系统化和纵深性发展。设计产业一端连接着人们的日常生活，是人们物质与精神文化需求的重要组成部分；另一端连接着高新科技的前沿领域，在科技的推动下不断开拓新的产业空间。设计产业具有很强的交叉性、融合性，它的创新价值为众多产业所需求，并以自身为纽带而使不同产业之间建立联系，促进其相互融通。因此，设计产业的组织形式、业务范畴向综合化、多元化发展。在某些设计产业中，设计的价值不仅仅产生于产业链条的两端——设计研发与市场推广环节，甚至渗透于材料创新和加工工艺等中间环节，有些设计产业的作业性质越来越走向涉及设计文化研究、设计思维开发、设计工程实施、设计成果推广及市场营销与管理等环节的系统化发展模式。设计产业所涉及的历史与文化、审美与价值、工程与技术、市场与管理等知识领域在不断拓宽的同时，随着研究性因素在设计活动中的重要性的增强而逐渐向纵深性发展。

（2）设计产业对设计学学科本科人才的要求

设计产业的发展对设计学学科本科人才的要求与经济文化全球化、知识经济时代和创意文化产业对人才的要求是一脉相承的，包括以下内容：掌握

---

① 花建. 区域文化产业发展[M]. 长沙：湖南文艺出版社，2008：173.

必要的人文学科、科学学科、社会学学科和设计学学科的基础知识；具有良好的综合文化素养与开放的视野；具有由创造性思维能力、设计表现能力、逻辑思维能力、社会实践能力、可持续发展能力而形成的解决专业问题的综合能力；具有社会责任感、团队精神、敬业精神等良好的品格；具有健康的体魄。

（二）对学习者发展需要的研究

对于这一维度需要从两个方面辩证地理解学习者全面发展的时代性及其"应然"与"实然"的问题。

首先，人们对于人的发展的认识随着时代的变化而变化。自古希腊至近代漫长的历史中，西方理性文化的传统将人理解为"理性的动物"，漠视和排斥人的非理性，从而使人抽象化、片面化，同自然、社会甚至自己日益疏离。美国存在主义哲学家威廉·巴雷特（William Barrett）在《非理性的人》（*Irrational Man*）中指出，"本真的人"既非"理性的人"亦非"非理性的人"，因为这两种人都是"片面"的人、"不完整"的人；因而也是"抽象"的人、"非现实"的人。在巴雷特看来，"完整的人"是"理性的人"与"非理性的人"的综合。虽然这一观点在西方哲学界不失为一种卓见，但它"毕竟囿于人的自然潜能的'全面'理解，总跳不出哲学人类学的窠臼"。①

不同于巴雷特的人学观，马克思主义运用历史唯物主义的观点揭示了人的全面发展不仅是自然潜能的充分发展，而且涵盖着人的对象性关系的全面生成和个人关系的高度丰富。

马克思主义指出，随着私有制的诞生与阶级的分化，脑力劳动与体力劳动的逐渐分离与对立，从而开始了人的片面化发展的历史。资本主义工场手工艺分成许多精细的工序，工人被分工安排完成其中的某一种工序并将这种工序作为终生的职业，这样工人的一生被束缚于片面的操作过程和简单的工具使用之上，他们被剥夺了完整的劳动能力和全面的发展机会，导致了人的发展的畸形

---

① 段德智. 译者序[M]//巴雷特. 非理性的人：存在主义哲学研究[M]. 段德智，译. 上海：上海译文出版社，2007：9.

化。马克思主义认为要实现人的全面发展必须以劳动科学化为前提，使科学技术与生产发展达到高度的统一，从而使劳动力摆脱物质生产过程中体力劳动与脑力劳动的分离与对立。

科学技术的进步和大工业生产的发展为人的全面发展提供了物质基础，一方面，大工业生产以劳动的变换、职能的更动和工人的全面流动为特性，要求劳动者成为适应社会职能的互相交替和不断变化着的劳动的全面发展的人。现代大工业生产将人的全面发展作为现代生产的普遍规律。另一方面，大工业生产的科学性特点不仅向劳动者提出了全面发展的客观要求，同时也提供了全面发展的可能性。在大工业生产中，劳动者只要掌握了生产过程的一般原理，就可以顺利地从一个生产部门转向另一个生产部门，或者从一种操作形式过渡到另一种操作形式，实现劳动能力的多方面转换。"马克思主义创始人的这种观点，不但在以机器为主要生产工具的大工业生产过程中得到证明，也在当代高精产业的生产过程中得到证明。电子工业、自动化生产，虽然更为复杂精微，但恰恰在这些生产部门，能够更顺利地从一种操作过渡到另一种操作。"①马克思主义认为人的发展历经原始的自然状态、片面畸形的发展阶段，最终达到自由充分的发展，这是人的全面发展必然的历史过程。

马克思主义进一步将人的全面发展的含义诠释为多维度的而又有重心的部分结构与整体统一的和谐发展。第一，人的体力与智力得到充分而自由的发展和运用，是人的全面发展的核心。人的体力和智力是构成人的劳动能力的两个既对立又统一的要素，人的全面发展不仅要使体力和智力在各自领域中得到充分的自由的发展，并且必须使二者统一、和谐、平衡地发展，而这种发展只有通过生产过程才能得以实现。第二，人的道德品质和美德情操的高度发展是实现人的全面发展的必要条件。马克思主义关于人的发展学说，始终是将人作为"社会关系的总和"来分析的。因而人的全面发展的含义就离不开高尚的道德品质和美的情操，人的存在和发展与整个社会的运动和发展密切相关，这种关系

---

① 潘懋元. 新编高等教育学[M]. 北京：北京师范大学出版社，2006：47.

包含着个体道德与情操的规范。总之，人的全面发展，是人的志趣与才能的多维度的发展，即人的多才多艺的充分、自由、和谐、统一的发展。"全人"发展观是生产力水平高度发展的社会对人的发展期望。

当今时代对人的全面发展提出了终身发展的要求，终身发展观既是马克思主义"全人"发展学说对当今社会对人的发展要求的预见，又是该学说在知识经济时代的体现。在知识经济时代，知识的发展与更新将以前所未有的速度进行，任何知识都具有暂时性，人作为知识经济的首要载体，掌握知识、运用知识进而创造知识将成为社会发展的真正动力，知识经济时代的人力资源，是那种具有随时掌握新知识、运用新技术的能力和素质的人才。因此，知识经济社会对人提出了终身发展的要求，终身发展观应当成为全社会的普遍的价值取向。社会成员的终身发展的实现，有赖于社会终身教育体系的建立。人才培养将成为知识经济最重要的基本建设，教育工程将成为知识经济时代最重要的工程，教育、学习将不再限定于人生的青少年阶段，它将与人终生相伴；教育、学习将普遍意识化，行为社会化。

其次，学习者全面发展的需要存在着"实然"与"应然"的差距，在现实中，学习者全面发展的教育终极目标，虽然在现实条件下不可能完全实现，但人才培养目标的设计必须坚持促进学习者全面发展与个性特长相结合的原则，使全面发展与个性成长相互促进。多元智能理论认为，人的智力是多元性的，语言能力与逻辑思维能力只是其中的一部分，音乐-节奏智力、视觉-空间智力、身体-动觉智力、交往-交流智力等都是构成人的智力发展的重要的方面，不同的智力因素在不同个体中特殊的组合方式与比例，形成了个体在不同方面的智力倾向，其实并不存在谁比谁更聪明的问题，只存在谁比谁在哪个方面聪明、怎样聪明的问题。广大普通高等学校应当本着以学习者为中心的原则，以促进学习者的全面发展为前提，因材施教，促进学习者的个性成长。

（三）对设计学学科发展趋势的研究

设计学学科作为社会复杂系统中的子系统，其发展趋势与社会发展的趋势相呼应。设计学学科的发展趋势主要体现于以下三个方面。

1. 学科发展的综合性与交叉性

当前学科与学科之间的关系并非如现代主义世界观中所宣称的那样是各学科互相平行的线性排列，也不是各学科在二维空间中所形成的平面交织，而是恰如怀特海的有机论所描述的那样，"万物皆联系，世界皆过程"，学科之间的互动交叉是知识点在四维空间的衍射所构成的无限联系的动态网络。设计学学科的综合性发展趋势，一方面缘于其学科自身的交叉性特征，赫伯特·A.西蒙（Herbert A. Simon）在《设计科学：创造人造物的学问》中分析道："不管是从历史上看还是从传统上看，科学学科都主要是教授有关自然事物知识的学科，如自然事物是怎样的？它们是如何工作的？"①"工程技术学科则主要教授有关人造事物的知识：种种具有不同性能的人造物品是如何制造出来的？如何设计这些人造物品？"②"从某种意义上说，每一种人类行动，只要是意在改变现状，使之变得完美，这种行动就是设计性的。"③所以，西蒙认为设计无处不在，工程学、建筑学、商学、教育学、法学、医学等各学科皆以设计过程为核心内容。另一方面，设计学学科的综合性缘于社会的复杂性。"在许多复杂系统的设计中，定型性设计已经逐渐变得没有意义，因为整体在其建构的每一时刻都在变化着。某些部分随时要被另外的部分代替、修正和改变，这一情况不仅出现在整个制造过程中，还出现在产品被使用的过程中。"④西蒙认为设计活动是人的"内部环境"对"外部环境"的适应，所谓"内部环境"，是"由一套有关行为的特定的变通（二者择一）办法代表的。这些变通办法可以以扩展的方式出现"⑤；而"外部环境"则"是通过一套媒介变数（参数）代表的，它可以被确切地认识，也可以仅仅

---

① 西蒙. 设计科学：创造人造物的学问[M]//第亚尼. 非物质社会：后工业世界的设计、文化与技术. 滕守尧，译. 成都：四川人民出版社，2006：106.

② 同①106.

③ 同①106.

④ 滕守尧. 译者前言[M]//第亚尼. 非物质社会：后工业世界的设计、文化与技术[M]. 滕守尧，译. 成都：四川人民出版社，2006：9.

⑤ 第亚尼. 非物质社会：后工业世界的设计、文化与技术[M]. 滕守尧，译. 成都：四川人民出版社，2006：112.

通过概率分布而得到认识"①。人的行为的复杂性来自人的环境,来自对好的设计的无止境地寻求。在"目标-寻求"系统中,人通过两种渠道与外部环境相关联:一是通过"传入"的或"感觉"的渠道接受有关环境的信息;二是通过"传出"的或"行动"的渠道作用于环境。人的设计活动是把某些思想观念从一个学科输入和输出到另一个学科领域的事实。这些思想观念是一个以系列方式组成的信息加工系统,同人类在解决问题和在极其复杂的外部环境中取得某种目标等活动上,有多大程度的相似性。②由此可见设计学学科与其他学科形成普遍交叉的现实性,以及设计学学科随社会环境的发展而形成的综合化趋势的必然性。

2. 非物质性

设计学学科发展的非物质性主要体现于两个方面:一方面,在多元文化环境中人们的文化认同、消费心理、审美取向、人机关系等资讯已经构成设计活动的重要因素,设计学学科的研究需要超越物质设计范畴而拓展至与设计相关的非物质领域,而这一领域对设计学学科的完善日益重要。另一方面,计算机科学的发展对设计学科产生了重要影响,无论是设计的功能还是形式,都经历着一场由物质性到非物质性的转化或者延伸的过程,"'形式'的非物质化和'功能'的超级化,逐渐使设计脱离物质层面,向纯精神的东西接近。"③在以计算机为媒介的设计活动中,非物质的信息构成设计的本体。因此,设计学学科必然相应地实现适合于非物质设计的转向,构建新的设计思维、设计方法、设计程序、设计美学范式及设计评价原则等。

3. 学科知识分化速度加快

学科的发展总是在分化与综合两种维度上进行,随着科技的进步,知识的更新速度加快,设计学学科伴随科技发展的步伐不断地吐故纳新而产生新的知

---

① 第亚尼. 非物质社会:后工业世界的设计、文化与技术[M]. 滕守尧,译. 成都:四川人民出版社,2006:112.

② 同①131.

③ 同①7.

识类型。一方面，新的专业在科技的推动下如同雨后春笋般地破土成长，如计算机艺术（computer art）、动画（animation）、影视（film and video）、媒介设计（media design）、交互设计（interaction design）、数字艺术（digital art）、游戏设计（game design）、电子视觉化（electronic visualization）等，已经成为欧美国家设计学学科的主干专业；另一方面，传统专业的性质也在发生着衍变。"平面设计超越了纸面上的涂画，它已经离开纸的媒介而去征服空间、动态与交互设计的疆域。"①"当今的产品设计师必须是能够将经济和材料文化视觉化的人，同时将他们的想象力诠释为具有语义的产品、系统和体验。"②"环境设计是一门以人为中心的学科，它着眼于用户的所有体验的设计。我们在空间、物体与情感交流之间创造环境。"③传统课程内容与教学手段也随之发生着变化，如视觉传达设计专业中的动态图形（motion graphics）、数字文字设计（digital typography）、科学插图（scientific illustration）、交互设计（interaction design）等，产品设计专业中的交叉学科产品设计（interdisciplinary design）、交互产品设计（interactive product design）等，环境设计专业中的体验设计（experience design）都是在新的技术条件下增设的课程内容，所涉及的媒介向 3D、4D 拓展，研究领域由物质层面向精神层面延伸。

二、体现当今时代精神的设计学学科本科教育培养目标的设计

（一）中国当今设计学学科本科教育培养目标观的变革

1. 由教育适应到教育先行

在以知识生产与文化创新作为社会发展的主要动力的时代，教育与社会的关系不应是被动适应的关系。《学会生存：教育世界的今天和明天》中指出："现在，教育在全世界的发展正倾向于经济的发展，这在人类历史上大概还是第

---

① HAFERMASS N. Graphic design［C］//Art Center College of Design（2011—2012）：75.
② HOFMANN K. Product design［C］//Art Center College of Design（2011—2012）：105.
③ MOCARSKI D. Environmental design［C］//Art Center College of Design（2011—2012）：45.

一次。"①"现在，教育在历史上第一次为一个尚未存在的社会培养着新人。这就为教育体系提出了一项崭新的任务，因为自古以来教育的功能只是再现当代的社会和现有的社会关系。如果拿过去相对稳定的社会同今天加速发展的世界相比，这种变化就很容易解释了。"②"有些社会正在开始拒绝制度化教育所产生的成果。这在历史上也是第一次。"③在新的历史时期，教育需要超越以维持现有社会状态和再现过去社会状态为目标的社会附庸地位，而应当成为引领社会发展的风向标。教育的社会职能，不仅应当是形成未来社会的一个因素，而应当是创造一个崭新的未来。

2. 由社会中心到学习者中心

培养目标观念由社会中心向学习者中心的变革，首先是对社会发展的需要、学习者发展的需要与学科发展的需要三个基本维度之间关系的认识的变革。随着时代的变迁，这三种因素也处于不断的发展变化之中。在 20 世纪的课程发展史上，"社会中心"课程观与"学科中心"课程观长期居于主导地位，但这两种课程观已不再适应当今社会发展的需求。在知识生产与文化创新的激流中，人作为知识与文化的首要载体，将要发挥更大的主体性作用而成为创造新社会的主要力量，人才培养是当今时代最重要的基本建设，教育工程将成为 21 世纪最重要的工程。因此，实现"社会中心"课程观与"学科中心"课程观向"学习者中心"课程观的转变成为当今社会发展的迫切需要。以学习者发展的需要作为课程设计的基点，兼顾社会发展的需要与学科发展的需要并使三者结合成为有机的整体，是本研究探讨人才培养目标的变革这一问题所坚持的原则之一。其次，在教学活动与教育研究中，坚持以学习者为中心的原则，既应当重视学习者个性发展的需求，又应当重视其作为一个"完整的人"的全面发展的需要。设计学学科本科教育培养目标的设计应坚持基础知识、综合文化素养、专业能力、良好

---

① 联合国教科文组织国际教育发展委员会. 学会生存：教育世界的今天和明天[M].
华东师范大学比较教育研究所，译. 北京：教育科学出版社，2009：35.
② 同①36.
③ 同①37.

的品格与健康的体魄的辩证统一。

3. 由技能本位到能力本位

由技能本位向能力本位培养目标观的转变，是指设计学学科本科教育人才的培养不仅应当重视知识与技能的工具意义，更应当重视素养、能力与人格对学习者终身发展的长效价值，超越重技轻道、追求短期绩效的人才培养目标观，树立放眼于学习者一生的、全面发展的长期而开放的人才培养目标观。

4. 由短期绩效的追求到坚持终身教育的原则

这里首先需要探讨"终身教育"概念的内涵。终身教育的理念诞生于 20 世纪 50 年代末 60 年代初，从社会发展需要的角度来看，此时期，世界范围内的技术革新及社会结构正发生着急剧的变化，这一变化影响到经济、文化及生活方式等各个社会领域，为了适应不断变化发展的职业、家庭和生活，人们需要用新的知识、技能和观念不断地武装自己。从社会个体自身的发展角度来看，随着"二战"之后物质生活的改善，人们逐渐开始重视精神生活的充实，期望通过个人努力来达到自我完善。另外，人们要求对传统教育体系进行改革，期望产生一种全新的教育理念。"终身教育"这一概念的应时而生，始于联合国教科文组织成人教育局局长保罗·朗格朗（Parl Lengrand），他于 1965 年联合国教科文组织召开的成人教育促进国际会议期间将这一概念正式提出，之后其概念在世界各国得到广泛传播。"终身教育这个概念包括教育的一切方面，包括其中的每一件事情。整体大于其部分的总和。世界上没有一个非终身而非割裂开来的'永恒'的教育部分。换言之，终身教育并不是一个教育体系，而是建立一个体系的全面组织所根据的原则，而这个原则又是贯串在这个体系的每个部分的发展过程之中的。"①这一概念不仅说明了终身教育所包括的教育形式和内容，更重要的是它说明了终身教育的思想应当成为"建立一个体系的全面的组织"所应当"根据的原则"，即终身教育应当成为当今一切教育组织所选择的价值取向。终身教育的内涵随着时代的发展也在不断地发展。随着 21 世纪知识经济时代的来

---

① 联合国教科文组织国际教育发展委员会 . 学会生存：教育世界的今天和明天［M］. 华东师范大学比较教育研究所，译 . 北京：教育科学出版社，2009：223.

临，终身教育不仅意味着使人适应工作和职业需要的重要意义，还应当重视其对人的人格铸造、个性发展，使个人潜在的才干和能力得到充分发展的重要价值。

5. 坚持民族性与国际性相统一的原则

坚持民族性与国际性相统一的原则，是指培养目标的设计旨在培养学习者既具备开放的国际视野，具备学习国际化知识的能力，拥有认识与审视世界文化的素养，又具备珍视与鉴赏民族传统文化的素养和使之得以传承与创新的能力。

（二）中国当今设计学学科本科教育培养目标的设计

1. 中国当今设计学学科本科教育总体培养目标与培养规格的设计

正如第一节中所陈述的那样，中国当今设计学学科本科教育人才培养目标的设计上承教育目的，下启专业培养目标和课程目标，既反映国家高等教育目的在当今时代对设计学学科本科教育专门人才的总体要求，又将这种要求具体体现在不同学科、不同层次的高等学校的专业培养目标中，寓共性于个性之中，形成统一性与多样性的辩证统一。

培养目标的表述一般比较抽象与概括，将培养目标对人才的要求描述为具体、明确的规定，便形成培养规格。潘懋元教授曾指出，"专业培养规格的制订，是根据国家对高级专门人才的总要求和有关专门工作的具体要求，结合专业教育的特点，在广泛调查有关部门的实际工作，总结实践经验，预测未来发展需要的基础上，研究制订的。制订工作，一般应有实践经验丰富的专家、高等学校的教授、历届毕业生共同参与。"①对中国当今设计学学科本科教育人才培养目标和规格的设计，是笔者对设计界不同层次的从业者，中外高等学校的学科专家、教学管理者、教师，在校学习者、毕业生进行广泛调查，在结合国家现时期教育方针并研读课程理论的基础上，经过研究分析而得出的结论，是集体"审议"与个人研究相结合而产生的结果。基本符合潘懋元教授所论述的专

---

① 潘懋元. 新编高等教育学[M]. 北京：北京师范大学出版社，2006：67.

业培养规格制订的要求。

（1）中国当今设计学学科本科教育总体培养目标的设计

以下国家教育方针所阐述的思想反映了当今与未来中国教育改革与发展的价值追求，同时也反映了中国教育价值观正经历着变革的现实，在教育与社会的关系上，正在由从属地位向主体地位转变；在教育价值取向上，正在由以社会发展为中心向以学习者发展为中心转变。这是中国当今设计学学科本科教育培养目标设计的价值依据。

随着时代的发展，国家的教育方针在坚持以往教育方针基本原则的基础上其内涵也在变化中，在 2010 年中华人民共和国中央人民政府提出的《国家中长期教育改革和发展规划纲要（2010—2020 年）》中进一步阐述了当今与未来时期党的教育方针："坚持教育为社会主义现代化建设服务，为人民服务，与生产劳动和社会实践相结合，培养德智体美全面发展的社会主义建设者和接班人。"① 进而对其内涵进行了深入的阐述："坚持德育为先。立德树人，把社会主义核心价值体系融入国民教育全过程。加强马克思主义中国化最新成果教育，引导学生形成正确的世界观、人生观、价值观……"②"坚持能力为重。优化知识结构，丰富社会实践，强化能力培养。着力提高学生的学习能力、实践能力、创新能力，教育学生学会知识技能，学会动手动脑，学会生存生活，学会做人做事，促进学生主动适应社会，开创美好未来。"③"坚持全面发展……促进德育、智育、体育、美育有机融合，提高学生综合素质……"④

在 2012 年新颁布的《普通高等学校本科专业目录和专业介绍（2012）》中，设计学学科的专业培养目标与以往专业目录中陈述的专业培养目标相比，更多地体现了时代的精神，如视觉传达设计专业的培养目标陈述如下："本专业培养具有国际设计文化视野、中国设计文化特色、适合于创新时代需求，集传统平面

---

① 中华人民共和国中央人民政府. 国家中长期教育改革和发展规划纲要（2010—2020 年）[EB/OL]. 2010-07-29[2011-12-10]. http：//www. moe. edu. cn.

② 同①.

③ 同①.

④ 同①.

(印刷)媒体和现代数字媒体，在专业设计领域、企业、传播机构、大企业市场部门、中等学校、研究单位从事视觉传播方面的设计、教学、研究和管理工作的专门人才。"①

笔者以对社会发展趋势及其对设计人才的需求状况的调查研究，对学习者在当前的社会环境中自身发展的需要及设计学学科发展动态的研究为前提，兼顾三者发展需要，坚持以学习者的发展需要为中心的培养目标向度观，根据党的教育方针和时代精神对教育价值观的要求，形成对于中国当今设计学学科本科教育培养目标的总体见解：

培养目标：

设计学学科本科教育培养具有奉献于社会的主人翁精神和正确的价值观，具有创新意识与创新精神，掌握必要的文化基础知识，具有良好的综合文化素养与开放的视野，具有较强的解决专业问题的综合能力，具备良好的品格和健康的体魄，能够在专业设计领域、专业研究机构、教学单位从事设计实践与管理、理论研究、教育工作的可持续发展的高级专门人才。

培养要求：

① 在基础知识方面，要求学习者不仅要学习专业基础知识，具备审美、创意和思维表现能力，还应当学习人文知识，以提高对专业知识与其他学科知识的理解能力；学习科学知识以提高理性思维能力，养成严谨认真的工作作风；学习社会知识以深入洞察社会文化，理解社会现实生活。由此形成广博的知识基础。

② 在综合文化素养方面，要求学习者以广博的知识基础为前提而促进知识的内化与融通，从而形成丰厚的人文素养、科学素养、艺术素养和开放的视野。

③ 在专业能力方面，要求学习者以正确的创造性思维方法为前提，具备创造性地解决专业问题的能力；具有运用各种媒介进行设计表现的能力；具有深入理

---

① 中华人民共和国教育部高等教育司．普通高等学校本科专业目录和专业介绍（2012）[M]．北京：高等教育出版社，2012：362．

解社会文化的能力、沟通协调的能力、自我表达的能力等社会实践能力；具有持续不断地自主学习、全面而充分地发挥个人潜能的可持续发展的能力。

④ 在品格方面，具有服务于社会的主体意识，具有较强的团队精神和敬业精神。

⑤ 在健康方面，要求学习者具有良好的生活卫生习惯，加强体育锻炼，塑造健康的体魄。

（2）中国当今设计学学科本科教育总体培养规格的设计

与人才培养目标相比较，人才培养规格应当提出更加具体、明确的规定，设计学学科本科教育的人才培养规格将目标体系分为基础目标、核心目标和一贯目标三个部分，将基础知识和综合文化素养的培养作为基础目标，将专业能力的培养作为核心目标，将良好的品格和健康的体魄的培养作为一贯目标。学科培养规格的总体要求是对中国当今设计学学科本科教育大学毕业生所应达到的学力水平的总体要求，反映的是人才规格的共性特征，是基础知识、综合文化素养、专业能力、良好的品格和健康的体魄五方面的辩证统一，既是中国当今设计学学科本科教育人才培养的努力方向，也是设计学学科本科毕业生应当具备的综合素质。以下将三类目标的构成内容分别进行阐述。

A. 基础目标：基础知识和综合文化素养

对于专业知识、人文知识、科学知识与社会知识的掌握是学习者适应社会进步和个性发展所必须具备的基本知识，是本科培养目标的基础性目标。

人文素养、科学素养、艺术素养、开放的视野所构成的综合文化素养应当成为设计学学科本科教育培养目标的另一种基础性目标。"素养"不同于"知识"，"素养"是"知识"经过"发酵"的过程而内化于学习者的素质与修养。"知识"是"素养"形成的前提，但不是全部，"知识"可以短期习得，而"素养"需要长期的陶冶与培养。

a. 基础知识

基础知识包括人文知识、科学知识、专业知识与社会知识。

（a）人文知识。人文知识对理解与学习其他学科知识具有基础性价值，它与设计学学科、艺术学科的交叉性为学习者提高艺术素养与设计能力创造了条件，更为重要的是，人文知识将为学习者理解生活的意义与人生的价值提供思想源泉。

（b）科学知识。科学知识对培养学习者的理性思维和严谨的工作作风具有重要意义。在具有理科、工科知识倾向的设计产业中，科学知识在设计师的知识结构中发挥着更为重要的作用，它有助于设计师深刻地理解材料、结构、功能等工程技术学科的知识。

（c）专业知识。专业知识既包括专业理论知识，又包括专业实践知识，它是形成专业能力的核心知识。

（d）社会知识。社会知识是设计学学科本科教育的培养目标与教学活动中常常被忽视的内容，社会知识的获得既可以通过间接知识对社会文化、经济活动、科技发展、政策法规等资讯的掌握，又可以通过社会实践直接获得社会生活方方面面的知识，社会知识是学习者展开职业生涯提高职业能力所必要的学习内容。

b. 综合文化素养

综合文化素养包括人文素养、科学素养、艺术素养与开放的视野。

（a）人文素养。人文素养是人文知识的长期积累在个体身上所折射的人文底蕴，是综合素养的组成部分，它既有利于艺术素养的提高和开放的视野的形成，又与其他素养相辅相成，互惠互济。

（b）科学素养。科学素养是由于科学知识的内化而使学习者表现为具有惯常性的运用理性思维进行逻辑、判断、分析和对科学知识与前沿技术敏于学习、掌握与探索的素养以及严谨的工作作风。

（c）艺术素养。艺术素养是指设计师在设计实践中表现出的对艺术的感悟能力、鉴赏能力和表现能力，它对设计师的专业能力的发展具有基础性意义，同时也是专业能力的重要的组成部分。

（d）开放的视野。开放的视野具有较为丰富的内涵，它既可以指超越设计师所学习和从事的专业领域的跨学科视野，又可以指超越学科知识范畴的社会视野，还可指超越本土边界的国际视野。开放的视野是设计师形成良好的综合文化素养、吸收新知识、探索未知领域和把握专业前沿问题的前提，在瞬息万变的当今社会，开放的视野对于设计师的职业能力的提升与自身的全面成长具有重要的影响。

B. 核心目标：专业能力

专业能力包括创造性思维能力、设计表现能力、逻辑思维能力、社会实践能力、可持续发展的能力，是学习者成为专业人才的关键环节和设计学学科本科教育人才培养的核心任务，是设计人才由以往的单一维度的设计技能的培养向多元维度的专业能力培养的转变。学习者通过专业能力的培养掌握创造性思维方法，提高专业创造能力；掌握设计语言对信息传达的一般规律，具备能够运用各种媒介进行设计表现的能力；养成发现问题、分析问题、解决问题的逻辑思维能力；能够深入洞察社会文化，具备沟通表达能力；善于学习，充分发展自身潜能的能力，成为兼备广博的知识、丰厚的综合文化素养与较强的专业能力的人才。

"专业能力"与"专业技能"是两个不同的概念，专业能力是指设计师解决专业问题的综合能力，是一个人的综合素质在从事专业工作方面的体现。因此，具备较强的专业能力的设计师往往具备良好的综合素质。而专业技能则是指设计师的手头表现能力，如软件操作能力、模型制作能力等，体现于技术层面的表现能力，就其内涵而言，专业技能属于专业能力的一个方面。设计界普遍认为设计师的专业能力并非可在一朝一夕中速成，而需要较长时期的培养，这种能力的形成需要基础知识与综合文化素养作为基础。而专业技能则是可以短期训练的，如果一个人具备了良好的基础知识和综合文化素养，学习专业技能将会是一件较为容易的事情；而如果一个人不具备良好的基础知识和综合文化素养，即使拥有了较好的专业技能，并不代表其拥有了良好的专业能力。教育界则将这两个概念混淆了，将"专业技能"等同于"专业能力"，没有清晰地理解二者在设计实践中内涵的差别。值得指出的是，专业能力与基础知识和综合文化素养的关系在于专业能力有必要以基础知识与综合文化素养为基础，专业能力的形成是指个体在具备了一定的基础知识与综合文化素养的基础上，加强专业素养的培养而形成的解决专业问题的综合能力。

a. 创造性思维能力：是指以正确的创造性思维方法为前提，创造性地解决专业问题的能力。设计即创造，创造性思维能力是设计学学科本科人才应当具备的最基本的专业能力。

b. 设计表现能力：是指将专业知识应用于设计实践的能力，是将抽象的思维视觉化的过程，这是专业能力的核心部分。设计表现能力需要良好的专业技能作为支持，但设计表现能力不等同于专业技能，它需要基础知识、文化素养和艺术素养对设计项目进行综合分析，并将抽象思维的结果转化为设计的艺术形式。

c. 逻辑思维能力：设计项目的综合化要求职业设计师具备把握资讯的能力、市场分析的能力与决策能力，因此逻辑思维的能力是构成设计学学科本科人才专业能力的一个方面。

d. 社会实践能力：当今的任何设计项目都与社会文化相交融，设计活动的社会性要求设计学学科本科人才具备社会实践能力。社会实践能力主要体现于深入洞察社会文化的能力、沟通协调的能力与自我表达能力。

深入洞察社会文化的能力是指职业设计师应当具备分析理解设计项目所涉及的人们的生活方式、消费心理、地方风俗、民族传统、社会伦理等综合知识的能力，它是设计定位与表现的前提；沟通协调能力因设计项目的综合化与团队合作的普遍性成为设计师应当具备的素养，设计师不仅应当具备设计能力，还应当在团队内外善于横向沟通，上下级之间善于纵向衔接以促进工作的顺利开展，居于管理层面的设计师还应当使沟通能力进一步上升为组织协调与领导能力；自我表达能力是构成设计师沟通能力的一个方面，主要表现在设计师在团队协作和向客户展示自己的设计方案时对设计思想的诠释能力，以语言表达能力为主，而仪容、举止、神态所形成的精神气质也是自我表达能力的重要组成部分。

e. 可持续发展的能力：是指设计人才具有全面而充分地发展个人潜能的能力，不仅具有适应多种多样的职业岗位的能力，而且具有终生的能动地自我发展的能力，深厚而广博的基础知识与文化素养对这种能力的培养具有积极的意义。

C. 一贯目标：良好的品格和健康的体魄

以社会责任感、敬业精神与团队精神所构成的良好的品格与健康的体魄是培养目标中的一贯目标，它应当贯穿于教学活动的各个环节。

a. 良好的品格

良好的品格是指设计人才体现为情感、态度、价值观方面的非专业素质，但它是学习者全面发展的重要内容，在此概括为社会责任感、团队精神与敬业精神。

社会责任感：社会责任感是指设计人才应当具备服务于社会、奉献于社会的主人翁精神，具有正确的设计价值观，深刻地理解设计的意义，在设计实践中坚持设计源于生活、设计高于生活、设计服务生活、设计引领生活的原则。

团队精神：团队精神同样由于设计项目的综合化而成为设计师需要的基本素养。团队精神一方面体现于设计师的团队互助协作精神，另一方面体现于设计师基于团队利益的前提而勇于自我牺牲的精神。

敬业精神：敬业精神一方面是指设计师脚踏实地的工作作风和一丝不苟的工作态度，另一方面是指设计师为了实现目标而不畏挫折与失败的执著精神和勤恳求实、吃苦耐劳的奉献精神。

b. 健康的体魄

健康的体魄是人才成长所应具备的基本素质之一，也是从事任何职业的必要前提。因此，健康的体魄是设计学学科本科教育人才培养的重要内容。

根据基础目标、核心目标和一贯目标在教育过程中教育价值的体现，上述培养规格的内容可以表现为图 4-20 所示的构成形式。

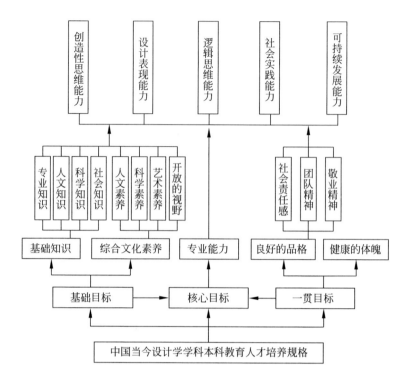

图 4-20　中国当今设计学学科本科教育人才培养规格

2. 中国当今设计学学科本科教育多样性培养目标的设计

多元化的社会、迅速发展中的学科与个体成长的全面发展的需求，必然地形成设计人才需求与设计人才发展的多样化趋势。

（1）影响中国当今设计学学科本科教育人才培养多样性的因素

中国当今设计学学科本科教育人才培养目标的多样化趋势，是社会的发展、学习者的发展与学科发展对教育产生的影响。具体到某一所学校的学科培养目标的设计，其参考的因素更加具体，设计产业发展的需求、学习者的特点（生源的特点）、学校所在的地方经济状况和文化特色以及学校自身发展的特殊定位，都是制订重点突出、具有个性的人才培养目标的依据。

A. 设计产业的需求

设计产业的综合化、多元化发展趋势要求设计学学科本科教育人才的知识结构立体化、人才规格多样化、人才素质综合化。具有不同学科特点的设计产业，对人才的知识结构与素养具有不同的要求，从而形成人才规格需求的多样化。而对于人才个体所应具备的基础知识、综合文化素养、专业能力、良好的品格和健康的体魄等综合素质的要求越来越高。

B. 学习者的特点

学习者的特点一方面是指某所学校自身所拥有的生源知识、能力、素质的整体情况，另一方面是指这一学习者群体当中的个体所具备的个性特征。传统教育观中往往依据学习者的入学成绩的高低而简单予以层次划分，按照国家高考统一划分的分数线，成绩越高，被视为其研究能力越强；成绩越低被视为其研究能力越低，实践能力越强，并据此制订学校的培养目标。这种定位方式虽然有一定的道理，但是对于广大普通高等学校来说，因为学习者的入学成绩没有达到一定的分数线就将其培养规格定位为技能型人才而忽略了学习者其他的发展潜能，难免有些简单粗暴，这种标准化、"一刀切"的思想是造成中国当今设计学学科本科教育人才培养规格同质化的重要原因之一。根据多元智能理论所分析的人才发展的差异性、多元性，广大高等学校应当本着以学习者为中心的原则，以促进学习者的全面发展为前提，在充分研究本校学习者特点的基础上，因材施教，创造性地设计具有特色、共性与个性相结合的人才培养目标。

C. 地方特色

中国地大物博，民族众多，拥有多姿多彩、传统深厚的地方文化和特色鲜明的地方产业。立足地方、服务地方，既凭借地方资源优势，又为促进地方经济文化发展培养人才，开展校企合作、产学研相结合是国家倡导的普通高等学校办学之路，因此，处于不同地区的高等学校所具有的地方特色是形成设计学学科本科教育人才培养多样性的因素之一。

D. 高等学校办学特色的多样性

每一所高等学校都有自己的发展定位，根据地方特征、学习者情况、学校所拥有的资源条件形成多样性的办学特色，为培养多样性人才创造了条件。自中国教育进入大众化发展阶段以来，全国各级各类高等学校纷纷设置设计学学科以满足社会发展的需求，就学科性质而言，这些高等学校包括综合类高等学校、艺术类高等学校、文科类高等学校、理学类高等学校、工学类高等学校、农学类高等学校等；就高等学校的层次而言，有研究型高等学校、研究教学型高等学校、教学研究型高等学校和教学型高等学校。

a. 学科资源对人才培养目标多样性的影响

为了研究的便利，笔者在此着重依据高等学校学科性质的不同将其归纳为综合类高等学校中的设计学学科、艺术类高等学校中的设计学学科、理工类高等学校中的设计学学科、文科类高等学校中的设计学学科等，横向比较由于高等学校学科性质的不同对人才的培养目标设计所产生的影响。

不同高等学校的学科资源优势为形成培养目标的特色提供了有利的条件。

（a）综合类高等学校

综合类高等学校的设计学学科的设置可以区别为两种类型：一是设计学学科设置于综合类高等学校下设的美术学院或艺术学院，这种高等学校不仅具有丰富的综合学科资源，而且具有美术学院或艺术学院中丰富的美术学学科资源和艺术学学科资源，为学习者成为具备良好的人文素养、科学素养与艺术素养的设计人才提供了有利的条件；二是设计学学科设置在综合类大学中的设计学院，由于缺乏综合性艺术学科，对设计人才艺术素养的陶冶会逊色一些。

（b）艺术类高等学校

艺术类高等学校中的设计学学科的设置同样可以区分为两种情况：一是设置于综合性的美术学院中，如中央美术学院、中国美术学院、天津美术学院等，绘画与雕塑等传统性的美术学学科与艺术理论为学习者艺术素养的培养奠定了基础；二是设计学学科设置于综合类艺术学校下设的设计学院中，如南京艺术学院、吉林艺术学院、山东艺术学院等，这类高等学校不仅拥有专业齐全的美术学学科，而且拥有舞蹈、音乐、戏剧以及艺术理论等艺术门类的其他学科，为学习者艺术素养、人文素养的培养准备了更为丰厚的资源。

（c）理工类高等学校

中国高等学校依据学科性质按类划分所形成的"类"中，有理学类、工学类之分，但事实上大多高等学校将这两类合而为一而形成理工类高等学校，如武汉理工大学、北京理工大学等。这里将理工类高等学校作为研究的一种类型，这类高等学校中的设计学学科可以在学科交叉中使学习者学习理学与工学学科的知识，有利于培养学习者分析研究的理性思维能力，形成良好的科学素养。

（d）文科类高等学校

文科类高等学校的设计学学科可以借助丰富的人文学科资源将良好的人文素养作为人才培养的优势。

b. 层次定位对人才培养目标的影响

由于大学的层次性受到隶属关系、地方特征与学校资源等因素的影响，层次定位比较复杂，中国高等学校的层次定位一直在研究的过程中，而 2002 年武书连教授所提出的依据科研情况所划分的研究型、研究教学型、教学研究型和教学型四个"型"已为国内教育界所认可，笔者在此根据这种层次定位进行下文的设计学学科本科教育培养目标设计的研究。

（2）中国当今设计学学科本科教育多样性培养目标的设计

以下根据中国当今设计学学科本科教育总体培养目标，结合高等学校不同学科特色和不同层次定位所形成的特点，对设计学学科本科教育的多样性人才培养目标进行设计，它们既体现设计学学科本科教育总体培养目标的共性，又体现不同类型的高等学校对人才培养目标设计的不同追求。与专业培养目标相比，设计学学科本科教育培养目标更为概括，反映学科的共性要求，而专业培养目标更加具体、明确，由此也体现了学科培养目标与专业培养目标之间的层次性和逻辑性。

A. 综合类高等学校

a. 综合类研究型高等学校的设计学学科本科教育人才培养目标

培养目标：

本学科培养具有奉献于社会的主人翁精神和正确的价值观，具有国际化视野和跨文化沟通能力的前瞻性、创新性、综合性、可持续发展的复合性①高级专门人才。毕业生能够在专业设计领域、专业研究机构、教学单位从事设计实践与管理、理论研究和教育工作。

培养要求：

① 在基础知识方面，要求学习者不仅要学习专业基础知识，具备审美、创意和思维表现能力，还应当学习人文知识，以提高对专业知识与其他学科知识的理解能力；学习科学知识以提高理性思维能力，养成严谨认真的工作作风；学习社会知识以深入洞察社会文化，理解社会现实生活。以广博的知识基础为前提而具备学习掌握国际前沿专业知识的能力和较强的探索研究能力。

② 在综合文化素养方面，要求学习者以广博的知识基础为前提而促进知识的内化与融通，从而形成丰厚的人文素养、科学素养、艺术素养和开放的视野。

③ 在专业能力方面，要求学习者以正确的创造性思维方法为前提，具备创造性地解决专业问题的能力；具有运用各种媒介进行设计表现的能力；具有深入理解社会文化的能力、沟通协调的能力、自我表达的能力等社会实践能力；具有持续不断地自主学习、全面而充分地发挥个人潜能的可持续发展的能力。

④ 在品格方面，具有服务于社会的主体意识，具有较强的团队精神和敬业精神。

⑤ 在健康方面，要求学习者具有良好的生活卫生习惯，加强体育锻炼，塑造健康的体魄。

b. 综合类教学型高等学校的设计学学科本科教育人才培养目标

培养目标：

本学科培养具有正确的人生观、价值观，具有创新意识与创新精神，掌握必

---

① 学习者作为教育的主体，其主体性体现为能动性、创造性、发展性，所以不同人才的"特征"，以"模式"来表述有所不妥，因为"型"具有"模式""构架"的内涵，用于解释人才的特征体现了一定的机械主义思想；而"应用型"则体现了教育与社会发展关系中的被动适应论的思想和漠视学习者的主体性的工具主义思想，教育的最终目的不是将学习者作为"物"来塑造，而是促进其主体性的全面而充分的发展，笔者认为以"性质""特质""特征"来表述人才的特殊性更为恰当，所以文中以"复合性""实践性"来描述不同人才的特点，而不同于通常所说的"复合型""应用型"的表述方式。

要的文化基础知识，具有良好的综合文化素养与开放的视野，具有较强的专业实践能力和解决综合性专业问题的能力，具备良好的品格和健康的体魄，能够在专业设计领域从事设计实践与管理的可持续发展的实践性高级专门人才。

培养要求：

① 在基础知识方面，要求学习者不仅要学习专业基础知识，具备审美、创意和思维表现能力，还应当学习人文知识，以提高对专业知识与其他学科知识的理解能力；学习科学知识以提高理性思维能力，养成严谨认真的工作作风；学习社会知识以深入洞察社会文化，理解社会现实生活。由此形成必要的知识基础。

② 在综合文化素养方面，要求学习者以知识基础为前提而促进知识的内化与融通，从而形成良好的人文素养、科学素养、艺术素养和开放的视野。

③ 在专业能力方面，要求学习者以正确的创造性思维方法为前提，具备创造性地解决专业问题的能力；具有运用各种媒介进行设计表现的能力；具有深入理解社会文化的能力、沟通协调的能力、自我表达的能力等社会实践能力；具有持续不断地自主学习、全面而充分地发挥个人潜能的可持续发展的能力。

④ 在品格方面，具有奉献于社会的主人翁精神，具有较强的团队精神和敬业精神。

⑤ 在健康方面，要求学习者具有良好的生活卫生习惯，加强体育锻炼，塑造健康的体魄。

B. 艺术类高等学校

a. 艺术类研究型高等学校设计学学科本科教育人才培养目标

培养目标：

本学科培养具有服务于社会的主体意识和正确的价值观，具有创新意识与创新精神，掌握广博的文化基础知识，具有国际化视野和跨文化沟通的能力，具有丰厚的艺术素养和民族文化素养，具有较强的专业实践能力与研究能力，具备良好的品格和健康的体魄，能够在专业设计领域、专业研究机构、教学单位从事设计实践与管理、理论研究、教育工作的可持续发展的复合性高级专门人才。

培养要求：

① 在基础知识方面，要求学习者不仅要学习专业基础知识，具备审美、创意

和思维表现能力，还应当学习人文知识，以提高对专业知识与其他学科知识的理解能力；学习科学知识以提高理性思维能力，养成严谨认真的工作作风；学习社会知识以深入洞察社会文化，理解社会现实生活。以广博的知识基础为前提而形成较强的研究能力和跨文化沟通能力。

② 在综合文化素养方面，要求学习者首先具备良好的艺术素养并以知识基础为前提而促进知识的内化与融通，从而形成丰厚的综合文化素养和开放的视野。

③ 在专业能力方面，要求学习者以正确的创造性思维方法为前提，具备创造性地解决专业实践问题与学术问题的能力；具有运用各种媒介进行设计表现的能力；具有深入理解社会文化的能力、沟通协调的能力、自我表达的能力等社会实践能力；具有持续不断地自主学习、全面而充分地发挥个人潜能的可持续发展的能力。

④ 在品格方面，具有奉献于社会的主人翁精神，具有较强的团队精神和敬业精神。

⑤ 在健康方面，要求学习者具有良好的生活卫生习惯，加强体育锻炼，塑造健康的体魄。

b. 艺术类教学型高等学校设计学学科本科教育人才培养目标

培养目标：

本学科培养具有正确的人生观、价值观，具有创新意识与创新精神，掌握必要的文化基础知识，具有良好的艺术素养和民族文化素养，具有开放的视野，具有较高的艺术鉴赏能力和设计实践能力，熟练掌握设计程序与方法，了解相关的生产技术知识，能够在专业设计领域从事设计实践与管理的可持续发展的实践性高级专门人才。

培养要求：

① 在基础知识方面，要求学习者不仅要学习专业基础知识，具备审美、创意和思维表现能力，还应当学习人文知识，以提高对专业知识与其他学科知识的理解能力；学习科学知识以提高理性思维能力，养成严谨认真的工作作风；学习社会知识以深入洞察社会文化，理解社会现实生活。由此形成必要的知识基础。

② 在综合文化素养方面，要求学习者首先具备良好的艺术素养并以知识基础

为前提而促进知识的内化与融通，从而形成良好的综合文化素养和开放的视野。

③ 在专业能力方面，要求学习者以正确的创造性思维方法为前提，具备创造性地解决专业问题的能力；具有运用各种媒介进行设计表现的能力；具有深入洞察社会文化的能力、沟通协调的能力、自我表达的能力等社会实践能力；具有持续不断地自主学习、全面而充分地发挥个人潜能的可持续发展的能力。

④ 在品格方面，具有奉献于社会的主人翁精神和正确的价值观，具有较强的团队精神和敬业精神。

⑤ 在健康方面，要求学习者具有良好的卫生习惯，加强体育锻炼，塑造健康的体魄。

C. 理工类高等学校

a. 理工类研究型高等学校的设计学学科本科教育人才培养目标

培养目标：

本学科培养具有奉献于社会的主人翁精神和正确的价值观，具有创新意识与创新精神，具备广博的文化基础知识，具有良好的科学素养和丰厚的综合文化素养，具有国际化视野和跨文化沟通能力，具有严谨理性的解决专业问题的综合能力，具备良好的品格和健康的体魄，能够在专业设计领域、专业研究机构、教学单位从事设计实践与管理、理论研究、教育工作的可持续发展的复合性高级专门人才。

培养要求：

① 在基础知识方面，要求学习者不仅要学习专业基础知识，具备审美、创意和思维表现能力，还应当学习人文知识，以提高对专业知识与其他学科知识的理解能力；学习科学知识以提高理性思维能力，养成严谨认真的工作作风；学习社会知识以深入洞察社会文化，理解社会现实生活。以广博的知识基础为前提形成较强的综合运用科学学科、设计学学科知识从事设计实践与设计研究的能力。

② 在综合文化素养方面，要求学习者以广博的知识基础为前提而促进知识的内化与融通，从而形成丰厚的科学素养、人文素养、艺术素养和开放的视野。

③ 在专业能力方面，要求学习者以正确的创造性思维方法为前提，具备严谨理性地解决专业问题的能力；具有运用新技术进行多媒介设计表现的能力；具有

深入理解社会文化的能力、沟通协调的能力、自我表达的能力等社会实践能力；具有持续不断地自主学习、全面而充分地发挥个人潜能的可持续发展的能力。

④ 在品格方面，具有奉献于社会的主体意识和正确的价值观，具有较强的团队精神和敬业精神。

⑤ 在健康方面，要求学习者具有良好的生活卫生习惯，加强体育锻炼，塑造健康的体魄。

b. 理工类教学型高等学校的设计学学科本科教育人才培养目标

培养目标：

本学科培养具有服务于社会的主体意识和正确的价值观，具有创新意识与创新精神，掌握必要的文化基础知识，具有良好的科学素养、综合文化素养与开放的视野，具有较强的科学理性的专业实践能力，具备从事设计实务与管理的能力，了解相关的生产技术知识，具备良好的团队协作精神和沟通协调能力，能够在专业设计领域从事设计实践与管理的可持续发展的实践性高级专门人才。

培养要求：

① 在基础知识方面，要求学习者不仅要学习专业基础知识，具备审美、创意和思维表现能力，还应当学习人文知识，以提高对专业知识与其他学科知识的理解能力；学习科学知识以提高理性思维能力，养成严谨认真的工作作风；学习社会知识以深入洞察社会文化，理解社会现实生活。由此形成必要的知识基础。

② 在综合文化素养方面，要求学习者以知识基础为前提而促进知识的内化与融通，从而形成良好的科学素养、人文素养、艺术素养和开放的视野。

③ 在专业能力方面，要求学习者以正确的创造性思维方法为前提，具备科学理性地解决专业问题的能力；具有运用新技术进行多媒介设计表现的能力；具有深入理解社会文化的能力、沟通协调的能力、自我表达的能力等社会实践能力；具有持续不断地自主学习、全面而充分地发挥个人潜能的可持续发展的能力。

④ 在品格方面，具有奉献于社会的主人翁精神，具有较强的团队精神和敬业精神。

⑤ 在健康方面，要求学习者具有良好的生活卫生习惯，加强体育锻炼，塑造健康的体魄。

D. 文科类高等学校

a. 文科类研究型高等学校设计学学科本科教育人才培养目标

培养目标：

本学科培养具有奉献于社会的主人翁精神和正确的价值观，具有创新意识与创新精神，掌握广博的文化基础知识，具有国际化视野和跨文化沟通的能力，具有丰厚的人文素养和良好的综合文化素养，具有较强的专业实践能力与研究能力，具有较强的语言、文字表达能力，具备良好的品格和健康的体魄，能够在专业设计领域、专业研究机构、教学单位从事设计实践与管理、理论研究、教育工作的可持续发展的复合性高级专门人才。

培养要求：

① 在基础知识方面，要求学习者不仅要学习专业基础知识，具备审美、创意和思维表现能力，还应当加强学习人文知识，以提高对专业知识与其他学科知识的理解能力；学习科学知识以提高理性思维能力，养成严谨认真的工作作风；学习社会知识以深入洞察社会文化，理解社会现实生活。以广博的知识基础为前提而形成国际化交流能力和专业研究能力。

② 在综合文化素养方面，要求学习者以知识基础为前提而促进知识的内化与融通，从而形成丰厚的人文素养、科学素养、艺术素养和开放的视野。

③ 在专业能力方面，要求学习者以正确的创造性思维方法为前提，具备创造性地解决专业问题的综合能力；具有运用新技术进行多媒介设计表现的能力；具有深入洞察社会文化的能力、沟通协调的能力、自我表达的能力等社会实践能力；具有持续不断地自主学习、全面而充分地发挥个人潜能的可持续发展的能力。

④ 在品格方面，具有服务于社会的主体意识，具有较强的团队精神和敬业精神。

⑤ 在健康方面，要求学习者具有良好的生活卫生习惯，加强体育锻炼，塑造健康的体魄。

b. 文科类教学型高等学校设计学学科本科教育人才培养目标

培养目标：

本学科培养具有正确的人生观和价值观，掌握必要的文化基础知识，具有开放的视野，具有良好的人文素养和综合文化素养，具有较强的专业实践能力、社会实践能力和较强的语言、文字表达能力，具备良好的团队精神，能够在专业设计领域从事设计实践与管理的可持续发展的实践性高级专门人才。

培养要求：

① 在基础知识方面，要求学习者不仅要学习专业基础知识，具备审美、创意和思维表现能力，还应当加强学习人文知识，以提高对专业知识与其他学科知识的理解能力；学习科学知识以提高理性思维能力，养成严谨认真的工作作风；学习社会知识以深入洞察社会文化，理解社会现实生活。以良好的知识基础为前提而形成较强的交流能力和专业实践与管理能力。

② 在综合文化素养方面，要求学习者以知识基础为前提而促进知识的内化与融通，从而形成良好的人文素养、科学素养、艺术素养和开放的视野。

③ 在专业能力方面，要求学习者以正确的创造性思维方法为前提，具有运用新技术进行多媒介设计表现的能力；具有深入洞察社会文化的能力、沟通协调的能力、自我表达的能力等社会实践能力；具有持续不断地自主学习、全面而充分地发挥个人潜能的可持续发展的能力。

④ 在品格方面，具有服务于社会的主体意识，具有较强的团队协作精神和敬业精神。

⑤ 在健康方面，要求学习者具有良好的生活卫生习惯，加强体育锻炼，塑造健康的体魄。

（3）中国当今设计学学科本科教育部分专业培养目标的设计

以下设计学学科专业培养目标的设计以学习者的全面发展与个性发展的需要为前提，兼顾社会发展的需要和学科发展的需要，依据高等学校的设计学学科专业特色和层次定位，强调人才特征的个性化的设计。

A. 视觉传达设计专业培养目标的设计

文科类教学研究型高等学校中视觉传达设计专业广告传播方向人才培养目标的设计：

培养目标：

本专业培养具有正确的人生观、价值观，具有创新精神和开放的视野，掌握必要的文化基础知识，具有良好的人文素养和综合文化素养，掌握广告策划、设计、制作、发布等系统性的专业知识，具有较强的沟通协调能力、自我表达能力等社会实践能力，能够在广告设计与传播领域从事广告实践与管理的可持续性发展的高级专门人才。

培养要求：

① 在基础知识方面，要求学习者不仅要学习专业基础知识，具备审美、创意、思维表现和广告策划能力，还应当加强学习人文知识以提高语言、文字的表达能力；学习社会学知识以掌握必要的市场研究方法；深入洞察社会文化，理解社会现实生活；学习必要的科学知识以提高对市场资讯、媒介研究和广告评估等的分析研究能力。

② 在综合文化素养方面，要求学习者以知识基础为前提而促进知识的内化与融通，从而形成良好的人文素养、艺术素养、科学素养和开放的视野。

③ 在专业能力方面，要求学习者能够在文化环境和市场环境中掌握广告传播的一般规律，能够从事市场调查、资讯分析、文案写作、广告策划、广告创意、设计表现、广告制作、媒介发布等设计实务工作，具有解决综合性专业问题的能力。

④ 在品格方面，具有服务于社会的主人翁精神，具有较强的团队精神和敬业精神。

⑤ 在健康方面，要求学习者具有良好的生活卫生习惯，加强体育锻炼，塑造健康的体魄。

B. 产品设计专业培养目标的设计

理工类研究教学型高等学校中产品设计专业工科知识背景的人才培养目标的设计：

培养目标：

本专业培养具有奉献于社会的主人翁精神和正确的价值观，具有创新精神和国际化视野，掌握广博的文化基础知识，具有丰厚的科学素养和良好的综合文化素养，具有创造性思维能力、造型表现能力、系统化产品设计与开发能力、把握市场资讯的能力、团队合作精神和组织管理能力，能够在工业设计领域、企业的工业设计部门、工业设计研究机构、教学单位从事产品设计实践与管理、理论研究、教育工作的可持续发展的复合性高级专门人才。

培养要求：

① 在基础知识方面，要求学习者不仅要学习专业基础知识，具备审美、创意和思维表现能力，还应当加强学习科学知识以理解关于材料、结构、工程、制造、人机关系等知识，提高科学理性的思维能力，养成严谨认真的工作作风；学习人文知识，以提高对专业知识与其他学科知识的理解能力；学习社会知识以深入洞察社会文化，理解社会现实生活。具备学习国际前沿专业知识的能力和国际化交流的能力。

② 在综合文化素养方面，要求学习者以知识基础为前提而促进知识的内化与融通，从而形成丰厚的科学素养、人文素养、艺术素养。

③ 在专业能力方面，要求学习者能够在社会文化环境、市场环境中掌握产品设计、制造、开发以及市场推广的一般知识和组织管理原则，具有解决专业问题的综合能力。

④ 在品格方面，具有服务于社会的责任感，具有较强的团队精神和敬业精神。

⑤ 在健康方面，要求学习者具有良好的生活卫生习惯，加强体育锻炼，塑造健康的体魄。

C. 工艺美术专业培养目标的设计

艺术类教学型高等学校中工艺美术专业人才培养目标的设计：

培养目标：

本专业培养具有正确的人生观和价值观，具有创新精神和开放的视野，掌握必要的文化基础知识，具有良好的艺术素养和综合文化素养，掌握创意、设计、制作、加工工艺等工艺美术理论与实践的一般知识，具有较强的审美能力和创作表现能力，能够在文化艺术部门、工艺美术创作领域从事传统与现代工艺美术作品的设计、制作、研究开发的可持续性发展的高级专门人才。

培养要求：

① 在基础知识方面，要求学习者不仅要学习专业基础知识，具备审美、创意和思维表现能力，还应当加强学习人文知识，以提高对专业知识与其他学科知识

的理解能力；学习科学知识，理解材料、生产工艺等工艺美术创作的相关知识，养成严谨认真的工作作风；学习社会知识以深入洞察社会文化，理解社会现实生活。

② 在综合文化素养方面，要求学习者以知识基础为前提而促进知识的内化与融通，从而形成丰厚的艺术素养、人文素养、科学素养和开放的视野。

③ 在专业能力方面，要求学习者了解传统工艺美术发展的文化渊源和现代工艺美术发展的风格、技术、市场等未来趋势，具有较强的工艺美术作品设计、制作、研究开发的能力。

④ 在品格方面，具有服务于社会的主人翁精神，具有较强的团队精神和敬业精神。

⑤ 在健康方面，要求学习者具有良好的生活卫生习惯，加强体育锻炼，塑造健康的体魄。

D. 环境设计专业培养目标的设计

综合类教学型高等学校中环境设计专业人才培养目标的设计

培养目标：

本专业培养具有正确的人生观、价值观，具有创新精神和开放的视野，掌握必要的设计理论知识和其他学科基础知识，具有良好的综合文化素养，基于自然、人工、社会之关系中以人的生存与安居为核心的环境问题的认识，掌握关于公共建筑室内设计、居住空间设计、城市环境景观与社区环境景观设计、园林设计等环境设计项目的一般规律，具备设计创意、设计表现、材料运用、工程实施与项目管理的系统化环境设计能力，能够在建筑与环境设计领域从事设计实践与管理的可持续发展的实践性高级专门人才。

培养要求：

① 在基础知识方面，要求学习者不仅要学习专业理论知识与实践知识，具备审美、创意和思维表现能力，还应当学习人文知识，以提高对专业知识与其他学科知识的理解能力；学习科学知识以理解关于材料、结构、加工工艺、工程技术等知识，提高科学理性的思维能力，养成严谨认真的工作作风；学习社会知识以深入洞察社会文化，理解人、居住环境与社会现实生活系统的关系。

② 在综合文化素养方面，要求学习者以知识基础为前提而促进知识的内化与融通，从而形成良好的人文素养、艺术素养和科学素养。

③ 在专业能力方面，要求学习者能够在自然环境、社会文化环境与市场环境中掌握环境设计的理念，具备从事系统化环境设计实务工作的实践与管理能力，具有解决综合性专业问题的能力。

④ 在品格方面，具有服务于社会的主人翁精神，具有较强的团队精神和敬业精神。

⑤ 在健康方面，要求学习者具有良好的生活卫生习惯，加强体育锻炼，塑造健康的体魄。

上述设计学学科本科教育培养目标与专业培养目标的设计，寓共性于个性之中，既反映了国家教育目的所强调的当前时期的教育价值观，又体现了以学习者身心全面发展和个性发展为中心的培养目标设计的价值取向，并综合体现了社会发展的需要与学科发展的需要，同时体现了世界文化转型、中国文化转型的当代文化特征，辉映着时代的精神。

第四节 中国当今设计学学科本科教育 课程目标设计的变革

一、课程目标设计的价值取向

根据美国课程专家威廉·H. 舒伯特（William Henry Schubert）的见解，课程目标的价值取向可以概括为四种类型："普遍性目标"（global purposes）取向、"行为目标"（behavioral objectives）取向、"生成性目标"（evolving purposes）取向、"表现性目标"（Expressive objectives）取向。①

---

① 见：SCHUBERT W H. Curriculum：perspective，paradigm，and possibility［M］. New York：Macmillan Publishing Company，1986：190-195.

（一）"普遍性目标"取向

"普遍性目标"是人类基于其自身认识世界、改造世界的基本经验而形成的世界观、教育哲学观或国家在特定的历史时期政治、经济、文化、科技等宏观发展的需要而确立的教育宗旨或原则，这些宗旨或原则被理解为课程目标直接应用于教学活动中。所以，"普遍性目标"取向所追求的是"普遍主义"价值观，认为某种教育宗旨即课程目标，它具有适合于任何教育活动、课程情境的普适意义。

在近现代教育史中，"普遍性目标"是世界各国的教育普遍追求的价值取向，而中国当代教育实践中的课程目标仍然大多属于"普遍性目标"取向，"其主要原因是在计划经济体制背景下，教育具有'国家主义'性格，教育只被视为社会的一种上层建筑，因而缺乏相对独立性"①。虽然这种状况在市场经济阶段有所改变，但至今犹存。

"普遍性目标"取向的课程目标所呈现的是一般性的宗旨或原则，而不是具体的课程目标，这从某种程度上为教学实践中教师与学习者的创造性的发挥提供了一定的空间。但它的缺陷也是显而易见的，其一，这类目标往往来源于人们的主观经验，缺乏充分的科学根据；其二，这类目标在逻辑上往往不够彻底，不够完整；其三，这类目标在含义上不够清晰、明确；其四，这类目标追求价值的普遍性，忽视了教育活动的丰富性、多样性。

（二）"行为目标"取向

"行为目标"是以明确的、具体的行为形式陈述的课程目标，它指明课程之前与课程之后学习者身上所发生的能够测量的行为能力的变化，泰勒认为"行为目标"的作用在于有助于选择学习经验和指导教学。

课程领域的"行为目标"产生于 20 世纪初期，它在课程研究刚刚开始形成一个独立的研究领域时便出现了萌芽。博比特认为 20 世纪是一个科学的时代，精确性和具体性是科学时代的特征，在《课程》一书中，他首次提出了课程的科学

---

① 张华．课程与教学论［M］．上海：上海教育出版社，2008：155.

化问题，随后在 1924 年出版的《怎样编制课程》一书中，他提出了课程目标的具体化、标准化问题。之后，查特斯继承并发展了博比特的课程观，在"活动分析法"的基础上进一步提出了"工作分析法"，将课程目标建立在社会理想的基础上。1949 年，泰勒在《课程与教学的基本原理》一书中系统发展了博比特与查特斯的"行为目标"理论，使"行为目标"在课程领域得到了广泛的传播，以至于使"课程目标"与"行为目标"几乎成了同义词。泰勒强调这种有效的方式是"既指出要使学生养成的那种行为；又言明这种行为能在其中运用的生活领域或内容"①。泰勒对行为目标的贡献主要体现在两个方面，一方面是将课程目标分解为"行为侧面"与"内容侧面"，另一方面是他指出课程目标的概括化与具体化之间存在着一个"度"的问题。他从心理学家贾德（C. H. Jadd）把学习视为形成解决问题的类化（或一般化）的方式，即对类化刺激作出类化反应的方式的观点中获得启示，倾向于把目标看成是形成一般化的反应模式，而不是要学习非常具体的习惯。

20 世纪 50 年代至 60 年代，美国著名教育学家、心理学家布鲁姆、大卫·R. 克拉斯沃尔（David R. Krathwohl）等人借用生物学中的"分类学"（taxonomy）的概念，在教育领域确立了"教育目标分类学"，将行为目标取向推动至一个新的阶段。之后，美国著名教育学家梅杰（R. F. Mager）、波法姆（W. J. Popham）等人在继承前人研究成果的基础上，发动了"行为目标运动"（behavioral objectives movement），从而把"行为目标"取向发展到顶峰。

在课程领域，从某种意义上讲，20 世纪是"行为目标"的世纪，"行为目标"取向为什么能够在教育实践中长期居于主导地位甚至至今影响犹存？这是因为 20 世纪是科学的世纪，也是行为主义心理学盛行的时期。"'行为目标'取向在本质上是受'技术理性'支配的，它体现了'唯科学主义'的教育价值观，以对行为的有效控制为核心。'行为目标'取向也体现了西方现代实证主义价值观，它秉持'决定论'（determinism），信奉'符合论'的真理观（认为真理即主观对客观

---

① 泰勒. 课程与教学的基本原理［M］. 施良方，译. 北京：人民教育出版社，1994：36.

的符合）；它秉持'还原论'（reductionism）和'机械论'（mechanism），认为整体等于部分之和，为了对人的行为进行有效控制，可以对目标进行分解，使之尽可能具体、精确，从而具有最大程度的可操作性。"①"行为目标"取向适应了课程领域科学化的需求，它是时代的产物。

"行为目标"的精确性、具体性、可操作性，为教育者有效控制教学过程和准确评价教育结果提供了有利的条件，它对保证一些相对简单的教育目标的达成是有益的。但"行为目标"也存在着明显的不足。首先，可以用行为方式来界定的课程目标一般是那些可以明确识别的课程要素，而那些难以测评、难以被转化为行为的内容则会从课程中消失。其次，"行为目标"的还原论倾向于把"完整的人"肢解为各个孤立的部分，认为各个部分是可以分别对待的，这不利于各种课程内容与教学方法共同交融而陶冶学习者的个性。再次，控制本位的"行为目标"将教学过程视为一个可预设的、可操作的、机械的过程，把目标与手段、结果与过程的有机联系割裂开来，课程中的主体——教师与学习者的创造性、主体性被扼杀了。

（三）"生成性目标"取向

"生成性目标"是指在具体的课程情境中随着教育过程的展开而自然生成的课程目标。它既是人类内在经验生长的需求，又是其结果，是教育过程中具体情境的产物和问题解决的结果，是关于学习者与教师的经验和价值观生长的"方向感"。②

"生成性目标"取向本质上是对"实践理性"的追求，是对学习者与教师的主体性的解放，它强调学习者、教师与教育情境的交互作用，在此交互作用中不断地创生新的经验和新的课程目标。它克服了"行为目标"取向所存在的唯科学主义、原子主义、机械主义思想，强调课程的过程性、创造性、有机性，学习者与教师的主体性获得解放，学习者在学习过程中会不断地深入探究新的知识，

---

① 张华. 课程与教学论[M]. 上海：上海教育出版社，2008：159.

② 见：SCHUBERT W H. Curriculum：perspective，paradigm，and possibility[M]. New York：Macmillan Publishing Company，1986：193.

达成新的目标，促进其终生学习，终生成长。对推动课程研究的发展作出了重要贡献。

（四）"表现性目标"取向

"表现性目标"是由美国学者埃利奥特·W. 艾斯纳（Elliot W. Eisner）提出的，他认为"行为目标"可能适合于某些教育目的，但并不适合于概括值得珍视的大多数教育期望。在他看来，课程目标可以分为三种类型：行为目标、解决问题的目标和表现性目标。行为目标着眼于对特定行为的规定性，而解决问题的目标着眼于认知的灵活性、理智的探索能力和高级的心理过程，因为解决问题的方式是多种多样的，所以不可能事先予以明确规定。"表现性目标"所关注的则是学习者在教育的"际遇"（encounter）中表现出来的某种程度的首创性、个性化反应形式，而不是规定学习者在完成一项或多项活动后准备获得的行为。

"表现性目标"的评价超越了"行为目标"所追求的结果与预期目标的一一对应关系，而是以一种美学评论式的评价方式，对学习者活动及其结果予以一种鉴赏式的批评，根据其创造性与个性特色评价其质量。可见，与"行为目标"不同的是，"表象性目标"不是封闭性的，而是开放性的；它所追求的不是学习者反应的同质性，而是多元性。就其本质而言，它体现了"对'解放理性'的追求。它强调学习者的个性发展和创造性表现，强调学生的自主性和主体性，尊重学生的个性差异，指向人的自由与解放"①。

从"普遍性目标"取向、"行为目标"取向到"生成性目标"取向，再到"表现性目标"取向，体现了课程研究对人的主体价值的不懈追求，同时反映了时代精神的发展方向。虽然"生成性目标"取向与"表现性目标"取向反对前两种传统目标取向的"普遍主义"价值观和控制旨趣，但并未否定其合理性，四种价值取向的课程目标在当今课程研究和教育活动中根据不同的学科特征和具体的教学要求而各有其优势和不足，怎样进行合理的选择是课程目标设计时所应深思熟虑的。

---

① 张华. 课程与教学论[M]. 上海：上海教育出版社，2008：180.

二、课程目标设计的原则

（一）规定性与开放性相结合

规定性目标以对教育期望的预设性规定引导师生通过一系列的教育活动而达到目标的要求，具有便于操作、便于评价的优势，但以控制为目的的标准化课程目标使师生的主体性受到压抑。因此，课程目标设计应当坚持规定性与开放性辩证统一的原则。目标的开放性具有两方面的含义：一是指课程目标在课程实施的过程中随着学习者的表现而不断展开，它具有阶段性与动态性的特征，是对规定性目标的终极性、静态性的超越；二是指在教育活动中所呈现的学习者在认知、情感和能力各方面所获得的多元性的提升和个性化的表现，而不仅仅是行为目标所规定的行为的变化。开放性目标可以为学习者提供开放性的领域，有利于培养他们的探究精神和创造性精神。

在中国当今的课程领域内，普遍性目标取向与行为目标取向仍然居于主导地位，前者多显现于中观层面的培养目标与微观层面的课程目标之中，而后者则主导微观层面的课程实践。设计学学科本科教育基于专业特色的原因，对于课程目标基本取向的选择既在宏观层面与中观层面体现了课程领域整体情况的共性，又在微观层面反映了其自身的个性。在设计学学科本科教育的实践中，教育工作者们常常自觉地选择了行为目标取向同时又不自觉地选择了表现性目标取向，而行为目标的达成在某些情况下需要以表现性目标的实现为前提。所以，在认识上，行为目标取向在设计学学科本科教育的课程中同样居于主导性地位。值得注意的是，生成性目标虽然在当今的课程研究与教学实践中具有重要的现实意义，但它目前尚处于被忽视的地位。而坚持课程目标设计的规定性与开放性相结合的原则，则必须坚持以行为目标为主导，同时使之与表现性目标、生成性目标相结合的多元取向，使学习者既能够扎实地掌握专业知识，又能够得到人格的全面发展。

（二）单一向度与多元向度相结合

单一向度目标是指按照学科知识逻辑、社会发展需求和学习者的某一方面特征的发展需要而设计的课程目标。这种目标在晚近与当前的课程目标设计中最为常见，设计学学科本科教育对于"专业技能"的强调和对其他素养的忽视就体现了这种课程目标观。单一向度课程目标既易于形成群体人才的同质化，又不利于个体的全面发展而使之成为"单向度人"。与单一向度课程目标相对，多元向度课程目标既可以体现为宏观层次的教育目的对多元化的教育价值观的追求，又可以体现为中观层次的不同学科、不同层次的高等学校在培养目标中对多元化人才规格的确定，还可以表现为微观层次的课程目标对学习者个体素质在具体的课程实施过程中的多维度培养。多元向度课程目标是对单一向度课程目标的综合，二者在现实的课程目标设计中存在着主次关系和层次关系。根据当前的时代发展的需要和教育价值观变革的趋势，中国当今设计学学科本科教育的课程设计既应当突出专业能力单一向度目标的主导地位，又应当重视以人文素养、科学素养、艺术素养、开放的视野、个性发展等单一向度的课程目标综合而成的多元向度目标的基础地位，使二者形成既主次分明又和谐互补的关系。层次关系一方面表现在形成多元向度目标的单一向度目标之间应根据不同层次、不同类别的高等学校的具体情况形成不同层次关系，如在某些综合类学校中，设计学学科本科教育的多元向度课程目标的设计依其重要性形成人文素养—开放的视野—艺术素养—科学素养的层次关系；而在某些理工类学校中会形成科学素养—人文素养—开放的视野—艺术素养的层次关系；在某些艺术学校中会形成艺术素养—人文素养—开放的视野—科学素养的层次关系。当然这种层次关系会随实际情况的不同而体现其个性化。另一方面，这种层次关系在微观目标中会因具体课程的不同特征而有所不同。

（三）现实性与未来性相结合

课程目标设计的现实性既指课程目标的确定以现实为依据，又指课程目标在教育活动中发挥其课程计划、课程实施等现实功能，通过阶段性课程目标的逐步实现完成本科教育的任务。课程目标设计的未来性是指以社会、学习者、学科发展的未来需求为前提而确立的教育理想，其教育价值会超越本科教育阶段而在未来的某个时期实现。当前的课程研究与教育活动更多地着眼于课程目标设计的现实性而忽视其未来性，造成教育滞后于社会发展、学习者发展与学科发展的现象，而坚持课程目标设计的未来性是以贯彻"教育先行""终身教育"等教育新理念为前提，因此，坚持课程目标设计现实性与未来性相结合的原则对保证教育的现实价值与未来价值共同实现具有重要意义。

（四）一般性与特殊性相结合

课程目标设计的一般性原则是指对宏观层次的教育目的、中观层次的培养目标与微观层次的课程目标不同层次中所追求的共同的教育价值的体现，课程目标设计的特殊性原则是对课程目标体系各个层次尤其是中观层次与微观层次中所存在的特殊价值的尊重和反映，一般性寓于特殊性之中。课程目标的设计如果只追求一般性而忽视特殊性，就会使教育活动千篇一律，形成同质化的景象；相反，如果课程目标的设计只强调特殊性而忽视一般性，则会使教育活动因脱离统一的规律而走向混乱无序。坚持课程目标设计的一般性原则与特殊性原则的统一，既是坚持一个国家在特定的时代所追求的共同教育价值观与课程目标的多元化的统一，又是坚持在教育活动中学习者的群体发展的共同目标与个体发展的特殊目标的统一，学习者的个性发展在这里受到尊重和激发。

（五）稳定性与动态性相结合

课程目标的稳定性是指在课程目标中应反映某一时期的教育价值观，并在这一时期的教育活动中具有稳定的实效性。课程目标设计的动态性具有两方面的含义：其一是指课程目标的设计应当根据阶段性的教育评价不断地进行改进而逐步使之完善；另一方面，在微观层面的教学实施过程中，教师应当根据学习者在具体的教学情境中所发生的行为、认知、情感、态度等方面的变化及时地进行关于群体的共同目标与个体的特殊目标的设计，给予学习者适时的激励，引导课程过程的进程，以保证课程实施的有效性。坚持课程目标的稳定性与动态性相结合的原则既可以保证预设性目标在教育过程中的规定性价值的实现，又为课程主体的创造性、能动性的发挥开放了广阔的空间。

（六）显性目标与隐性目标相结合

显性课程目标与隐性课程目标总是紧密地联系在一起。显性课程目标是指能用外显的行为动词表述，便于操作、可测度的目标。但在现实的教育活动中，课程实施主体并非绝对机械地执行既定的课程方案，他们的自主性、能动性、创造性决定了课程实施的不可预期性，教育过程中必然存在非计划性、非预期性的教育影响，因此，课程目标的设计应当关注到显性目标与隐性目标的同时存在，使二者有机地结合起来。隐性课程目标是指那些能够引起学习者情感、认知、素养、态度等内在因素发生变化的目标，具有抽象性与模糊性，可意会而不能言传，目标的评价不能像显性目标那样明确具体，如生成性课程目标在很多情况下是以隐性目标的方式发挥教育价值的。教育工作者一方面应当清醒地认识到隐性课程目标的重要性，另一方面又应促成隐性目标与显性目标之间的动态转化，使隐性目标显性化，以便全面把握学习者在课程中各方面的成长。

小结

中国当今设计学学科本科教育培养目标设计的变革，首先是教育价值观的变革。与当今时代的文化精神相呼应，中国教育与社会发展的关系正在发生着由被动适应到教育先行、由从属地位到主导地位的转变。《国家中长期教育改革和发展规划纲要（2010—2020 年）》中提出"把教育摆在优先发展的战略地位""把育人为本作为教育工作的根本要求"①的工作方针，体现了现时期中国教育的价值追求。人才培养目标观与具体的培养目标设计应当以教育价值观为依据。本章对中国当今设计学学科本科教育培养目标设计的研究，建立在田野调查的基础之上，对社会用人单位进行抽样调查，以深度访谈和问卷调查相结合的方式获得设计产业发展趋势及其对设计人才需求的第一手资料，结合对学科专家、高等学校从事设计学学科本科教育的管理者、教师、在校学习者的深度访谈、

---

① 中华人民共和国中央人民政府. 国家中长期教育改革和发展规划纲要（2010—2020 年）[EB/OL]. 2010-07-29[2011-12-10]. http://www.moe.edu.cn.

问卷调查，了解学校教育关于设计学学科本科人才培养与社会对人才需求之间所存在的现实矛盾，针对这一问题分析其成因，探讨了在世界文化转型、中国文化转型的影响下中国当今教育价值观的变革与人才培养目标观的变革，以此为前提提出了设计学学科本科教育培养目标设计的变革方案，以体现时代的精神。

第五章　中国当今设计学学科本科教育课程内容设计的变革

课程内容是指各门学科中特定的概念、原理、事实、技能、方法和问题等。"什么知识最有价值"是课程内容设计需要思考的问题；"怎样选择有助于达到教育目标的学习经验"是课程内容设计需要解决的问题。因此，课程内容的设计需要经历以下过程：第一，需要明确教育目的所规定的教育价值观；第二，需要明确具体的人才培养目标所要求的学习经验；第三，需要明确课程内容设计的三种基本价值取向即学科知识、当代社会生活经验与学习者经验之间的关系；第四，选择课程内容。对于中国当今设计学学科本科教育课程内容设计的研究，仍然需要从现实入手，在现实中发现现行课程内容所存在的问题，探寻问题产生的根源，寻求问题解决的方案。

第一节　中国当今设计学学科本科教育课程内容设计存在的问题

因为培养目标是设计课程体系的依据，所以中国当今设计学学科本科教育课程内容设计所存在的现实问题与培养目标设计的现状是相呼应的，总体而言，课程内容的设计尚不能满足学习者身心全面发展的需要，课程内容的知识体系"既不博，又不专"，主要体现于以下几个方面。

一、基础知识不够广博，专业口径不够宽阔

设计学学科本科教育人才培养的"不博"，主要原因应当归咎于基础知识不够广博，公共必修与公共选修所选择的通识课程中缺乏相应的人文学科、科学学科、社会学学科课程，如文学、心理学、哲学、社会学、人类学、应用数学、应用物理学等有利于培养学习者综合文化素养与专业能力的课程，而这种现象尚未引起广大高等学校的重视。政治、体育、英语、计算机四门国家规定的必修课程的教育价值则更多地侧重于基础知识与技能的工具意义，而非着眼于培养学习者的素养与能力。教育部于 2004 年 12 月召开的第二次全国普通高等学校本科教学工作会议研究制定的《关于进一步加强高等学校本科教学工作的若干意见》中曾提出"培养基础扎实、知识面宽、能力强、素质高的人才"[1]的教育策略，就目前情况来看，与欧美国家相比较而言，中国设计学学科本科教育课程内容的设计基本做到了对扎实的专业基础的强调，"知识面宽"的教育期望却至今未能达成，从而影响了"能力强、素质高"的人才培养目标的实现。

二、专业知识缺乏实践内容

"不专"是指设计学学科本科教育人才"专业能力"不强，既不能较快地适应社会工作岗位的要求，又没有发展后劲。其主要原因在于专业课程的设计重视学科知识而轻视实践内容。具体的专业课程设计往往是在该门课程的理论知识讲授之后布置一个虚拟的课题，学习者在对虚拟课题的设计实践过程中掌握设计原理与设计过程。实践性是设计学学科的主要特征之一，实践性内容不仅指学习者对于设计表现的动手操作能力，还包括对于社会文化的理解能力、设计程序的掌握能力、沟通协调能力等设计项目所涉及的各种问题解决的能力，以及对新问题的实验探索能力。而这些能力是无法从虚拟课题中获得的，因此，将现实生活中的设计项目设计为专业课程的实践内容是培养学习者专业能力的有效途径。

---

① 山东工艺美术学院教务处．教学管理手册[A]．2007：191．

三、课程内容陈旧，未能与时代的发展同步

设计学学科的交叉性特征使之与其他学科存在着广泛的联系，部分前沿学科如认知科学、信息科学、材料科学、计算机技术等的发展为设计学学科拓展了新的知识领域。但中国现行设计学学科本科教育课程内容的知识更新速度缓慢，未能与其他学科尤其是科学技术的发展同步，而欧美国家紧紧跟随前沿学科发展的步伐，使科学技术与设计学学科紧密结合，因而设计学学科的课程内容对学习者、社会与学科的发展能够发挥促进其与时俱进甚至创造未来的教育价值。

四、课程内容处于浅表层次，缺乏知识的内化机制

被调查的学习者认为目前设计学学科本科教育的课程内容处于浅表层次，缺乏知识的内化机制。学习者在对阶段性专业课程的学习过程中常常感觉未能对知识深入领会而课程已经结束。造成这种现象的原因在于以下两个方面：其一，课程内容设计以学科知识为价值取向，重视了学科知识的概念原理性知识而忽视了过程方法性知识，学习者与知识在课程的传输活动中主客分离，学习者成为知识的被动接受者而不是创造者；其二，课程内容设计以学科知识为价值取向，忽视了学习者经验的重要性，未能将学习者主体性活动的经验设计为课程内容，学习者便失去了将感兴趣的当代生活问题以及学科知识内化为自身经验的机会。

第二节　课程内容设计的依据

一、课程内容设计的认识论依据

上述问题形成的原因，追根溯源是课程内容设计的价值取向问题。与课程目标设计的来源一脉相承，课程内容设计的基本价值取向是"学科知识""当代社会生活经验""学习者的经验"。

（一）如何选择学科知识作为课程内容

在学科中心课程论中，课程内容的设计是以学科知识为基本取向的，将学科知识作为课程的主要内容，需要对以下几方面问题仔细斟酌。

1. 如何理解学科知识与课程内容的关系

将学科知识作为课程的主要内容，并非指学科知识与课程内容具有等价性，因为学习者作为课程的主体，其情感、经验、能力与价值观将伴随学科知识逻辑的展开而逐渐成长。这就需要审慎思考学科知识逻辑与学习者身心全面发展规律之间的内在联系。在现实的教育实践中存在以下三种情况：一是由于教育资源短缺或教学时间不足，学科知识遭到人为裁剪，结果导致学科知识体系支离破碎，知识的逻辑力量与教育价值受到损坏；二是虽然学科知识的内在逻辑性受到了重视，但学习者的认知规律却遭到忽视；三是学科知识内在逻辑以及学科知识逻辑与学习者身心发展规律之间的内在联系两方面都没能受到重视。而第三种情况是中国当今设计学学科本科教育课程内容设计存在的普遍现象。

2. 如何把握不同学科之间的关系

由不同学科所构成的课程内容体系是一个有机的整体，设计学学科的交叉性特征使人文学科、科学学科、社会学学科与艺术门类的其他学科对设计学学科知识领域的发展必然地会产生促进作用。对于学习者而言，基础知识、综合文化素养既是专业能力形成的前提，又是其发展的动力。这里需要特别指出的是，针对学习者德、智、体、美全面发展而设计的课程体系中，德育在设计学学科本科教育的课程体系中缺乏应有的重视，一门"思想道德修养和法律基础"课程并不足以解决学习者道德教育的问题，而德育对于学习者身心的健康成长具有不可忽视的意义。如果将其作为隐性课程融合于其他学科课程伴随学程始终则未尝不是一种很好的途径。因此，课程内容的设计需要了解各学科之间的内在联系，将其整合为一个有机的整体。

3. 如何理解过程方法性知识与概念原理性知识的关系

过程方法性知识是关于一门学科的探究过程和探究方法的知识，概念原理性知识是关于一门学科经由探究过程而获得的基本结论性知识，前者表征该学科的探究过程与方法，具有动态性、实践性；后者表征该学科的探究结果，具有静态性、理论性。所以，二者之间相互作用、相互依存、相互转化，彼此之间存在着内在的联系。一方面，"任何概念原理体系，不论暂时看起来多么完备与周延，它总是一种过程性、生成性、开放性的存在，总是一种需要进一步检验的假设体系，总是需要进一步发展为更完善、合理的概念框架。另一方面，探究过程和方法论又内在于概念原理体系之中，并随着概念原理体系的发展而不断变化。"①设计学学科的实践性、创造性特征，赋予了过程方法性知识重要的教育价值，课程内容的设计应当将设计过程与方法性知识作为课程体系的重要组成部分，这就为专业课程课题的设计提出了较高的要求，课题的设计需要融概念原理性知识与过程方法性知识于一体，在实施课题研究与设计实践的过程中，既是学习者对概念原理性知识熟悉、掌握、检验的过程，又是探究、创造新知识的过程。来自现实生活的设计实务性项目，其综合性、真实性对提高学习者专业能力与综合素质具有重要价值。因此，过程方法性知识是课程内容设计不可忽视的环节。

（二）如何选择当代社会生活经验作为课程内容

如何选择当代社会生活经验作为课程内容的首要问题是如何认识学校课程与社会生活的关系。在现代课程发展史上，关于学校课程与社会生活的关系问题存在"被动适应论""主动适应论"与"超越论"三种典型的观点。

被动适应论始于博比特与查特斯，他们认为教育是社会生活的准备，忽略了教育功能的滞后性；将教育的社会功能理解为是对社会生活经验的复制，忽略了教育的主动性、创造性。

主动适应论认为，个人与社会是互动的、有机统一的，同样，教育与社会也是互动的、有机统一的，学校课程不仅适应着社会生活，还不断改造着社会生活。杜威的经验自然主义课程论与社会改造主义课程论是主动适应论的典型代表。杜威的基本教育理念是，个人与社会是有机的统一体，教育是学习者社

---

① 张华. 课程与教学论[M]. 上海：上海教育出版社，2008：198.

会化的过程，教育即生活本身。杜威认为实现学校课程对社会生活主动适应的途径是学校课程通过选择"经验课程"来实现，经验课程的基本形态是"主动作业"，在从事"主动作业"的过程中，在与教师和同学相互合作的过程中，学习者会不断生成社会情感、社会态度与社会价值观。杜威的教育理念直接启发了后来社会改造主义课程理论的发展。社会改造主义课程理论兴起于 20 世纪 30 年代，一直流行至 20 世纪 60 年代。该理论主张将重视个人经验的课程改造为重视集体经验、社会经验的课程，将重视个人智能发展的课程改造为重视集体意志统一的课程，将指向当前社会经验的课程改造为指向未来社会经验的课程。杜威提出的对社会生活经验进行改造的课程理念，与被动适应论相比，在某种程度上承认了教育及课程的主动性；社会改造主义课程理论则更进一步确认了教育及课程的主动性、能动性和独立性，在对学校课程与社会生活之关系的认识上具有巨大的历史性进步，但由于其哲学观的限制，主动适应论终究未能从根本上改变教育及课程的工具地位。

　　超越论则认为，学校课程与其他社会生活经验的关系是一种对话、交往、超越的关系。学校课程不仅应主动选择社会生活经验，而且应不断批判与超越社会生活经验，同时还应不断地建构新的社会生活经验。超越论的提出使学校课程的主体地位真正地确立起来。超越论受现象学、存在主义、哲学诠释学、社会批判理论(法兰克福学派)、后现代主义等哲学思潮的影响，以新的视角审视教育与社会、学校课程与社会生活之间的关系，主张"教育是教育者与受教育者两类主体通过交往而形成的学习共同体。教育是社会的一种群体主体，它和社会的其他群体主体(如政治、经济、文化等)之间的关系是主体与主体之间的关系——'交互主体的关系'(intersubjective relations)，而不是客体与主体之间的关系——工具与工具的使用者之间的关系。教育当然要承担对社会的责任与义务，但这是主体的责任与义务，是与主体的权利整合为一体的责任与义务"①。

----

① 张华. 课程与教学论[M]. 上海：上海教育出版社，2008：204-205.

在学校课程与社会生活之关系的认识上，由"被动适应论"到"主动适应论"再到"超越论"的发展历程，是学校课程的主体性不断提升最终得以确立的过程，"作为社会主体的学校课程必然成为主动选择和超越其他社会生活经验的力量，成为时代精神的建构者之一。"①

（三）如何选择学习者的经验作为课程内容

在学习者中心课程中，学习者的经验往往被选择为课程的主要内容。倡导经验课程的课程理论流派大都将学习者的经验设计为课程的核心内容。如 18 世纪卢梭（Jean-Jacques Rousseau）倡导的"自然教育论"及与之相应的浪漫自然主义经验课程理论，20 世纪上半叶杜威倡导的"进步教育论"及与之相应的自然主义经验课程理论，以及 20 世纪 70 年代以来兴起的当代人本主义经验课程理论等。

学习者的经验是指学习者与外部环境相互作用而产生的内心体验，学习者对课程内容进行解读、内化的过程也是其认知、情感、价值观进行建构的过程，并在外化的过程中用自己已有的经验去解读、表征。在教育过程中，学习者对某些教育情境发生兴趣，并针对这些情境作出反应。所以，学习者是课程的主动参与者，而且每位学习者通过自身的建构都会对之赋予特殊的意义。选择学习者的经验作为课程内容，对于学习者而言是课程知识由传输到转化、由外在到内在的历史性变革。在选择学习者的经验作为课程内容时，需要明了以下几方面的问题。

1. 谁是课程的主体

这是一个既明了又容易被忽略的问题，由于"控制"旨趣的传统课程观主导课程领域由来已久，"谁是课程的主体"这一问题无论在教育观念还是教育实践中至今仍是一个悬而未决的问题。将学习者的经验设计为课程内容，首先应当确立学习者的主体地位，学习者经验的选择过程即是尊重并提升学习者的个性的过程。在课程过程中，每一位学习者的个性都会在自己内在目的的指引下发

---

① 张华. 课程与教学论[M]. 上海：上海教育出版社，2008：205.

展，并且使自己独特的潜能和价值获得充分的表达，课程内容的设计因此而实现个性化、人性化的价值回归。

2. 谁是课程的开发者

当学习者被确立为课程的主体，他便由他人设计的课程的被动的接受者转变为自己创造经验的课程的开发者。随着 20 世纪 70 年代美国课程领域的"返魅"，当代课程研究由"课程开发范式"转向"课程理解范式"，课程走向新的身份，学习者的自我履历、个人知识与经验等在传统课程中被忽视的内容，被置于课程研究的核心，学习者在与教师和同学共同开发课程的过程中，自我意识得以提升，个性得以解放。

3. 谁是知识与文化、社会生活经验的创造者

学习者是知识与文化的吸收者，也是知识与文化的创造者。学习者对知识与文化的选择，首先必须经过其认同，必须对其个人知识与经验进行整合，在这个过程中，新的知识与文化诞生了。同样，学习者不仅被社会生活经验所熏陶，而且还创造着社会生活经验。社会生活经验不是抽象的存在，它是不同文化群体在相互交往中不断建构的结果。

（四）如何理解课程内容设计三种价值取向之间的关系

课程内容设计的三种价值取向，是不同的哲学观、教育观、课程观在不同的历史时期，针对不同的社会发展需求和对学习者的不同认识在具体的课程实践中的体现。"学科知识""当代社会生活经验"与"学习者的经验"对于学习者身心全面和谐的发展都具有教育价值，课程内容的设计应根据具体的课程特点对三种价值取向把握主次倾向，这样，由多种取向倾向的具体课程所组成的课程内容体系将对学习者的全面发展发挥积极的意义。

二、课程内容设计的心理学依据

课程内容是构成课程体系的核心部分，是促进学习者德、智、体、美全面发展的知识与思想源泉。如何选择满足学习者身心全面发展需要、社会发展需要和学科发展需要的知识进行课程设计？当代教育心理学的研究成果将为这一问题提供有价值的参考。为了实现使学习者"触类旁通""举一反三"的教育理

想，教育家与心理学家探索了一条有效的途径，即"学习的迁移"。

（一）学习迁移的概念与分类

简单地讲，一种学习对另外一种学习产生影响，称为学习的迁移。先前的学习对后继学习产生的影响称为顺向迁移；后继学习对先前学习产生的影响称为逆向迁移。① "一种学习对另一种学习起促进作用，叫做正迁移；一种学习对另一种学习起干扰或抑制作用，叫做负迁移。"②（见图5-1）③

学习迁移的分类可以依据多种维度。根据迁移的方向，可以分为顺向迁移与逆向迁移；根据迁移的价值可以分为正迁移与负迁移；根据迁移的内容，可以分为知识、智慧技能、认知策略、动作技能和态度的迁移。在多年的迁移研究成果中，还有更多著名的分类方法，如侧向迁移与纵向迁移、特殊迁移与一般

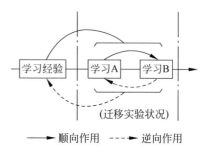

图 5-1　学习的顺向迁移与逆向迁移

迁移、低路迁移与高路迁移、近迁移与远迁移、应用迁移与创造迁移、陈述性知识与程序性知识 2×2 迁移等。

（二）当代迁移理论

知识的迁移是学习的一个重要方面，它随着学习理论的发展而发展。当代著名的迁移理论有大卫·奥苏伯尔（David Ausubel）的认知结构迁移理论、安德森（J. R. Anderson）等人的产生式迁移理论和新近发展起来的认知策略迁移理论，它们对于教育实践具有不同的启发含义。

1. 认知结构迁移理论

（1）从认知结构的观点看学习的迁移

奥苏伯尔指出，在图5-1所示的顺向迁移模式中，有两个问题需要深入思

①　参见：皮连生 . 教育心理学 [M]. 上海：上海教育出版社，2011：228.
②　同①228.
③　同①228.

考：先前的学习究竟指的是什么？它是如何影响后继学习的？他通过研究做出了与传统解释根本不同的新解释。

A. 图 5-1 所示的一般迁移模式仍适用于此研究，"但先前的学习不只是 A，还应该包括过去的经验，即积累获得的、按一定层次组织的、适合当时学习任务的知识体系，而不是最近经验的一组刺激-反应的联结。"①

B. 在有意义学习与迁移中，过去经验的特征，"不是指前后两个课题在刺激和反应方面的相似程度，而是指学生在一定知识领域内认知结构的组织特征，诸如清晰性、稳定性、概括性、包容性等。在学习课题 A 时得到的最新经验，并不是直接同课题 B 的刺激-反应成分发生相互作用，而只是由于它影响原有的认知结构的有关特征，从而间接影响新的学习或迁移"②。

C. "在一般的课堂学习中，并不存在孤立的课题 A 和课题 B 的学习，学习 A 是学习 B 的准备和前提；学习 B 不是孤立的，而是在同 A 的联系中学习。因此，在学校学习中的迁移，很少有像在实验室条件下严格意义的迁移。这里，学习迁移所指的范围更广，而且迁移的效果主要不是指运用一般原理于特殊事例的能力（派生类属学习的能力），而是指提高了相关类属学习、总括学习和并列结合学习的能力。因此，无论在接受学习还是在解决问题中，凡有已形成的认知结构影响新的认知功能的地方，就存在着迁移。"③

（2）影响学习迁移的三个认知结构变量

A. 原有知识的可利用性

奥苏伯尔认为，原有知识的可利用性是影响新的学习和迁移的最重要因素，也是最重要的认知结构变量。他进一步强调，上位的、包容范围大和概括程度高的原有观念具有更为重要的迁移价值。

B. 原有知识的巩固性

原有知识的巩固性是影响新的学习和保持的第二个变量。原有知识越巩

---

① 皮连生. 教育心理学[M]. 上海：上海教育出版社，2011：239.
② 同①239.
③ 同①239.

固，越易于促进新的学习。利用及时纠正、反馈、过度学习等方法，可以增强原有观念的稳定性，从而有助于新知识的学习和保持。正所谓"温故而知新"。

C. 新旧知识的可辨别性

新旧知识的可辨别性是指在利用旧知识同化新知识时，学习者意识到旧知识与新知识之间存在着异同点。可辨别性建立于原有知识的巩固性基础之上。学习者既需要意识到原有知识与新知识之间的相似之处，才可以使原有知识同化新知识；又需要区分原有知识与新知识之间的不同之处，这样才能使新知识作为独立的知识保存下来。

（3）认知结构迁移理论对课程内容设计的启发意义

认知结构迁移理论对课程内容设计如何塑造学习者良好的知识结构具有重要的启发意义。具体体现在以下几个方面：

A. 课程内容的设计需要重视累积性经验与知识的重要价值

奥苏伯尔认为在有意义的学习中顺向迁移的发生并不是最近经验的一组刺激-反应的联结，不仅最近的经验即图5-1中的A参与了迁移，而且过去的经验，即"累积获得的、按一定层次组织的、适合当时学习的"知识体系对迁移的发生具有积极的促进意义。

可见，知识体系的系统性累积对于学习者学习新知识具有重要作用，课程内容的设计需要重视前后课程之间的知识逻辑关系，使前修课程能够促进后继课程的学习，为知识的顺向迁移创造条件。

在此，我们需要思考，为什么设计学学科本科教育培养的人才知识结构不够完整？既然学习者的知识结构是从课程内容的知识结构中转化而来，那么，课程内容中必然欠缺了形成学习者完整知识结构的某些内容。如果设计人才因为缺乏逻辑思维能力、社会实践能力、可持续发展能力而影响了其专业能力的发展，根据认知结构的迁移理论推断，导致这种情况的原因在于两个方面：一、专业课程未能提供相应的内容；二、基础课程阶段就已经欠缺了具有迁移价值的相关知识。人文知识、科学知识、社会学知识、专业知识与技能所构成的基础知识以及人文素养、科学素养、艺术素养与开放的视野所形成的综合文化素养对学习者专业知识的学习具有珍贵的迁移价值，是课程内容设计不容忽视的环节。

B. 课程内容的设计需要拓宽基础知识与专业口径

奥苏伯尔认为课堂学习中的课题不是孤立的，知识之间存在着普遍的联系，所以迁移的范围广泛，而迁移的效果将提高"相关类属学习、总括学习和并列结合学习的能力"。

课程内容宽阔的知识口径主要体现了三个方面的内涵。

第一，宽博的知识口径应伴随本科教育课程体系的全过程，通识课程不仅应当设计为本科教育基础阶段的课程，而且应当伴随教育的全过程，以促进学习者知识的迁移，形成多元化知识结构的需要；在专业课程阶段注重综合性课题的设计，在理论与实践课程相结合的情况下，培养学习者创造性思维的能力、设计表现能力、逻辑思维能力、社会实践能力和可持续发展的能力，做到"以博促专，博专结合"。第二，设计学学科的交叉性不仅使其下属的各专业之间，而且设计学学科与其他学科之间存在着广泛的、内在的联系，所以宽博的知识还应促进设计学学科各专业之间、设计学学科与其他学科之间的互动与交流，拓宽学习者知识迁移的领域。第三，宽博的知识口径还指课程内容的设计应包容课程类型的差异性，使学科课程与经验课程、分科课程与综合课程、必修课程与选修课程、显性课程与隐性课程形成互惠互补的关系，从而促进学习者良好的知识结构的形成。值得指出的是隐性课程在现行课程内容设计中仍未受到应有的重视。

C. 课程内容的设计需要重视规律性知识的重要性

奥苏伯尔在研究对影响新知识的学习与保持的认知结构的变量时，发现原有知识的可利用性是影响新的学习迁移的重要因素。所以"上位的、包容性范围大和概括程度高的原有观念"具有比一般原有知识更高的价值。课程内容设计中，特别是专业课程的设计应当强调在课程的初始阶段就让学习者了解概念原理性知识的重要性，而随着课程的展开，在设计实践中，教师应当提取规律性、方法性知识嵌入学习者的认知结构中，使之形成实践过程的上位观念，用以同化后继学习中遇到的各种各样的专业课题。

D. 课程内容的设计应注重巩固性知识的重要性

根据原有知识的巩固性是促进迁移的另一个变量的研究结果，可见课程内容的设计需要给予如何促进学习者原有知识的巩固足够的重视，而"纠正、反馈、过度学习"等方法是增强知识巩固性的有效方法。无论是理论课程还是实践课程都可以通过课堂讨论、实验和复习的方式将这些方法转化为课程内容。巩固原有知识同时有利于学习者对新旧知识进行区分，进而有利于新知识作为独立的知识保存下来。

2. 产生式迁移理论

（1）产生式迁移理论的提出

产生式迁移理论由安德森提出，它适用于解释基本技能的迁移。其基本思想是，"先后两项技能学习产生迁移的原因是两项技能之间产生式的重叠，重叠越多，其迁移量越大。"①

安德森认为，这一理论是桑代克相同要素说的现代化。桑代克的心理学研究因时代的局限性没能找到适当的形式来表征人的技能，以至于错误地用外部的刺激和反应(即 S-R)来表征人的技能，所以不能反映技能学习的本质。信息加工心理学家用产生式和产生式系统来表征人的技能，抓住了迁移的心理实质。因而，"导致先后两项技能学习产生迁移的原因，不应用它们共有的 S-R 联结的数量来解释，而应用它们之间共有的产生式数量来解释。"②

安德森设计了一个用不同计算机文本编辑程序的学习的实验，实验证明，在打字和文本编辑之间不存在共同的产生式，而在两种文本编辑之间存在着许多共同的产生式，这是导致两组迁移效果不同的重要原因。

（2）产生式迁移理论对课程内容设计的启发

安德森的研究说明，先后两项任务共有的产生式数量，是影响迁移水平的

---

① 皮连生. 教育心理学[M]. 上海：上海教育出版社，2011：243.

② 同①243.

重要因素。要实现"为迁移而教"的目的，课程内容的设计需要考虑这一原理。一方面，需要考虑循序渐进的原则；另一方面，需要重视前后两种课程之间应有适当的重叠，使前修课程是后继课程的准备，后继课程是前修课程的拓展和延伸。技能之间产生迁移的本质是其共同的产生式而非它们表面相似的形式，共同的产生式即共同的规则，而规则又必须以概念原理性的知识为基础，所以任何智慧技能的教学都必须重视概念原理性知识。对于先前学习的内容，必须有充分的练习才易于迁移，否则先后两项任务则会因为共同的成分而导致混淆。也就是说，学习者可能因为没有真正掌握它们的共同产生规则，只是注意了表面上的相似性而未发现前后知识间实质的差异。在充分练习的基础上，许多基本技能可能成为自动执行的技能而不必有意识地注意，这样就会有利于促进新任务的学习。

3. 认知策略迁移理论

（1）认知策略迁移理论的提出

1977 年贝尔蒙特（J. M. Belmont）等心理学家系统分析了 100 项有关改进记忆的研究，涉及各种各样的实验策略和不同的被试，结果表明，没有任何策略训练在迁移上获得成功。研究者指出，在这 100 项研究中没有一项要求学习者对他们的策略运用成功与否进行反思。"1982 年，贝尔蒙特等又评述了 7 项策略研究资料。这 7 项研究都要求被试对策略的运用成功与否进行反思，结果有 6 项获得了迁移。在这一发现之后，许多心理学家进行了类似的研究，证实学习者的自我评价是影响策略迁移的一个重要因素。"[1]

1985 年，加泰勒（E. S. Ghatala）与其他心理学家研究了自我评价对策略迁移的影响，所教的策略是精加工策略。其中 1/3 的被试为策略-用途组，接受策略有效性评价训练，方法是反思自己使用或未使用某一策略是怎样影响回忆结果的；另 1/3 的被试为策略-情感组，要求他们评价使用某一策略是否感到"开心"；最后 1/3 的被试为控制组，不接受任何评价训练。[2]

---

① 皮连生. 教育心理学[M]. 上海：上海教育出版社，2011：245.
② 同①245.

实验结果表明，经过策略的有效性自我评价的被试能够长期运用训练过的策略，并能迁移到类似的情境中，而在其他训练条件下，策略训练仅有短期的效果。

（2）认知策略迁移理论对课程内容设计的启发

根据认知策略迁移理论，课程内容的设计不仅应当重视陈述性知识和基本技能的迁移，而且应当重视策略性知识的迁移。"科学心理学在否定形式训练说之后，经过近 100 年百折不挠的努力，终于找到可以替代形式训练说的认知策略迁移说"①，为课程研究与教学实践提供了新的思路。但在传统的及现行的课程研究与教学实践中，策略性知识的价值并未得到重视，无疑这是教育的一种损失。根据策略性知识的学习与迁移的研究结果，策略性知识应当被作为重要的课程内容受到应有的重视。

教师应当引导学习者对阶段性的学习进行反思，思考其知识获得的策略，并对这一策略进行评价。这一过程有利于学习者掌握学习的规则与方法，增强知识的巩固性，促进知识的迁移。在课程内容的设计中，教师可以以这样的方式提问学习者："你是怎样理解（或记忆、设计等）……的?""你是运用了什么方法构思（或设计、制作等）……的?""你为什么要运用这样的方法进行制作（或构思、设计）……的?""你认为哪一种方法更好?"等等，从而促进学习者对刚刚经历过的学习进行反思，有效地掌握策略性知识。

第三节　设计学学科本科教育课程内容设计的变革

一、深化通识教育，回归人之本身

（一）如何理解"通识教育"

从词源学的角度讲，"通识教育"（general education）一词源自拉丁语 Studium

---

① 皮连生. 教育心理学[M]. 上海：上海教育出版社，2011：247.

Generale，意为"来自各方的人一起学习"。Generale 在这里并非"普通、一般"之意，而是取自拉丁文的原意 for all，即"为所有人而设、涵括所有人"的意思。作为一种教育形式，通识教育则可以追溯到古希腊—罗马时代的"博雅教育"（liberal education），其课程内容是由文法、逻辑、修辞、几何、天文、算术、音乐组成的七艺，旨在促进学习者理智的提升与心智的训练，将发展理性以及养成优雅的风度、高尚的审美情趣、批判性思维和雄辩的口才为培养目标，而无须进行专业知识与职业技能的教育。从教育理念的角度来讲，通识教育是博雅教育的延续，但通识教育的内涵随着时代的进步而不断地得以超越和创新。

由于 18 世纪的工业革命和 19 世纪中叶科学技术的迅速发展，知识的数量与种类迅速增加，知识的专门化与教育的专业化逐渐形成，大学教育步入崇尚知识的工具价值、倾心塑造专精人才的迷途，形成了学科之间门墙森立、学习者思想武断褊狭的局面，教育便"自我异化"了，背离了育人的根本。19 世纪末期，通识教育的理念在专业主义盛行的美国应运而生。20 世纪初，美国部分著名大学如芝加哥大学（The University of Chicago）、哈佛大学（Harvard University）、哥伦比亚大学（Columbia University）等开始推行实施通识教育，为教育的困境寻找解决的良方。

中国近代高等教育发展之初，专业教育思想并不突出，蔡元培先生在北京大学倡导"融通文理两科之界限"①的思想和梅贻琦先在清华大学提出"通识为本，专识为末"②的主张体现了强调综合素质教育的大学理念。新中国成立之后的数十年间，由于专业化教育的倾向日益严重，中国大学的通识教育于 20 世纪 90 年代随着素质教育改革运动而受到教育界的普遍重视，21 世纪初蔚为潮流。此时期，中国大学教育面临着多方面的挑战。第一，新中国成立初期，为了适应国家工业化发展的需要，中国高等教育学习苏联经验，形成了计划经济体制下培养高、精、尖的专门人才为教育目标的专业化教育模式，

① 高平叔. 蔡元培全集：第六卷［M］. 北京：中华书局，1989：352.
② 梅贻琦. 大学一解［J］. 清华学报，1947，13（1）：7.

使教育逐渐遁入工具理性的困境。随着时代的进步，专门人才的知识结构已不能满足日益复杂的社会发展的需要，如何实施综合素质教育是中国大学本科教育所面临的重要课题之一。第二，随着精英教育向大众化教育的转型，中国大学本科教育在对规模的盲目追求过程中，量的目标不断攀升，质的标准逐渐松懈，学习者的主体性被淹没在标准化、统一化的教育规范中。加之教育资源供不应求，人才培养质量堪忧。第三，社会的市场化导致了教育的功利化，大学教育成为技能操练的加工厂，忽视了学习者的品性培养。在功利心理和浮躁情绪弥漫、人文精神失落的社会氛围中，青年一代的身心成长难免受到侵害。第四，全球化的趋势既促进了世界文化的开放与融通，又加速了地方文化、传统文化的消融，越来越多的青年人因失去文化之根而成为"漂泊的浮萍"。中国大学需保持敏锐的预测性与觉察力，既以开放的胸襟面向世界，又以拳拳之心维护传统文化之根，引导学习者亲近传统文化中的思想世界和价值世界。第五，知识经济时代的来临，期待着大学教育培养出可持续发展的一代新人。面对上述挑战，中国大学本科教育需要审慎省察而摆脱"自我异化"的泥沼，使教育回归人之本身，重建主体性，将通识教育进一步深化。

通识教育不仅仅是一类课程，而是一种教育理念，一种教学方式，一种办学制度，一种人才培养模式。它不是基础性的阶段教育，而是贯穿于教育的整个过程，"既涉及培养目标、课程体系、实践环节、管理制度等，又贯穿于学生校园生活，乃至延续至其完成学业之后"①。通识教育与专业教育不是对立的关系，而是在一个教育体系中良性互补、融会贯通地结合为一个有机的整体。

（二）通识教育的目标与价值

通识教育的根本价值在于回归人之本身，激发人的主体性的觉醒。通识教育的"通"，即"融通""通达"之意。通识教育以建立人的主体性，完成人

---

① 洪大用，等. 打造通识教育的"人大模式"：主体教育与全面发展[M]//熊思东，等. 通识教育与大学：中国的探索. 北京：科学出版社，2010：292.

的自我解放，并与人所生存的人文环境及自然环境建立互为主体性之关系为目的，①是一种启发心智、唤醒心灵的教育。学习者通过文理交融、中西合璧、古今贯通的通识教育，将拓展通达宽广的视野，养成好学深思的态度与民胞物与的胸襟，最终实现达成自身的全面发展。

通识教育的目标与价值追求是通识课程内容设计的依据，虽然通识教育的目标与价值追求因时代的变化与具体大学的实际情况而有所差异，但对以下范例的分析将于当今设计学学科本科教育的课程内容设计大有裨益。

1. 通识教育的目标

美国大学的通识教育，就其教育目标与价值追求而言，大致可以分为以约翰·H. 纽曼（John H. Newman）与罗伯特·M. 赫钦斯（Robert M. Hutchins）为代表的理想主义和常经主义，以杜威与克拉克·克尔（Clark Kerr）为代表的进步主义和实用主义，以詹姆士·B. 康能（James B. Conant）与亨利·罗索夫斯基（Henry Rosovsky）为代表的精粹主义与本质主义。理想常经主义倾向于唯心论，强调真理的永恒性与普遍性，大学教育之根本目的是培养学习者追求永恒普遍的真理。进步实用主义倾向于唯物论，认为宇宙是变化无常的，教育的目的在于培养学习者在自然环境与社会环境中经验的成长并具备在现实中生活的能力。精粹本质主义则倾向于心物二元论，认为宇宙中存在着变化的事实，因而知识应随时代的变化而不断创新；同时，宇宙中又存在着不变的根本，因而人生中必须追求永恒的观念价值，它倡导民主社会中个体的自由全面的发展，同时强调个人发展与社会发展之间的和谐关系，二者需相得益彰。

美国《1828 年耶鲁报告》（*The Yale Report of 1828*）的发表被视为近代大学史上通识教育的开端。1945 年，《哈佛通识教育红皮书》（*General Education in A Free Society*）②的发表第一次呈现了现代意义上的通识教育思想。"红皮书"指出，

---

① 参见：黄俊杰. 全球化时代的大学通识教育[M]. 北京：北京大学出版社，2006：48.
② 由于该书用哈佛大学传统的深红色校色作为封面，所以通常称之为"红皮书"（The Red Book）。

教育的意义主要体现于两个方面：一方面，帮助学习者成为一个拥有独特的、个性化生活的个体的人；另一方面，成为一个公共文化继承者的合格的公民。这两个目标具有内在的联系，不能截然分开，主张"要从广义上的'人'的'完整性'而不是从狭义上的个人'能力'角度来探讨教育如何为人生做准备"①。"红皮书"认为通识教育的培养目标应当尤其关注"心智的特质和品性"②，包括 4 个方面的内容：③

第一，有效的思考能力。主要是指逻辑思考能力，即从前提中抽绎出正确结论的能力。它是辨别各种关系所构成的模式的一种能力。有效思考包括三个阶段，分别是逻辑的思考能力、关联性的思考能力和想象的思考能力，大体与自然科学、社会科学和人文科学三个学科领域分别对应。

第二，交流能力。是表达自己并被别人理解的能力。它与有效的思考是分不开的，清楚明晰的思想是清晰表述的前提。有效的交流不仅依赖于清晰的思维、简洁有力的表达等技巧，而且还依赖于坦诚之类的道德品质。

第三，作出恰当判断的能力。它涉及的是学习者将全部思想运用于经验领域的能力。教育的目的在于将普遍的规则运用到具体的、转瞬即逝的新环境中的能力。这种将理论转化为实践需要的独特的能力，就是洞察力或判断力的技能。

第四，辨别价值的能力。这种能力不仅指对不同种类的价值有清楚的意识，而且要对它们之间的关系有所了解。价值有多种，有品格方面的价值、智识方面的价值、审美方面的价值等。教育的目的不只是在于传授有关价值的知识，更重要的是要致力于价值本身，将理想内化为行动、感情及思想与从知识层面掌握理想同等重要。价值辨别的能力应当在学习自然科学、社会科学和人文科学三个学科领域中培养，而人文学科不仅指向道德价值，而且指向审美价值。

———————

① 哈佛委员会. 哈佛通识教育红皮书[M]. 李曼丽，译. 北京：北京大学出版社，2011：2.

② 同①50.

③ 同①50-57.

人类的理想是自然的一部分。

哈佛"红皮书"比较全面地诠释了通识教育的思想，它的发表引发了全美广泛的注意和讨论。其将通识教育视为人自幼成长、终生学习和实践最终达成全面发展的观点，由大学阶段扩及中小学阶段，比以往通识教育的目标更加宏观而且深远。

20世纪70年代，担任哈佛大学文理学院院长的罗索夫斯基对通识教育进行了系统的改革规划，提出了新的培养目标：

"1. 一个有教养的人，必须能够清晰而有效地思考与写作。学习者获得学士学位时，必须能精确、中肯、有力地表达。亦即学习者必须被培养成为具备正确而具有批判性的思考能力的人。

"2. 一个有教养的人，必须对自然、社会和人文有所批判性的了解。所以，学习者必须具备多方面的知识和能力：能够运用物理学和生物学中的数学和实验方法；具有历史文献分析和数量统计的方法以探知现代社会的问题；了解以往重要的文学和艺术作品；了解人类主要宗教和哲学的概念。

"这个目标很大的定义可能显得不切实际。许多大学教授认为即使他们自己要达到这样的目标都很困难，但我认为这是短视的。首先，有一个陈述的理想，其本身就是有价值的；其次，我前述系统的理念说明，如物理、历史和英语文学都融入到这些标准中。我并非要求所有的大学生都精熟这些领域。目标是具备多方面的知识、能力的，利用足够广泛概念的一组必修领域来达成。

"从多方面知识、能力的熟悉跨越到批判性的理解是更加重要和困难的。为达到此目的，我们必须将课程的内容转化为广泛的应用。知识的更新异常迅速，我们必须鼓励学生成为终生的学习者。人的时间是有限的，因此只能选择某些科目学习。我们可以期盼一位非科学家选读介绍科学的课程，但无法要求所有学习者学习物理、生物、化学、几何和数学。因此，必修科目的普遍性功能尤其重要。在理想层面上，必修科目应当既具有重要的内容，又具备了解该学科的方法。例如，研读经济学固然能对经济学的内涵有所认识，但更为重要的是能够运用经济学的方法来理解社会科学的各项问题，这样，经济学在通识教育中才能显示其价值和意义。

"3. 一个有教养的美国人，在 20 世纪的最后四分之一的年头，不应当有地方的褊狭心理而忽视其他地区和另一时代的文化，我们必须了解塑造现在和未来的其他地区和其他历史时期的文化和力量。也许能拥有如此广博的世界观点的人并不多，但我认为一个人是否受过教育，最大的区别之处就在于生活经验是否能够用广阔的视野来省察。

"4. 一个有教养的人，要能了解和思考道德与伦理的问题，虽然这些问题几世纪以来少有变化，但每代人面临道德伦理问题时，都会遇到两难抉择的困扰，因此受过教育的人，应当能够做出智慧的判断，从事道德的抉择。

"5. 最后，一个受过教育的人应当在某一知识领域有深入的研究，达到兼备广泛的知识能力和专业程度。用美国大学的专业术语来描述，叫做'主修'或'集中研习'。"①

罗索夫斯基的通识教育思想反映了精粹主义和本质主义的特质，具有一定的理想主义色彩，但当"教育先行"的原则成为当今社会的历史性选择之时，这种教育理想却恰当其时地折射出时代的光芒。他所提出的融通自然学科、人文学科、社会学学科而广泛获得知识的能力、消除地方褊狭思想而拥有开放的视野、作出智慧的判断而从事道德的抉择、广博的知识素养与专业能力兼备、个体成长与社会发展相协调的本科教育培养目标，毋庸置疑地对挑战知识经济时代的来临、全球化的浪潮、人文价值迷失与学习者全面发展之需要等现实问题提供了良策。

基于学习者全面发展的需要，广大高等学校的通识教育培养目标不可避免地具有很大程度的共通性，但由于其学科类别、层次定位等现实条件的差异，通识教育的培养目标及相应的课程设计应当形成不同的特色。

---

① ROSOVSDY H. The universty: an owener's manual [M]. New York: W. W. Norton & Company, 1990: 105-107.

2. 通识教育的价值

通识教育是"全人"培养目标的必要途径，它对学习者的教育价值主要体现在以下几个方面。

（1）价值观的形成

通识教育旨在激发人之觉醒，建立人之主体性并使之与环境形成互为主体性的和谐关系，促进学习者正确价值观的形成。学习者正确的价值观包括具备明辨是非、善恶的道德价值的判断能力，从而养成崇尚和平、公正、博爱、勇敢、奉献、勤奋等良好的品格；具备明辨真伪的智识价值的判断能力，修得追求真理、尊重知识、热爱文化的良好学养；具备明辨美丑、雅俗的审美价值的判断能力，从而形成能鉴赏、懂欣赏的高雅品位。当今时代，青年一代还要具备以下几方面的价值判断能力：一、在全球化的浪潮中，既应具备欣赏、尊重异族文化的开放胸襟，又应洞悉"全球化"的双重内涵，审慎把握"全球性"与"民族性"的价值取向，而对传统文化的价值倍加珍惜；二、面对教育的功利化倾向，能够辨识教育的工具理性与价值理性两种价值取向，可持续发展性对于知识经济的重要意义，不以短期利益为目标，而树立终身学习的理想；三、洞彻自我与环境互为主体性的关系，环境不是他者，而是另一个自我。学习设计学学科的年轻人尤其应当树立正确的设计价值观，坚持设计源于生活、设计高于生活、设计服务生活、设计引领生活的原则，避免设计走向商业化乃至商业主义，沦为破坏环境、浪费资源、伤害民生的利器。

（2）素养的培养

通识教育虽然历经变革，但对学习者素养的培养一直是其追求的根本。素养源于知识，但又不同于知识，它由知识在学习者心灵中的内化而融成学习者自身的一部分，成为一种特质、一种品性、一种习尚。素养形成的过程，不是学习者对知识的被动地接受，而是主动地吸纳和融化。消化新的材料，使之与久已获得的认识或观念和谐，融汇于原有的知识体系，经此种种历程，蕴化为素养，达到"心灵的启明"。"学会了以屈伸自如的理性力量，去潜化稠密堆积的事实与事件，使智力不再褊狭，不再闭锁，使言行不再轻躁，不再迷惘，养成了耐心、镇静，并且庄严中有安详。那是对于心灵所能拥抱的一切事物的正确见识与领悟……心灵借由历史知识而近乎先知；由人文学科近乎反躬自省；心灵要由蜕弃小气和褊狭而有近乎超自然的清明；它要近乎信仰的沉静，因为它万物不能惊；它有近乎神的静观之美与和谐，因为它与永恒的秩序以及天界的音籁相得而莫逆。"①人文学科、科学学科、社会学学科与设计学学科的交融互动，是当代通识教育培养学习者综合文化素养的途径。

（3）知识结构的建立

通识教育不仅具备基础教育的意义，而且应当伴随教育的全过程。它既具有广博性，又具有基础性。在横向维度，它构成多学科交叉互动的关系；在纵向维度，它是构成课程知识体系系统性的重要内容。因此，通识教育有利于形成学习者多元化、立体化而且具有层次性、逻辑性的健全的知识结构。

（4）能力的培养

根据认知结构迁移理论，通识教育广博而互相融通的知识基础将会促进并提高学习者相关类属知识的学习、总括学习和并列结合学习的能力，其价值主要体现在两个方面：第一，有利于专业能力的培养。通识教育与专业教育并不是孤立的，而是互动互补的，广博深厚的知识基础与良好的文化素养对学习者发展综合专业能力具有促进作用。第二，有利于可持续发展能力的形成。通过通识教育，学习者不仅将形成健全的知识结构而产生知识创新的动力，同时，正确的价值观是其理想形成的源泉，开放的视野将开阔其兼容并蓄的胸怀，良好的品格有利于其把握正确的人生航向，这些都将为学习者的终身学习、终身发展而奠基。

（三）通识课程存在的问题与解决的对策

中国设计学学科本科教育的通识教育在国家素质教育政策的推动下有所发展，但从当前的情况来看，还存在着一些问题，所以，课程内容设计的进一步

---

① CHADWICK O. 纽曼[M]. 彭淮栋，译. 台北：联经出版社，1984：61-62.

完善是促进通识教育深化的必要途径。

1. 通识课程内容存在的问题

（1）课程内容不够深厚

有些高等学校所开设的通识课程知识承载量低，缺乏经典性、纵深性的课程内容，甚至相当数量的课程内容具有通俗化、逸趣性倾向，从某种意义上讲，体现了一种"反知识主义"的倾向。

（2）课程内容不够广博

长期的专业化教育所形成的工具理性价值观一时间难以扭转，通识课程的内容广博度不够，跨学科、跨领域、跨文化的广度需要进一步拓宽。在某些学校中通识课程内容的设计甚至追求一种"隧道效应"，依据专业性质设置专业范畴内的专业理论课程作为通识课程，这种情况在艺术类高等学校与专业性比较强的高等学校中并不少见。如理工类高校的通识课程缺乏人文学科、艺术学科的内容；艺术类高等学校则缺乏科学学科、社会学学科的内容，甚至人文学科的内容也不充分，而只是将"工业设计史""工艺美术史"等史论类课程作为通识课程的主要内容，学习者的知识结构难免编狭。

（3）通识课程内容缺乏系统性

通识课程与专业课程的互补互惠关系需要使其课程内容与专业课程内容整合为一个完整的知识体系，通识课程对于专业课程而言，在纵向维度上应当具备基础性意义，在横向维度上应当具备拓宽专业口径的价值。而现实中，一些通识课程与专业课程之间缺乏逻辑性，常常使专业课程失去了必要的逻辑基础，如工业设计专业的毕业生因缺乏科学学科的知识基础而没能形成数理分析能力，环境设计专业的毕业生因缺乏环境科学的知识基础而不能正确理解人与环境的关系从而影响专业能力的拓展。

（4）"两课"需要注入新的内容

公共基础课中马克思主义理论课程和思想政治教育课程（简称"两课"）的内容与生活实际及专业课程缺乏内在的联系，教学效果甚微，这一点引起广大师生的关注，"两课"需要注入生动的、新鲜的内容。

2. 问题形成的原因

（1）教育理念方面的问题

对教育理念认识的不足是造成上述问题的根本原因。在这一问题上，一方面部分高校对大学教育理念越来越模糊，这是当今社会多方面的原因引起的，但工具理性的教育价值观是最主要的原因；另一方面是通识教育的内涵未能得到深入地理解，其对"全人"教育所发挥的重要价值没能受到重视，有的高等学校将通识教育视为过渡性的、手段性的工具或可有可无的专业教育之外的"甜点"，以至管理松散，课程内容的设计褊狭浅薄，导致教学效果寥然。

（2）教学实践方面的原因

在教学实践方面，导致通识课程产生诸多问题的原因较多，但主要原因体现为三个方面。第一，长期的专业化教学所形成的教育制度在评价标准、管理模式方面表现为重专业、轻通识的倾向，通识课程的边缘化导致了通识课程教师的边缘化，教研成果的专业化评估导向致使优秀的通识课程师资队伍难以形成，这是导致通识教育师资资源缺乏的原因之一。第二，与综合类大学相比较，艺术类、专业性较强的高等学校缺乏全面的学科资源、师资资源，即使这些学校观念上重视、制度上健全也难为无米之炊。第三，由于授课时间有限，通识课程难以全面展开，只好牺牲某些课程以保证专业课程的齐全，形成了教育理念与教学实践、通识教育与专业教育之间的矛盾。

3. 问题解决的对策

（1）深入理解大学教育理念与通识教育的价值

随着现代时期科学主义的泛化，20 世纪的大学追求的是"工具理性"，而"在明明德，在亲民，在止于至善"的价值教育被边缘化了。于 1995 年至 2003 年期间担任哈佛大学哈佛学院院长的哈雷·R. 鲁易斯（Harry R. Lewis）在其著作《卓越而没有灵魂：通识教育有未来吗?》（*Excellence Without a Soul：Does Liberal Education Have a Future*）一书中，批评哈佛大学近半个世纪以来，虽然在研究和科学知识创造方面不乏卓越的成就，但却忘记了在促进大学生心智与心灵两方面成长的责任，鲁易斯对哈佛大学的批评，实则言中了当今大学教育的时弊。对大学教育理念进行伦理反思，回归"价值理性"，是当今高等学校面临的责任。

明确理解大学教育理念与通识教育的内涵，并不是一件一蹴而就的事。一方面，高等学校应予以重视并结合国家在当前形势下所倡导的教育精神展开深入的研究讨论；另一方面，正如 20 世纪 90 年代中共中央、国务院和原国家教委颁发的《关于开展大学生文化素质教育试点工作的通知》(1995 年)、《关于加强大学生文化素质教育的若干意见》(1998 年)等一系列提倡素质教育的文件推动了通识教育在全国的开展一样，国家相关教育政策制定与推广将会成为全国高等学校明确大学理念、回归价值教育、深入理解通识教育内涵的强有力的推动力量。

(2) 建立完善的制度

在明确大学教育的理念，深入理解通识教育的内涵的前提下，高等学校建立完善的制度是使通识教育进一步深化的保障。首先，高等学校需要改善教研评价制度，矫正专业挂帅的思想倾向，将通识教育提高到与专业教育同等重要的地位，甚至对通识教育的学术成果予以更多的重视以形成一种价值导向，鼓励教师从事通识课程的教研活动以利于储备优秀的通识教育教师资源与课程资源。其次，建立完善的通识教育管理制度。如哈佛大学设有本科教育委员会(Committee of Undergraduate Education)，负责学习者的教育与辅导；另外设有核心课程委员会(Committee of Core Curriculum)，负责规划推动核心课程(以前称通识教育)；伊利诺斯大学芝加哥分校(University of Illinois at Chicago)设有教育政策资深专家委员会(Senate Committee on Educational Policy，SCEP)和教育政策委员会(Educational Policy Committee，EPC)管理通识教育课程。北京大学成立元培计划委员会，专门负责通识教育的实施；复旦大学成立复旦学院负责通识教育的教学、研究和管理。国内高等学校通识教育的管理制度的完善需要采取以下措施：第一，建立通识课程的审议规划制度，聘请校内外教育专家与授课教师定期召开课程审议会，对课程进行系统性的规划，遴选优质而合理的课程，把握课程的广度、深度与系统性以确保其教育价值。第二，完善学习者选课管理制度。安排专门的导师负责学习者选课辅导，根据学习者的专业特征与学分要求为学习者选修提供建议。如北京大学元培计划实行学习者自由选课为基础的学分制、导师全程指导制、3 年至 5 年的弹性学制与原则上自由选择专业制等；复旦学院推行本科生导师制、全职导师实行坐班制，指导学习者日常学习、课程修读、具体选课和学习生活规划。这些管理方式是值得借鉴的。

（3）通识教育资源建设

针对通识教育资源缺乏问题，可以通过以下几种途径进行资源建设。第一，整合地区资源，开展校际学分互认和教师资源共享，弥补艺术类高等学校与专业性较强的高等学校通识教育资源短缺的问题。解决这一问题的理想方式是建立地区性"通识教育发展中心"这样的管理组织，进行资源的统筹安排。第二，虽然学校的资源情况是学校办学定位的依据之一，但被动适应现有资源的状况势必阻碍学校的发展，高等学校应当立足于学校自身长期的发展目标及"全人"教育目标而积极主动地进行资源建设，通过师资培训、课程开发、教材建设等途径开发校内资源、引进校外资源等方式促进通识教育。第三，研究多种资源储备方式，通识课程的资料储备，既可以运用教材、经典名著等印刷品的传统形式，也可以是精品课程、讲座、研讨会等录音录像的电子文件形式，充分利用当前多媒体技术条件加强储备和整理工作。

（4）丰富通识教育授课方式

针对课时的有限性与通识课程内容的丰富性之间的矛盾，可以通过丰富通识课程授课方式来取得二者之间的平衡。单科授课需要占用较多的课时，可以运用专题讨论、座谈会、讲座、网络教学等丰富而灵活的形式，既充实课程内容，又节省正规授课的时间，无论哪一种教学方式都需要严格的评价制度作为保障。另外，寓通识教育于专业教育之中不失为一种很好的方式，专业教育过程中可以根据具体的课题将相关交叉学科的知识引入课程，促进通识课程与专业课程的融合。

二、创新设计基础，培育艺术素养

中国传统设计学学科本科教育的设计基础课程大致可以划分为两条路径，

一条源自苏联和西方写实主义绘画，将素描与色彩的写生作为设计基础课程；另一条是基于"工艺美术"概念的设计基础教育，将从日本引进的"三大构成"作为设计基础课程。改革开放之后最初的几年间，将上述两条路径合而为一，则成为国内大部分高等学校对设计基础课程的选择，从而形成素描与色彩写生课程—"三大构成"课程—专业课程的课程体系基本逻辑构架。实践证明，上述设计基础课程未能充分发挥使学习者养成审美与创造之品性的教育价值。

（一）设计基础的课程目标

设计基础的课程目标，旨在对学习者艺术素养的培育。一方面，从学习者全面发展的角度而言，设计基础课程的价值在于对学习者心智的启迪与人性的培养，为其终身学习与成长而奠基；另一方面，从课程体系构成的角度而言，根据知识的迁移理论，设计基础课程是本科教育专业课程体系的最初环节，是一系列后继专业课程的前提。

艺术与设计同根同源，二者之间存在着内在的、必然的联系。在西方文化中，"艺术"一词源于古罗马的 art，原意指相对于"自然造化"的"人工技艺"，不仅包括音乐、文学、戏剧等文化形态，而且包括制衣、栽培、拳术、医术等技艺；古希腊时期的艺术概念仍与技艺、技术具有同等的含义，可见，至此艺术与设计并无明确的界限。但随着古希腊的绘画与雕塑在公元前五世纪发展到成熟阶段时，一套古典美的标准在西方基本形成，从而在某种程度上促进了"艺术"含义的衍变。到 18 世纪中期，基于美的艺术概念体系正式建立起来，艺术成为审美的主要对象。随着工业社会时期社会生产领域的专门化与学科知识体系的专业化，设计日益发展成为具有专门性的生产领域与专业化的学科知识体系，艺术与设计在文化形态、生产领域、知识体系各方面一度各自趋于独立，但就其共同的审美与创造的属性而言，二者仍然存在着内在的联系。随着后工业时代的来临，在社会生产领域与学科知识体系的综合化发展中，设计与艺术相互交融的关系正逐渐呈现着回归的趋势。设计毋庸置疑地体现着艺术的品性及其对人的素养的陶冶作用。

对于人类而言，艺术与生俱来，艺术与生俱在。"自原始人的时代以来，艺术一直是整个人类生活中不可缺少的一部分。"①"正是艺术使我们认识了自己"②，认识到人的一种永恒的憧憬。世界上任何民族无论生活多么艰难，都不会泯灭对艺术的追求，并不懈地创造艺术而从中获得美的享受，其中"至关重要的一点在于人类生命意识中有着根深蒂固的超现实的渴望"③。这种渴望引领人类不断地步入无限崇高与开放的境界。

古往今来，学者们从未停止过追问艺术的价值是什么，艺术的价值既非如"艺术至尊论"所宣称的那样，在于充当世俗君王的御用工具；亦非如后现代主义者的"艺术否定论"所鼓吹的那样，在于充当消费文化的大众快餐——艺术的价值在于成就芸芸众生拥有文化之生命。正如法国美学家米歇尔·杜夫海纳（Mikel Dufrenne）所言："自然之所以能从审美的角度去看，那是因为它能从文化的角度去看。"④"人是文化的生命，有文化的需求，人的精神需要有文化的支撑。而满足人们的这种需要，就是作为人类文化核心形态的艺术的价值所在。"⑤可见，艺术的价值是通过"人文教育"来实现的，其基本意义在于对学习者心灵的开启与人性的培养，而有别于"知识教育"以知识的传输与人的专门才能的开发为目的。在《国语·郑语》中，史伯曾以"合和"诠释音乐的本质，"合和"即多种不同的要素相互作用而形成的一种动态的、开放的、共生的和谐结构。"夫和实生物，同则不继。以他平他谓之和，故能丰长而物归之；若以同裨同，尽乃弃矣。故先王以土与金木水火杂，以成百物……和乐如一。"⑥不只是音乐，所有伟大的艺术作品都体现着异质要素之间相互碰撞、对话、融合的自

---

① 奥班恩. 艺术的涵义[M]. 孙浩良，等译. 上海：学林出版社，1985：26.

② 拉塞尔. 现代艺术的意义[M]. 常宁生，译. 南京：江苏美术出版社，1992：4.

③ 徐岱. 什么是好艺术：后现代美学基本问题[M]. 杭州：浙江工商大学出版社，2009：14.

④ 杜夫海纳. 美学与哲学[M]. 孙非，译. 北京：中国社会科学出版社，1985：43.

⑤ 同③18.

⑥ 左丘明. 焦杰校点. 国语[M]. 沈阳：辽宁教育出版社，1997：119.

然界生态发展的规律性，展现着可持续发展的过程。"所谓艺术师法自然，绝不单纯是模仿自然的表面形象，而主要是效法自然生生不息的发展过程。正是从这个意义上说，艺术同自然一样，都是人类本来意义上的家园。"①

艺术对于学习者心灵的开启与人性的培养，即是培育其博爱旷达之胸怀、纯澈诚挚之心灵、知美创生之性情，使学习者形成开放的、可持续发展的生态人格。设计基础课程的培养目标更加具体地体现于以下几方面。

1. 人性的培养

（1）设计基础与生活

设计基础课程应以日常生活与真实的生存环境作为学习的起点，使学习者在对日常生活和现实事件认真观察、聆听和反思中发现艺术的真、善、美，"人类点燃了美，同时也点燃了善"②，学习者只有从生活中汲取营养，才能用艺术的心灵感受生活，用艺术的眼光观察生活，用艺术的形式表现生活，提高个人的生活情趣与审美感受。在此基础上，学习者将逐渐理解艺术与设计的规律，将对艺术、设计与生活之间的关系的认识上升到理性的层面，认识到艺术与设计源于生活又高于生活的真谛，继而自觉地运用自己所掌握的艺术与设计的知识表现生活、创造生活，不断地拓展艺术与设计想象的空间，激发艺术创作与设计的渴望，点燃其对艺术、设计和生活的激情、希望、感悟与热爱的火花。

（2）设计基础与情感

艺术作品作为"有意味的形式"，无论其"滋味""趣味"还是"韵味"，都是审美主体的经验与艺术作品所表达的思想、情感进行沟通交流的结果，设计基础课程通过使学习者对经典艺术作品进行欣赏、诠释、分析和反思等过程，而使其品味作品中所蕴含的丰富的情感和思想，从而滋养其精神世界、净化其心灵、陶冶其情操。值得指出的是学习者需要对艺术作品的外在形式和内在意蕴整体把握，才能理解其深刻的内涵，反之使自身的情感体验更加深邃。

---

① 滕守尧. 回归生态的艺术教育[M]. 南京：南京出版社，2008：75.
② 柏林特. 环境与艺术[M]. 刘悦迪，等译. 重庆：重庆出版社，2007：156.

另外，设计基础课程的艺术作品赏析内容，应当超越视觉艺术的范畴而使学习者的情感在多种艺术形式中旅行，从而使其情感、思想、体验、志趣更加广博通达。

（3）设计基础与文化

艺术与设计是文化符号的载体，它们记录和再现了人类文化的发展历程，也是其自身在新的历史时期发展创生的源泉。在文化全球化的浪潮中，设计基础课程既应对多姿多彩的民族文化、地方文化倍加重视，培养学习者尊重与热爱民族文化、地方文化传统的情感和深厚博学的良好素养，又应当对世界各民族文化交融、互动的局面予以关注，使学习者了解当前与未来文化的发展趋势及艺术与设计随着时代的发展而不断创生多元的盛景，培养他们对前沿信息与时尚动向敏锐的文化感知能力和把握能力。通过这一阶段的学习，学习者将理解艺术与设计历久弥新的文化渊源，形成通古今而知中外的文化素养和能力，为未来成为文化的创造者奠定基础。

（4）设计基础与科学

艺术与科学是人类文明发展的两翼，它们在既对立又统一中互相碰撞、借鉴、融合、促进而共同推动文明的发展。生活因科学而理智，生活因艺术而欢乐。缺乏艺术的科学必然枯燥，缺乏科学的艺术难免苍白。艺术为科学撑起想象的苍穹，科学为艺术注入创新的动力。信息社会为艺术与科学的结合开拓了更为广阔的新天地，二者处于信息技术这一共同的载体中以至于达到密不可分的程度。设计基础课程应以既相区别又相联系的观点处理艺术与科学的关系，一方面引导学习者了解科学与技术对艺术发展的影响和作用，另一方面引导学习者体验艺术的想象思维、整体性思维和直觉思维对科学活动的促进作用，探索艺术想象与科学思维的平衡发展对创造性地解决问题的裨益，在实践中通过科学思维与艺术思维的相互联系、相互转化、相互促进，促使学习者生发更多的经验，从而促进其人格的整体发展。①

---

① 参见：滕守尧. 回归生态的艺术教育[M]. 南京：南京出版社，2008：189-190.

2. 专业能力的奠基

（1）陶冶审美之素养

设计基础课程中学习者的审美活动是对艺术大门的叩动，是自身心智的开启和主体性得以形成的过程。学习者通过对古今中外艺术杰作的欣赏与评价，产生与创作者的精神交流和对话，其日常知觉转变为审美知觉，从而领悟作品中的情感、情调、意义或意味，经历审美认知、审美诠释、审美反思等心理活动，其自身由被动的观者转变为主动的参与者，学习者在审美实践过程中结合对美学、美术史、设计史、艺术批评等理论课程的学习，形成观察、感受、分析、判断、表达、创造等综合素养和能力。

（2）养成创造之品性

一切艺术与设计作品的诞生都是创造性活动的结果，创造性是艺术与设计的基本属性之一。学习者创造之品性的形成始于审美经验，心灵积极地参与欣赏、评价与反思活动，在陶醉与兴奋中伴随着沉静的思考，创造的激情在心灵中萌芽、生长，继而促动创造性实践的展开，在实践过程中学习者更加深刻地理解并掌握艺术与设计的规律，逐渐形成以创造性的思维发现问题、分析问题、解决问题的能力，最终使创造性成为其自身的一种习惯、一种品格、一种素养，成为其灵魂中不可分割的一部分。

（3）形成表达之能力

学习者表达能力的形成与审美素养和创造能力的发展相辅相成。设计基础课程对学习者表达能力的培养首先应以基本的造型能力为前提，熟练地运用艺术手段表达现实物象的结构、体积、比例、透视、质感、色彩等特性；其次应当具备对现实形态进行解析、概括、提炼的形式表达能力；再者，应当具备以主题为导向的创造性思维的表达能力。

（4）培育设计之观念

学习者通过对人工形态和自然形态的观察、分析、感悟、表现、解析、创作，理解结构、比例、材质等造型元素与功能之间的关系，初步理解设计的原理；通过写生、形式训练掌握创造性思维的方法以及运用不同的媒介进行思维表达的方法，初步形成设计的观念。

（二）设计基础的课程内容设计

设计基础课程是近年来国内广大高等学校设计学学科本科教育课程体系改革的重点，传统的以绘画性的素描写生、色彩写生为主要内容的设计基础课程受到普遍的质疑甚至否定，设计教育工作者们认为以培养学习者造型能力为目标的传统设计基础课程适合于美术学学科而不适合于设计学学科的学科特征与教育规律，设计基础课程不利于学习者创造能力的培养，与后继的专业课程之间存在着断层。因此，有些学校纷纷探索适合于设计学学科的设计基础教育的新路径，提出以培养学习者个性发展和创造能力为目标的新的课程体系。

对于这一问题，首先需要正确地认识"形"与"型"之间内涵的差异。"形"意为"形态""形式""形象"，主要是指对事物外部表现或性状的描述；"型"意为"范型""构架""模型"等，主要是指对事物构成形式或构造状态的描述。① 素描、色彩作为造型基础课程，在中国美术学学科的教学过程中，长期以来形成了"应物象形"的表现方法，没能摆脱"再现"的认识范畴，体现的是"形"的观念，虽然对培养学习者的观察能力、表现能力、审美能力具有积极的意义，但却不利于培养学习者的创造性。设计学学科的造型基础，则应当在培养学习者的观察能力、表现能力和审美能力的同时，培养其对现实形态及其构造与功能之间的关系理性的逻辑分析能力，对现实形态的形象、材质、色彩等要素丰富的想象能力，更为重要的是启迪其创造性的造型能力，这里体现的是"型"的观念。

设计基础课程内容体系的设计在广大高等学校中呈现着多元化的特点，处于在探索中不断发展的过程。笔者仅就其中的"造型基础"和"材料表现"两个环节进行着重的探讨。

1. 造型基础

造型基础课程最基本的教育意义主要体现在以下几个方面：培养学习者具

---

① 参见：笔者对中央美术学院设计学院周至禹教授的访谈资料，2012-12-3.

备敏锐的视觉感受与观察能力、科学的逻辑思维与分析能力、严谨的形态把握与表现能力、丰富的思维想象与创造能力和艺术欣赏与评价的审美能力。值得指出的是，其中严谨的形态把握与表现能力和丰富的思维想象与创造能力两个方面并非互相矛盾，不可强调一方面而使另一方面偏废。在当前的设计基础教学改革中，有些教育工作者们认为设计基础课程因强调对现实形态结构、比例、体积、材质、色彩等要素的准确表现而扼杀了学习者的艺术想象与创造性，这实则是观念的误区。这需要正确理解素描的内涵。

素描（drawing）作为造型基础的基础，其含义非常广泛，中国古人所理解的"非彩为素，摹画为描"的"素描"，指的是与彩绘相对而言的所有的单色绘画。素描是一种可以运用各种媒介，将绘画元素控制到最简约的程度且直接而迅速的绘画方式，用以表达人们的内心感受或意念，揭示形象的内涵或构造的规律。设计（design）的意大利语 Disegno 在文艺复兴时期则表示为素描的概念，主要指艺术家们在创作构思的过程中探讨作品的规模、内容与造型的视觉化草图或草稿。西方早期的视觉艺术，往往服务于宗教、科学、建筑和制造业，并非具有单纯的审美价值，而素描的作用更多的是作为探讨自然之规律或发明创造之视觉化的手段，被后人视为素描之典范的许多作品也指的是 Disegno，因此，在那一时期，素描具有创意和设计的特点。① 达·芬奇（Leonardo da Vinci）大量的关于建筑、机械、飞行器的素描草稿，真切地反映了艺术家是怎样抱着科学的态度对现实事物进行客观的分析，将科学技术与艺术想象有机地结合在一起，可见，对事物的结构、比例、体积、材质、色彩等形态构成要素的理性认识不仅没有扼杀艺术家的艺术想象和创造性，而是恰恰作为艺术家构思的基点和视觉化的媒介使艺术想象与创造性思维得以展现。因此，对现实形态的结构、比例、体积、材质、色彩等构成要素的理性认识、把握和表达能力应当成为造型基础课程的主要目标，这种能力的形成将为学习者未来专业能力的发展奠定必要的基础。

---

① 参见：刘剑虹. 具象研究：从因素分析到形式表现的素描研习[M]. 北京：中国人民大学出版社，2004：3-4.

但与传统基础课程重在训练学习者的写实技能不同的是，一方面造型基础课程以学习者全面发展与个性成长为目标，培养其造型能力与艺术表现、理性思维与感性思维、创造能力与审美素养共同发展，在理性认识现实形态的基础上，引导其"在抽象的世界中对感情意象的造型视觉有所设想，而这种意象思维的形成、绘画语言的表现，充分体现了学生的个性化特征"①。另一方面，通过对客观事物的解析，使学习者探索其构造，从而更加深入地认识客观事物的结构、比例、功能、形态等要素之间的关系，培育其设计观念的形成。

造型基础始于具象素描，根据学习者对具体物象从简单到复杂的认识发展规律，素描对象的选择一般应遵循几何形态—机械形态—工业形态—艺术形态—自然形态的逻辑过程，但本科的素描课题可以适当简化，重点突出。生活中的客观事物一般体现为人工属性与自然属性两种形态特征，人工形态的构造形式和形体特征倾向于单纯、明确，而自然形态则倾向于复杂、暧昧。② 因此，造型基础课程的课题可以先后设计为人工形态的表现与解析和自然形态的表现与解析。

在借鉴《其土石出：中央美术学院基础教学作品集》和《具象研究：从因素分析到形式表现的素描研习》所表述的基础课程思想以及考察部分高等学校设计学学科本科教育设计基础教学情况的基础上，将"造型基础1"的课程内容设计如下：

1. 课程基本情况③

（1）中英文课程名称

造型基础1

Basic Modeling 1

---

① 张欣荣. 形态表象研究的教学[M]//周至禹. 其土石出：中央美术学院基础教学作品集. 北京：中国青年出版社，2011：30.

② 参见：刘剑虹. 具象研究：从因素分析到形式表现的素描研习[M]. 北京：中国人民大学出版社，2004：44.

③ 本文中关于某一门课程的设计，只是一种示例，是多样性课程设计中的一种形式，而不是一种模式。

（2）课内总学时数及分配

总学时：<u>112</u> 学时，每周<u>16</u> 节，每节<u>1</u> 学时。

其中：讲课<u>8</u> 学时；讨论<u>24</u> 学时；实验<u>12</u> 学时；自学<u>68</u> 学时。

（3）考核方式：

综合性的考核方式和评价方法，包括以下内容：

A. 课程作业的表现能力（60%）；

B. 参与课程讨论的表现，积极提出具有批判性的观点（20%）；

C. 命题创作，快速表现（20%）。

（4）课程程度：本科基础课程

2. 课程内容简介

造型基础1是设计学学科本科课程的最初环节，课程通过理论讲授、作品欣赏、田野调查、讨论、写生、创作实践等丰富的课程形式，使学习者经历对现实形态进行观察、分析、感悟、表现、解析、创作等过程，掌握基本的造型规律。在这一过程中，通过对人工形态与自然形态的写生、精密描写、速写、解析、形式练习，使学习者分析与研究和精准地把握与表现结构、比例、材质、体积、空间、透视等现实形态的构成要素，精密地刻画和快速地表现物象的形态特征，运用理性科学的态度解析现实形态从而深入地理解其内部构造，创造性地对研究对象进行形式表现。

3. 预备知识或先修课程要求

预备知识：不限

先修课程：不限

4. 教学目的与要求

（1）教学目的

总体而言，本次课程的教学目的在于培养学习者艺术素养的形成，为后继专业知识的学习和专业能力的形成奠定基础；具体而言，本次课程的教学目的在于培养学习者掌握基本的造型规律和表现能力。

（2）培养学习者能力

造型基础1是设计学学科本科教育的基础课程，对学习者的能力培养应当具备多维性和综合性，体现于以下几个方面：

A. 敏锐的视觉感受与观察能力；

B. 科学的逻辑思维与分析能力；

C. 严谨的形态把握与表现能力；

D. 丰富的思维想象与创造能力；

E. 艺术欣赏与评价的审美能力。

5. 课题训练内容

本课程的实践课题将运用写生、速写、解析、形式训练的方法分别对人工形态、自然形态进行造型练习，课题训练内容依据课程实施的过程展开。

（1）人工形态的造型练习

A. 人工形态的写生：全因素造型练习，全面而深刻地理解人工形态的结构、比例、色彩、材质、体积、空间、透视、明暗等构成要素，表现手段不限。

B. 人工形态的精密描写：选择人工形态的某一构成要素的局部，对其特征进行突出的刻画和表现，表现手段不限。

C. 人工形态的速写：敏锐地捕捉表现对象的形态特征并进行快速的表现，强调线对结构、比例、体积、空间、透视等要素的准确表现。

D. 人工形态的解析：在对事物外部形态观察与表现的基础上进一步观察、剖析、研究其内部结构与形态、功能之间的关系，使学习者经历亲自动手对人工产品进行拆解、分析、组装的过程，促进其探索对人类基于某种需求而产生的设计思想、设计方法和设计表现之间的关系。这一课程环节的意义，不只是在于提高学习者对事物内部与外部构成要素的认识和表达能力，而且在于培育其探究精神、分析研究能力和设计观念的形成。

E. 人工形态的形式表现：是表现形式由具象形态向抽象形式、由形态结构向画面结构、由绘画语言向设计语言转化的过程。这一环节分为两步进行。

a. 人工形态的形式提炼：运用点、线、面进行形式表现，对现实形态进行概括提炼，在很大程度上舍弃现实形态的完整形象，使现实形态转化为画面的抽象形式。

b. 对人工形态的形式演绎：学习者作为审美主体将自己的情感、态度、意愿、想象进一步赋予被观察的人工形态，依据自己所设定的主题导向，对人工形态进行解构而后重构，在保留人工形态局部结构形式不变的情况下，灵活运用点、线、面而形成富有个性、富有意味、富有美感的形式表现。是学习者初步实验、探索、研究形式与意味、形式与美感的过程。

（2）自然形态的造型练习

与人工形态相比较，自然形态的结构、比例、材质、色彩各构成要素的变化更加丰富而微妙，需要学习者在对人工形态的研究与表现的基础上，以更加深刻入微的研究态度和更加娴熟的表现技巧完成本阶段的学习。

A. 自然形态的精细描写：学习者由观察植物、动物的外部形态而了解其构成要素的特性，对其美妙的形式及其精微的变化予以表达，并主动地探索自然形态与生理功能之间的关系。课程内容可以设计一系列的问题，以激发他们的好奇心，培养其善于探究的习惯和研究的能力，使他们带着疑问观察自然形态的种种特征。如：

"贝壳上的斑纹为什么具有渐变的秩序性？"

"蝴蝶左右两片翅膀上的图案是否对称？"

"螳螂为什么能够捕蝉？"

B. 自然形态的速写：对自然形态进行快速表现，强调线的表现力，力求用笔精准。

C. 自然形态的解析：当学习者无法按捺其好奇心而一定要探知究竟的时候，对自然形态的剖析就是必要的了。通过解剖、实验、查阅科学资料等途径，学习者将深入理解自然形态的生理构造与形态特征、功能之间的关系，探知生命创造的奥秘，萌生创造的灵感，领会设计的规律；将形成敏于观察、勤于探索的科学态度。

D. 自然形态的形式表现

自然形态的形式表现同样可以分为两步进行。

a. 自然形态的形式提炼

运用对称、均衡、反复、韵律、秩序、变异等形式美的法则，以点、线、面的形式，概括描绘自然形态的生理构造特征，不拘泥于表现对象结构的客观性，而运用夸张、变形等手法使其某一个方面的特征得到突出的强调，使画面既不失表现对象的识别性，又体现形式美的规律。

b. 自然形态生命意味的表现

学习者根据自己的前期研究，理解自然形态的生命意味，在此基础上充分发挥主体性想象，对表现对象的内涵进行开发。比较而言，"自然形态的形式表现"着重培养学习者对美的形式的实验和领悟，而"自然形态生命意味的表现"则既强调思维的创造性，又强调形式的表现性，作业呈现的是有意味的美的形式。在"人工形态形式表现"的基础上进一步培养学习者设计意识与审美品性的形成。

2. 材料表现

材料的运用既是一个客观性的、物质性层面的问题，又是一个主观性的、精神层面的问题。一方面，物质世界的任何形态，从柔软绵密的细胞到刚劲挺拔的摩天大厦无不以具体的材料为元素得以构成；另一方面，从原始艺术、传统工艺到现代主义与后现代主义艺术设计，再到信息时代新媒介艺术设计，材料的种种表现无不呈现着形式观念的演化与变革。设计基础的材料表现课程引导学习者通过理性思维与感性思维、科学方法与艺术表现的结合与融通，研习材料的物理性能，探索开发其使用价值；感知材料的艺术品性，创造表达其审美意味；领悟材料的文化性格，诠释传达其符号语义。

邬烈炎教授认为应将繁杂众多的材料划分为原生态材料、初加工材料、高技术材料、着色材料四种类型，设计基础课程应以此为谱系对它们的形式特征和在设计实践中的应用与表现进行分析。[①] 就材料的基本性能而言，可以划分为固有的物理性能、艺术的表现性能和形式的心理性能。关于材料的物理性能，研究其密度、硬度、强度、延展度、触感与温度等内在属性；关于材料的表现性能，研究其形态、色彩、肌理、气味、透明度与光泽度等外在属性；而关于材料的心理性能，则需要以材料的物理性能、表现性能为前提，结合人们的经验和特定的文化语境，研究材料对人们引发的通感、移情等心理体验，从而产生的性格特征、审美情趣和文化意味。

上述材料的三种性能可以在理论讲述时分别探讨，但创作实践中却无法将

---

① 参见：邬烈炎. 材料表现[M]. 杭州：中国美术学院出版社，2012：4.

其截然分开，课题的设计可以分步进行，具有侧重性地对材料的性能进行实验性练习，接下来进入材料表现阶段。

"材料表现"课程设计如下：

1. 课程基本情况

（1）中英文课程名称

材料表现

Material Expression

（2）课内总学时数及分配

总学时：64 学时，每周16 节，每节1 学时。

其中：讲课8 学时；讨论16 学时；实验16 学时；自学24 学时。

（3）考核方式：

综合性的考核方式和评价方法，包括以下内容：

A. 课程作业总体的表现能力(40%)；

B. 在材料实验中的创新性发现和运用(20%)；

C. 参与课程讨论的表现，积极提出具有批判性的观点(20%)；

D. 命题创作，快速表现(20%)。

（4）课程程度：本科基础课程

2. 课程内容简介

材料表现是设计学学科的基础课程。课程内容通过理论讲授、作品欣赏、实验、讨论、创作实践等多样的课程形式，分别研究探讨原生态材料、初加工材料、高科技材料、着色材料四大类材料的物理性能、表现性能、心理性能，进一步探析其使用价值、艺术品性、审美意味和文化性格。在此基础上，根据命题多维度地展开实验与创作实践，分为两步来进行。第一步，对材料的各种性能进行实验与表现，侧重于学习者对材料性能的研究与开发；第二步，在了解材料与性能的基础上进行综合材料的运用与表现，侧重于艺术形式、审美情趣与信息传达的探索。

3. 预备知识或先修课程要求

先修课程：造型基础1、色彩基础1、形式语言、色彩表现

4. 教学目的与要求

（1）教学目的

材料表现课程引导学习者通过理性思维与感性思维、科学方法与艺术表现的结合与融通，研习材料的物理性能，探索开发其使用价值；感知材料的艺术品性，创造表达其审美意味；领悟材料的文化性格，诠释传达其符号语义。使学习者在全面理解材料的基本知识，创造性地运用材料从事艺术创作的过程中，培养其艺术素养的形成，视觉思维的发展，表达能力的提高，同时为其后继专业课程的学习和专业能力的发展奠定基础。

（2）培养学习者能力

本次课程着力培养学习者艺术素养、开放的视野、探究精神、正确的设计价值观的形成与思维能力、表达能力的全面发展，具体表现为以下内容。

A. 通过对大量的艺术作品的欣赏、分析、反思、评价，提高学习者对材料的物理性能、表现性能和心理性能的感知能力，提高其对材料的艺术品性与文化性格的领悟能力。

B. 在命题创作中训练和培养学习者的视觉思维能力和材料表现能力，使其能够根据特定的文化语境，创造性地综合运用材料，较为熟练地诠释主题思想、创造有意味的形式，使作品具有创新价值与审美价值。

C. 课程强调运用实验的方法探索材料新的性能和用途，促进学习者理性思维与感性思维的和谐发展，在艺术创作的过程中不失为理性科学的研究能力。

D. 引导学习者对绿色材料予以关注，培养其形成正确的设计价值观。

E. 激励学习者主动参与课程讨论，培养其批判性思维能力和自我表达能力。

5. 课题训练内容

本课程综合运用案例分析、实验和创作表现的方法，依据课程实施过程进行以下课题的训练。

第一步，对材料的各种性能进行探讨、实验与创作表现。

依据材料的分类谱系分别对原生态材料、初加工材料、高科技材料、着色材料的物理性能、表现性能、心理性能进行探讨、实验与创作表现。侧重于学习者对材料性能的研究与开发。

（1）探讨、实验材料的基本性能。

A. 探讨、实验材料的物理性能：密度、强度、硬度、触感、温度、延展性等。

B. 探讨、实验材料的表现性能：形态、色彩、肌理、气味、透明度、光泽度等。

C. 探讨、实验材料的心理性能：以材料的物理性能、表现性能为前提，结合人们的经验和特定的文化语境，研究材料对人们引发的通感、移情等心理体验，从而产生的性格特征、审美情趣和文化意味。

（2）对材料性能的实验与创作表现。

要求学习者突破惯常思维，分别对材料物理性能、表现性能、心理性能进行探索与开发，在日常使用的"旧"的材料中开发新的性能，使熟悉的材料产生一种"新的陌生"之感。有必要对绿色材料给予较多的关注，以培养学习者正确的设计价值观的形成。这一环节，是设计基础的综合材料课程不同于其他艺术门类的同类课程的主要内容，对材料性能的研究对于学习者未来的专业学习具有重要意义。

作业要求以一种性能的实验与表现为主，兼顾其他性能的表现。

命题创作示例：

A. 命题创作："暖"。作业要求排除最常见的保温材料——棉、毛、绒、纤维等材料的运用，创造性地探索其他材料的温度特性或保温性能，同时使形态能够传达"温暖"的意象，体现材料的文化的品格，具有审美的价值。

B. 命题创作："褶"。

C. 命题创作："层"。

D. 命题创作："力"。

E. 命题创作："隐"。

第二步，对综合材料进行探讨、实验和创作表现。

在深入理解材料性能的基础上进行综合材料的运用与创作表现，进一步探索、创造"有意味的形式"，要求作品的形式必须为"意味"而生，避免为形式而形式。与第一步的课程内容相比较而言，这一环节侧重于对材料的艺术形式、审美情趣与信息传达的综合性运用的探索。

（1）对综合材料形式表现的探讨、实验。

由材料在日常生活中的功能入手分别探讨、实验材料的不同形式。

课题研究示例：

A. 课题研究："遮蔽"，研究"遮蔽"的功能及多种形式特征之间的关系。

B. 课题研究："缠绕"，研究"缠绕"的技巧与力量关系。

C. 课题研究："层叠"，研究叠加、层次与空间的关系。

D. 课题研究："透视"，研究实体阻隔与视觉透视之间的矛盾与统一。

E. 课题研究："联结"，研究"联"与"结"的不同形态及各自的功能。

F. 课题研究："编排"，研究"编排"中的秩序与非秩序因素。

G. 课题研究："衍变"，同一种材料形式发生的逐渐变异。

H. 课题研究："同构"，不同质料之间构成的对立与和谐。

（2）综合材料的创作表现。

这一环节需要学习者在对材料的综合知识深入理解的基础上，对材料进行综合运用以达到艺术表现的目的，作品将以材料的色、形、质等要素的有机构成呈现其审美趣味、彰显其内在性格、传达其象征意味、诠释其文化品格。综合材料的课题可以从其运用方法、形态特征、基本性能、文化语义等多种角度入手，具有广阔的设计空间。

命题创作示例：

A. 命题创作："对话"。

B. 命题创作："时空"。

C. 命题创作："张弛"。

D. 命题创作："回响"。

E. 命题创作："幻象"。

以上课程设计旨在促进学习者设计与艺术、人文、科学、社会多元化知识的综合融通，培养其艺术素养、科学精神、价值观念、设计能力的全面发展。

三、注重知行合一，提高专业能力

（一）"知行合一"的现实意义

1. "知行合一"的内涵

"知行合一"说由明代心学集大成者王阳明首次提出，其原初内涵并非一般意义的认识与实践的关系，而是指道德意识与道德践履的关系，也包括某些思想意念和实际行动的关系。王阳明认为知中有行，行中有知，知与行既不分离，亦无先后。"知之真切笃实处即是行，行之明觉精察处即是知。知行功夫，本不可离。"①知与行是一个功夫的两面，二者互为表里。与行相分离的知，不是真知，而是妄想；与知相分离的行，不是笃行，而是冥行。就道德教育而言，"知行合一"一方面强调道德意识的自觉性，要求人内在精神的修为；另一方面又注重道德的实践性，要求人在行为上磨砺，做到言行一致。王阳明认为道德认识和道德意识必然表现为道德行为，如果不去行动，则不是真知。王阳明的"知行合一"说深化了道德意识的自觉性与实践性的关系，是对朱熹提出的先知后行说的超越，在中国古代哲学发展史上具有进步意义。

杜威在1929年出版的著作《确定性的寻求：关于知行关系的研究》中将"知行合一"的思想发展到一个新的阶段。杜威认为传统哲学对思辨和理论的顶礼膜拜，是人们回避风险、寻求安全需要的表现，但这种重知识而轻实践的看法却恰恰忽视了人类所借以可能达到的实际安全的途径。杜威以现代科学的认识过程为例证挑战这种知行观，指出"知"本身就是以"行"为核心的。"从科学研究的实际程序判断起来，认知过程已经事实上完全废弃了这种划分知行界线的传统，实验的程序已经把动作置于认知的核心地位。"②因此，在杜威看来，"行"对于"知"具有优先性。杜威的视域超越了狭义的科学认识论，他所关心的是实践作为架通认识与评价这两个领域的中介环节的重要意义。他认为，"哲学的中心问题是：由自然科学所产生的关于事物本性的信仰和我们关于价值的信仰之间存在着什么关系（在这里所谓价值一词是指一切被认为在指导行为中具有正当权威的东西）……关于价值的信仰今天所处的地位和关于自然的信仰在科学革命以前所处的地位十分相似。"③杜威认为正如自然知识的获得来源于对自然的实践，指导人们的生活价值，同样产生于生活实践。"当人们把直接未加控制的经

---

①　王阳明. 传习录［M］. 北京：中国画报出版社，2012：128.

②　杜威. 确定性的寻求：关于知行关系的研究［M］. 傅统先，译. 上海：上海人民出版社，2005：26.

③　同②197.

验材料当做是有问题的东西时，便产生了科学革命；它提供了材料以备用反省操作把它转变成为被认知的对象。被经验的对象和被认知的对象之间的差别乃是时间上的差别"①，这段时间即实验的过程，经过实验的探索，前者转化为后者。生活中的价值并非抽象的、确定的东西，而是一方面体现了人们的经验的爱好，另一方面又在经验中被证明是可能实现的东西。同样道理，抽象的价值是多种多样的，它们在具体的生活情境中常常彼此冲突，所以人们不能将任何享受的东西都当作价值，而必须经由具体的生活情境中的理性探索，"如果没有思想夹入其间，享受就不是价值而只是有问题的善；② 只有当这种享受以一种改变了的形式从智慧行为中重新产生的时候，它们才变成了价值。"③

2. "知行合一"的现实意义

杜威的知行观在肯定"知"与"行"不可分离的前提下，力言实践的重要性，实践是认识产生的基础，探索与反思的实践过程是使任何认识经历检验并确定其价值的途径。

实践之于知识获得的意义倍受当代哲学家、教育家和科学家的关注。

以英籍匈牙利物理化学家、哲学家波兰尼（M. Polanyi）为代表的思想家们为了挑战正统的认识论研究范式的局限，特别是以逻辑实证主义为代表的知识观和科学观，指出知识应当分为显性知识（explicit knowledge）和默会知识（tacit knowledge），前者是可以用语言文字符号表达的知识；而后者是只能意会不能言传的知识，是一种"行动中的知识"（knowledge in action），或"内在于行动的知识"（action inherent knowledge），它镶嵌于个体的实践中，非训导或灌输所能达成，只能在行动中被体验、被觉察、被领会、被内化。

① 杜威. 确定性的寻求：关于知行关系的研究[M]. 傅统先，译. 上海：上海人民出版社，2005：199.

② "善"是指宗教意义上的具有指导人们生活的思想价值. 因为本书是杜威1929年在爱丁堡大学（University of Edinburgh）所作的系列讲座的内容，"善"这一概念是对"吉福尔特自然神学讲座"要求他涉及的宗教问题作讨论时提出的.

③ 同①200.

实践是理智的源泉，是知识生长的基点。实践课程对当今的设计学学科本科教育具有举足轻重的现实意义，主要体现于以下几个方面。

第一，有利于学习者主体性的建构。实践课程具有过程性、开放性、创造性的特点，学习者通过与教育情境的互动作用而与课程融为有机的整体，他们不再是知识的被动接受者，而是知识与文化的创造者。在实践过程中发现问题、分析问题、解决问题，不断创造出属于自己的目标，形成新的起点，随着课程的演进，经验不断地发展，自我不断地成长。

第二，有利于促进知识的转化。实践课程消解了过程与结果、手段与目的的二元对立，改变了预设性、封闭性目标所规定的知识单向传输的课程状态，使课程成为促进学习者现在生长而又指向未来发展的场域。学习者的实践过程是以根源于自身特有的经验为支持，经过反思、探索、创造进入到知识的本质。

第三，有利于促进学习者综合专业能力的提高。学习者的综合专业能力是通过不同层次的实践环节逐步培养起来的。通过以课程知识与内容为主体的课程实践，学习者经历知识吸收、技法学习、思维训练而奠定基本的专业基础；通过对各种形式的社会实践，促进其综合文化素养的形成，获得洞察社会文化的能力、沟通协调的能力并形成正确的价值观；通过课堂内外的创作实践，学习者经历设计意识的提升、创造潜能的激发和创新思维的培养，提高对设计的领悟能力、驾驭能力；通过设计项目实践，学习者经历实际调研、目标规划、创意设计、作品制作、市场营销和管理分析等各种设计环节，熟悉设计流程，从而获得作为设计人才所必备的全面素质和能力；通过职业实践，学习者进一步提高和完善其全面的素养和能力，并在现实的从业过程中作为一名职业设计师而受到各方面的磨炼和检验。

因此，设计学学科本科教育的课程内容的设计应当注重"知行合一"，建立实践课程体系，促进学习者综合性专业能力的提高和身心全面发展。

（二）实践课程体系的设计

根据对中外设计学学科本科教育的调研发现，美国已经建立了较为完整合理的实践课程体系，国内部分高等学校已经认识到实践教学的重要性，并采取了一些措施；但从总体上讲，实践课程体系的建立还不够成熟，因此在以下对实践课程体系的讨论中笔者将概述美国设计学学科本科教育实践课程体系的特点，或可为国内实践课程体系的建立提供一些思路。

根据设计学学科的属性和学习者全面发展的需求，实践课程不应当被设计为孤立的教学环节，而应当被设计为具有层次性、综合性与统和性的课程体系。参考潘鲁生教授在《论新形势下高等设计教育实践教学体系的建设与完善》一文中将实践教学体系构建为课程实践教学、创作实践教学、项目实践教学、行业实践教学和社会实践教学五种类型和层次的基本框架①，笔者根据对国内外部分高等学校的调研，依据知识逻辑与课程的展开顺序，将设计学学科本科教育实践课程体系设计为课程实践—社会实践—创作实践—项目实践—职业实践五个层次。

1. 课程实践

课程实践是指以课程内容为载体，以课程结构为层次而展开的实践，它贯穿于大学课程的始终，自然具有体系性。课程实践不仅是专业课程的主要内容，还应当是理论课程必不可少的构成因素。通识课程中需要针对自然学科、人文学科、社会学学科、艺术学科而设计实践性课题，如自然学科中的实验操作、技术体验，人文学科中的社会调查，社会学学科中的时事讨论，艺术学学科中的观摩、考察与手头作业等；专业课程中随着基础课、专业基础课与专业课的层层递进，学习者在实践中从技法的训练、艺术素养的熏陶、设计思维的启发、设计原理的运用到设计程序的掌握，获得设计人才所应当具备的基本素养和能力。课程实践具有基础性意义。

2. 社会实践

社会实践不应当是大学课程的末端环节或最高层次，而应当与课程实践同步进行，始于大学本科教育之初，伴随大学教育的整个过程。它既具有基础性

---

① 参见：潘鲁生. 论新形势下高等设计教育实践教学体系的建设与完善[C]//创意与实践：全国艺术与设计类专业实践教学研讨会文集：下册. 济南：山东美术出版社，2009：7.

意义，又具有综合性效能。设计学学科的综合性、交叉性特性，使其与社会政治、经济、文化、科技及人类生活的各个方面都存在着普遍的联系，因此，设计学学科本科教育若孤立于社会之外而独居于象牙之塔，便违背了其学科属性与教育规律，自然不能够发挥培养全面发展的设计人才的教育职能。社会实践的形式是多种多样的，笔者通过对美国部分高等学校的考察发现，它们有一个共同特点是将社会实践视为不可或缺的课程内容贯穿于设计学学科本科教育的全过程，许多实践环节是值得借鉴的。

美国高等学校的社会实践可以划分为学科课程中的社会实践与活动课程中的社会实践，学科课程的社会实践包括通识课程的社会实践和专业课程的社会实践，大致可以划分为四个层次，通识课程中的社会实践可以作为一个层次，专业课程中的社会实践又可以分为基础课程、专业课程与毕业设计项目（degree project）三个层次。

第一层次：通识课程中的社会实践课题。

第二层次：以平面设计（graphic design）专业为例，基础课程主要是素描（drawing）、色彩（color），以课堂授课为主，但穿插着多次实地考察（field trip），包括参观艺术馆、博物馆、艺术家的画室、户外环境，并在这些场所临摹、写生与交流；史论课如艺术史、美术史、设计史等则将上述场所直接作为课堂，结合着各个时期各种形式的作品进行讲解，情景交融，知行合一，学习者的艺术素养在潜移默化中蕴化，视野逐渐开阔。

第三层次：专业课程中的社会实践形式主要是基于问题的社会活动（social campain）主题，即发现政治、经济、文化、教育、生活等各个社会领域中存在的问题，以这个问题为基点展开调查、分析，用专业设计的方式提出解决的方案，通过二维、三维、四维的媒介形式向社会各界传达设计者的思想，发起某种社会活动，从而倡导某种良好的风尚，引导某种有意义的行为，体现了设计源于生活，设计高于生活，设计服务生活，设计引领生活的宗旨。

第四层次：毕业设计项目不但项目主题来源于社会，而且要将设计作品向社会展示推广，与行业对接。

活动课程中的社会实践包括学生社团活动与假期实践，前者是指由学习者组织的校内外丰富多彩的活动；后者是学习者利用假期时间参与各种社会性实践。这两类实践活动既可以与日常教学相关，也可以超越日常教学的范畴，内容广泛。

中国部分高等学校已经对上述社会实践形式中的通识课程的社会课题、专业课程中基础课的实地考察、专业课程中对社会问题的关注与毕业设计项目的社会推广几方面予以重视，但仍有多数高等学校还应对上述实践环节进一步加强。不过，期末的艺术实践和假期课堂在国内高校中已经受到普遍的重视，成为社会实践的重要形式。

社会实践对于学习者文化素养的熏陶、社会文化洞察能力的提高、价值观的形成和协调沟通能力的培养都具有积极的意义，是设计人才全面发展的必要途径。

3. 创作实践

创作实践既可以指课堂内的创作活动，也可以指课堂外的创作活动；既可以是学习者的自由创作，也可以是根据社会需求而进行的创作；既可以是商业性行为，也可以是非商业行为。学习者通过创作实践，拓展设计活动的领域，激发创作热情，培养探索精神，熟悉设计方法，更深刻地领悟设计的真谛。

4. 项目实践

项目实践是以项目为载体的实践课程，是在课程实践基础上的进一步深入与拓展，一般位于设计学学科本科教育的中间层次，国内外高等学校大多在三年级的专业教学中导入项目实践。项目实践是针对源于现实生活的设计实务展开的实践教学，具有综合性、现实性与纵深性。学习者在项目实践中经历与客户交流、市场调研、资讯分析研究、设计概念定位、设计表达、设计提案、听取客户意见反馈、方案修改、再次提案（甚至多次）、初步定稿、设计方案初步推广、消费者评估测试、根据评估结果修正方案、最终定稿等环节，从而掌握现实项目的设计方法，拓展综合能力。项目实践是学习者对前期所学知识在现实中的应用，是设计表达能力得到锻炼的重要过程；设计实务往往涉及多学科的知识，是学习者建立多元化、立体化的知识结构的重要环节；项目实践一般以团队合作的形式进行，有利于培养学习者团队协作的能力。

项目实践已为国内广大高等学校所重视，但目前尚不普及。比较而言，美国的项目实践教学较为普遍，以下从三个方面概述美国设计学学科本科教育项目实践环节的特点。

（1）由企业赞助保证项目实践的长期性

美国的设计学学科本科教育实务性设计项目的来源之一是企业赞助性项目，学校与企业之间建立长期的合作关系，企业为学校提供实践项目资源，学校为企业培养设计人才，互惠互利。有些学校与当地的，甚至国内外多家企业建立合作关系，保证设计项目资源的充分性。学习者一般在进入工作室的第二年（大学三年级）开始接触企业提供的赞助性项目（sponsed project），结合工作室课程的进程与性质，学习产品开发、品牌建立与推广、广告设计与发布等课题。在此过程中，学习者有机会走出校门，进入企业、社会的商业和文化环境中发展其综合专业能力。

（2）由教师导入保证项目的灵活性

教师将自己的设计项目有针对性地导入课堂，是美国设计学学科本科教育使项目资源保持充足的另一条渠道。与企业项目相比，更具有灵活性、丰富性。这里值得注意的一点是，国内外高等学校的师资结构存在着很大的不同，美国高等学校的专业教师成员一般由全职教师与兼职教师构成，全职教师只占总数的30%左右，兼职教师占70%左右，而兼职教师中大多数是长期从事设计实践的设计师，他们常常结合具体的课程将自己的设计项目导入工作室，在项目实践的过程中完成课程内容。这种师资结构的另一个优势是教师能够将自己的设计实践经验融入到课程内容，可以避免理论与实践相互脱离的弊端。国内高等学校的师资结构比较单一，大多是接受学校教育之后直接到学校任教的学术型人才，缺乏设计实践经验，这是造成当前设计学学科课程务虚不务实、学习者知识结构不完整的原因之一。

（3）由团队合作促进跨学科教学

由于设计项目的综合性，往往涉及多学科的知识，这就需要具有不同学科知识背景的人才组织成一个团队，开展项目实施，从而促进跨学科教学，有利于促进学习者立体化、多元化知识结构的形成。

5. 职业实践

职业实践是设计学学科本科教育实践课程体系中的最高层次，跨越设计人才的学校教育与社会从业两个阶段，是设计人才由校内学生成长为职业设计师的过渡阶段，其角色将发生转变。在这一环节中，学习者在大学教育中所获得的知识和能力将经历现实的、专业的检验，更重要的是其认知领域、综合素养、专业能力与价值观将得到进一步的提高与完善。设计者不仅应当具备创造性思维能力、设计流程的掌握与设计管理能力、社会文化的洞察能力、沟通表达能力和团结协作能力，还应当形成作为设计从业人员的职业道德和职业自律意识，从而使其深刻地理解设计在推动人类文明进步中的真正意义并勇于承担此责任。

职业实践受到国内外高等学校的普遍重视，常见的形式是职业实践环节与毕业设计课程并行设置，为学习者留有充分的时间走向社会到设计行业中实习，或使毕业设计与职业实践兼顾，或使二者合而为一，即将学习者的职业实践课题作为毕业设计项目。

（三）完善实践教学体系

中国当今设计学学科本科教育的实践课程体系有待于进一步完善，主要包括三个环节：一、需要进一步明确实践教学理念；二、需要进一步拓展实践课程体系；三、需要进一步完善实践教学管理制度。

1. 明确实践教学理念

教育理念是教育活动的根本动力与指针，所以实践课程体系的进一步完善首先需要明确实践教学理念，根据国家教育方针、学校培养目标认识到实践课程在设计学学科本科教育中的重要性，对设计人才的培养由技能的强调转向对能力的重视。对于实践教学的理解需要避免两方面的误区，实践教学既不等同于技能训练，也不等同于职业培训，它旨在促进知识的转化，达成学习者的知行合一，提升其专业能力；拓展学习者的认知领域，陶冶其综合素养，使之成长为既博又专全面发展的设计人才。

2. 拓展实践教学途径

实践教学的途径应当与实践教学体系相辅相成，从目前国内现状来看，设计学学科本科教育的实践教学途径有待进一步拓展，依据实践教学的价值及实践课程的体系性，应从以下几个方面拓展实践教学的途径。

第一，建立校内外实践教学基地。

实践教学基地的建立同样应当具有体系性，以满足学习者全面发展的需要。校内实践基地的建设已为广大高等学校所重视，但校外实践基地的建设还应加大力度。校内外实践基地应在统筹规划的基础上满足实践课程体系各环节的需求。大多情况下，高等学校通过校内实验室的建设和校企合作的方式满足对学习者基础知识与基本技能的教育和专业实践能力培养的需要，这是实践教学必要的途径，但这些途径仍然不够充分，实践教学的另一种重要的教育价值——对学习者的素养陶冶常常被国内广大高等学校所忽视，因而未能拓展相应的实践教学途径。将国内外博物馆、艺术馆、艺术家或设计师的工作室作为实践教学基地以培养学习者的艺术素养甚至综合文化素养，使之具有开放的视野，是欧美国家非常重视的实践教学途径，它们同时发挥着社会实践教学的作用。这是值得国内高等学校借鉴的。

第二，优化教师的知识结构。

教师知识结构的优化包括两个方面，一是教师队伍知识结构的优化，二是教师个体知识结构的优化。针对教师队伍知识结构单一的现状，广大高等学校可以借鉴欧美国家先进的经验，聘请具有实践经验的设计师作为兼职教师，使学术型教师与实践型教师相结合，使教师队伍结构合理化，从而促进实践教学的落实和深化。当然就目前情况来看需要克服人事制度与经费缺乏方面的困难。加州艺术学院（California College of the Arts）教务长马克·布雷滕伯格（Mark Breitenberg）先生在接受笔者访谈时说："教师知识结构的问题是目前中国的设计教育所面临的一个严峻的问题，教师的发展轨迹一般是从学校到学校，在社会上从事设计实践的经历太少，他们在授课的过程中不能将现实生活中的项目（real world projects）带进课堂，学生在校期间没有真正从事设计实践的经验，毕业后难免担当不起作为设计师的责任。"①这一番话中肯地道出了国内从事设计教育的教师在知识结构方面所存在的问题，对于这一问题的解决，首先取决于教师个体的自觉性，通过不断的学习和设计实践活动使自己成长为兼备学术研究能力和设计实践能力的人才；其次，高等学校应当完善师资建设的管理制度，通过制度导向促进教师知识结构的优化。

3. 建立完善的实践教学管理制度

实践教学体系的完善需要建立完善的教学管理制度以发挥实践教学实施的保障作用。实践教学管理制度的完善，包括以下几方面：第一，完善对实践教学基地的管理制度，包括对校内教学空间如教室、实验室的环境设计、设备功能与教学内容、设备操作与维护、实验室人员安排、安全措施等，旨在保障实践教学的顺利进行与教育价值的发挥；对校外实践基地的管理应包括制定相应的政策以保障校企合作关系的建立与维持，同时对企业项目的实践教学价值制定管理标准等。第二，完善对实践课程内容与结构的管理制度，根据设计学学科的专业特点及其课程体系，对实践课程内容进行相应的规划与价值评估，对实践环节在课程体系中所占的比例制定结构性的标准。就目前国内情况来看，设计学学科本科教育实践课程的比例需要普遍提高。第三，完善师资队伍建设管理制度，针对当前教师知识结构单一的现状，一方面对师资队伍进行整体规划，使其知识结构有利于实践教学；另一方面需要教师个体进一步完善知识结构，以胜任实践教学。这就需要建立相应的管理制度，通过教师培养管理制度、评价考核管理制度和师资资源配置管理制度等促进师资队伍在实践教学中发挥积极的意义。

---

① 见：笔者对美国加州艺术学院教务长马克·布雷滕伯格（Mark Breitenberg）先生的访谈资料，2012-4-24.

小结

　　课程内容的设计是一项艰辛的创造性活动，"什么知识最有价值？"依据不同的教育价值观，对这一问题的回答是不同的。与当今时代的精神相呼应，促进学习者身心全面发展、能够反映当今生活与未来发展趋势、促进学科知识的发展需要的知识是最有价值的知识。中国当今设计学学科本科教育课程内容的设计存在着种种问题，而这些问题的共性是课程内容体系不能够发挥其促进学习者全面发展的教育价值。反之，这些问题也反映了中国当今教育界对教育价值这一核心问题的迷茫。本章针对现实问题，依据促进学习者身心全面发展的教育价值观，从共性的角度探讨了构成课程体系的主要部分——通识教育课程、设计基础课程和实践课程内容设计的变革思路，为现实问题的解决探索有效的解决方案。

第六章　中国当今设计学学科本科
教育课程结构设计的变革

　　课程结构与课程内容具有内在的联系，不可孤立地研究其中一方面而忽视
另一方面。课程内容回答的是"什么知识最有价值"的问题，课程结构回答的是
"如何组织知识使其体现最大价值"的问题。课程结构的设计，是依据一定的教
育价值观、培养目标和课程目标，将经过选择的各种课程要素组织为特定的结
构，使各种课程要素在动态运行的课程结构系统中，为有效地实现课程目标而
产生积极的合力。

　　课程要素(curriculum elements)是课程组织的基本线索或脉络。从不同的角
度来理解，课程要素的内涵是不同的。施瓦布从宏观的角度认为课程要素由学
习者、教师、教材和环境构成。当今课程结构的设计已跨越了课程要素的单一
层次和单一维度而具有多层性和多维性。其多层性是指课程组织必须以教育目
的为根本依据，涉及培养目标、学科范畴、专业领域、知识体系、课程内容等
多个层级的逻辑建构；其多维性是指课程的组织需要将教育目的、课程主体、
社会需求、学科发展、培养目标、知识体系、课程类型等多种维度整合为一
个有机的整体。以往课程研究大都将课程结构划分为纵向结构与横向结构，
但这两种维度的结构并不足以全面地描述课程结构的本质特征，为了便于论
述，下文将从整体课程结构、纵向课程结构和横向课程结构三个方面进行分
析研究。

第一节　中国当今设计学学科本科教育
课程结构设计的现状

笔者通过调研发现，中国当今设计学学科本科教育课程结构设计的现状忧喜参半，忧的是各种各样的问题犹如疮痍一般遍布课程体系的周身，使课程体系如同一副病体，失去了其应有的生命机能；喜的是在被重点调查的 24 所学校中，79％的学校正在探讨新的课程规划，为课程体系注入新的活力，促进其健康发展。笔者在此着重分析中国当今设计学学科本科教育课程结构设计中存在的问题，并以此为前提，探寻变革的路径。

一、整体课程结构设计的问题

（一）课程要素之间缺乏逻辑性

由于教育工作者未能深入地理解教育价值观并以此为依据确立明确的人才培养目标，某些高等学校设计学学科课程整体结构的设计缺乏根本的依据，没能形成明确的教育价值观—人才培养目标—课程目标—课程体系—课程结构的层次逻辑关系，同时缺乏对于教育目的、课程主体、社会需求、学科发展、培养目标、知识体系、课程类型等因素的多维度的包容性，课程的组织呈现着较强的随意性，依然未能摆脱"百衲衣式的碎片连缀"①的局面。

（二）纵向课程结构与横向课程结构之间缺乏有机的联系

就课程体系的建构而言，由于教育工作者未能以整体的观念从事结构设计，而是机械地将纵向结构与横向结构孤立起来分别对待，从而割裂了二者之间的内在联系，削弱了二者以有机的整体发挥应有的教育价值的合力。由于设计学学科自身发展的历史因素与长期的工具理性教育价值观的共同影响，时至今日，教育工作者们在从事课程结构设计过程中仍然片面地强调纵向结构在教育过

---

① 张道一. 设计观念：工艺美术教学的一个关键问题［M］//张道一. 工艺美术论集. 西安：陕西人民出版社，1986：93.

程中的重要性，而忽视横向结构的教育价值。从调查结果来看，专业课程的线性陈列是中国当今设计学学科课程设计的普遍特征，而以学科的交叉性、专业的交叉性、课题的综合性以及经验课程、隐性课程与学科课程、显性课程的互补性而形成的横向结构的设计还有待于受到观念的重视和教学实践的加强。

二、纵向课程结构的问题

（一）前后课程之间知识逻辑紊乱

课程的纵向结构依据学科知识的内在逻辑与学习者心理发展的逻辑，随着学程的推进而由简单到复杂、由低级到高级地建构起来，设计学学科的课程多以阶段性单元课程形式排列组织，前修课程与后继课程应当形成一个环环相扣的知识链条。这虽然是一个不难理解而且易于被教育工作者意识到的问题，但现实中的课程设计却常常在这一问题上出现失误，表现为课程课目零散杂陈，知识逻辑紊乱。广大高等学校通常将学科课程体系划分为学科专业课程—专业基础课程—专业课程三个梯级层次，前两个层次是这一问题的多发区域。

（二）课程体系中缺乏能力拓展性知识

就课程体系而言，按照本科教育学程的展开，学习者需要经历通识教育—学科专业基础课程—专业基础课程—专业课程，通过获得综合文化素养—实现专业认知—掌握设计方法—形成专业能力的路径，最终使自己成长为合格的设计人才。现实的课程设计所存在的问题，在于教育工作者们专注于技能性课程的直线排列而忽视了技能性知识向能力性知识转化的课程结构的设计，这一问题在"专业课程"这一环节，即本科教育的中后期，三年级下学期至四年级这一阶段体现得较为严重，这一环节缺乏能力拓展性专业课程以加强、提高学习者的专业能力。

三、横向课程结构的问题

设计学学科课程横向结构设计的现实问题主要体现为学科课程与经验课程、分科课程与综合课程、必修课程与选修课程、显性课程与隐性课程等课程类型之间关系的割裂，课程设计者在教学实践中重视前者而忽视后者。

（一）隐性课程设计的缺失

在调查中发现，教育工作者们对隐性课程还比较陌生，甚至根本没有意识到或是遗忘了其存在，更谈不上理解其课程性质和教育价值，可见隐性课程对于设计学学科本科教育而言还是一块有待开垦的园地。

"隐性课程"（hidden curriculum）这一概念由美国当代著名教育学家杰克逊（P. W. Jackson）于 1968 年在其著作《班级生活》（*Life in Classroom*）中首次提出，之后受到课程领域的普遍关注。但关于隐性课程研究的萌芽，早在 20 世纪初就已产生，杜威提出学习者在教育过程中除了学习正规课程之外，还有"附带学习"（collateral learning）。之后克伯屈（W. H. Kilpatrick）进一步发展了杜威的思想，认为整体性学习应包括"主学习"（primary learning）、"副学习"（associate learning）和"附学习"（concomitant learning）。杜威的"附带学习"与克伯屈的"附学习"都涉及了隐性课程的问题，概指学习过程中自发的或自然产生的态度、情感和价值观等非学科知识。

隐性课程可以界定为学校情境中以间接的、内隐的方式呈现的课程；显性课程则是学校情境中以直接的、明显的方式呈现的课程。① 隐性课程包含了教育情境中的各种因素，可以说无处不有，无时不在，如学校的自然环境、文化氛围、团体活动、班级生活、课程形式，教师的仪表、举止、态度、教学风格、课堂气氛等，都会潜移默化地影响学习者的经验，既可以发挥积极的教育意义，也可能产生消极的作用。

在从事设计教育的广大工作者中，对于隐性课程的认识存在着两种误区，一是认为隐性课程微不足道；二是将隐性课程与显性课程对立起来，使隐性课程不能充分发挥其应有的教育意义。教育工作者需要充分理解隐性课程的内涵及其与显性课程的关系，并将其作为课程设计的重要内容而使其发挥应有的教育功能。

① 参见：施良方. 课程理论：课程的基础、原理与问题［M］. 北京：教育科学出版社，2007：272-273.

（二）分科课程与综合课程此重彼轻

分科课程是指以某一类单独学科（single-subject）的逻辑知识体系作为课程组织模式的课程类型，它强调学科门类的相对独立性和学科逻辑体系的完整性。综合课程是指以两类以上的单独学科相结合，将多学科（multi-subjects）知识体系相互交叉、综合作为课程组织模式的课程类型，它强调学科之间的关联性、统一性与内在联系。

分科课程与综合课程作为两种不同的课程组织形式，既存在着区别，又存在着内在的联系。其区别在于二者体现着不同的教育价值观，发挥着不同的教育功能；其联系在于课程的知识体系不可避免地建立在某种知识综合的基础之上，而综合课程的构成也必然地以分科课程的相互结合为前提。二者相互依赖，相互作用。

当前教育工作者对设计学学科的课程设计多注重分科课程的研究而对综合课程少有涉及，对二者关系的把握从理念到实践都存在重此轻彼的问题。形成这种状况的原因是多方面的。其一，近一个世纪以来以专门人才为培养目标的传统价值观至今仍然制约着课程领域的教育理念，这是历史的原因；其二，当代学科的发展同时呈现着两种趋势，一方面趋于分化，另一方面趋于综合，分科课程的设计在一定程度上体现了学科分化的发展需求，但却忽视了其综合化的趋势；其三，始于1999年的高等教育大众化运动使众多的高等学校本科教育规模膨胀，基于学科发展与教学管理的双重需要，有些学校采取学科或专业细分的措施以确保教育质量不因扩招而受影响。如山东工艺美术学院装潢系（现为视觉传达设计学院）于2003年划分为广告设计、品牌设计、包装设计、书籍设计四个方向，学习者于第二学年根据个人志愿和一年级的学习成绩分流至四个方向进行学习，以求专业学习更加深入专精。

学科、专业之间的相互封闭、相互孤立既非学科自身的固有特性，亦非当今教育所应坚持的理想。因此，课程设计应将二者有机地结合起来使其发挥各自的优势。近年来国内课程领域逐渐认识到综合学科的教育价值，中央美术学院设计学院、清华大学美术学院、江南大学设计学院、同济大学创意设计学院等设计学学科的课程结构设计都体现了分科课程与综合课程相结合的特点。

（三）必修课程与选修课程比例失调

必修课程（required curriculum）是指所有学习者在学程中必须修习的共同课程；选修课程（elective curriculum）是指依据不同学习者的特点和发展需要而允许个人选择的课程。选修课程可以划分为限选课程与任选课程两类，前者是指要求学习者在所限定的课程范围内选择的课程，后者是指学习者可以在所有课程中任意选择的课程。必修课程与选修课程的课程目标与教育功能有所区别，前者旨在保证学习者的基本学力，后者旨在促进学习者的全面发展与个性成长。但二者都是构成课程体系的必要内容，缺乏其一都不能使课程体系发挥完整的教育功能。因此，必修课程与选修课程并无主次之分，二者具有等价性。

设计学学科本科教育关于必修课程与选修课程的现实问题，在于教育工作者在观念上认为必修课程与选修课程之间存在着价值的高低与优劣，因而在课程结构设计时重视前者而轻视后者，从而造成二者的比例失调，这一现象反映了工具理性的思想依然深刻地影响着中国当今设计学学科的课程领域。

部分高等学校设计学学科的教学计划中存在这样一种现象，关于必修课程与选修课程的界定是一个值得商榷的问题，多数学校将学科基础必修课程和专业必修课程之后的专业核心课程界定为"专业选修课程"，原因是这一部分课程是学习者按照自己的志愿选择的，但就教育目的和功能来讲，专业核心课程是为了保证学习者的基本学力而不是个性培养；就课程性质而言，这部分课程是学科知识体系的主干部分；就修课方式而言，这部分课程需要学习者以稳定的班级组织和学程规划共同学习的课程。所以，专业核心课程应当属于必修课程的范畴。表6-1所列举的中外高等学校设计学学科视觉传达设计专业选修课程在课程体系中所占比例的比较中，对国内几所学校的专业核心课程的学分依然按照必修课程来计算，而仅将专业核心课程之外的选修课程的学分之和与本科教育需要完成的总学分数之比作为选修课程在课程体系中的比例。这种计算方法与国外学校具备统一的衡量标准。

表6-1　中美两国设计学学科视觉传达设计专业选修课程学分
所占总学分比重的比较

国别	学校名称	必修课程学分	选修课程学分	总学分	选修课程占总学分比例
美国	伊利诺伊大学芝加哥分校（University of Illinois at Chicago）	90	44	134	32.8%[1]
美国	艺术中心设计学院（Art Center College of Design）	84	41	135	30.4%[2]
美国	罗德岛设计学院（Rhode Island School of Design）	87	39	126	40%[3]
中国	山东工艺美术学院	148	12	160	7.41%[4]
中国	南京艺术学院	137	23	160	14.4%[5]
中国	湖北大学艺术学院	149	21	170	12.4%[6]

第二节　课程结构设计的原则

中国当今设计学学科本科教育课程结构的设计在价值取向方面，应当坚持以学习者全面发展为核心，并使之与学科知识发展、当代与未来社会发展相统一；在教育功能方面，坚持学习者的学力要求与个性发展相统一；在课程类型方面，坚持学科课程与经验课程、分科课程与综合课程、必修课程与选修课程、直线课程与螺旋课程、显性课程与隐性课程相统一。概而言之，课程结构的设计应当体现逻辑性原则、综合性原则、系统性原则。

---

①　见：BFA in graphic design[A]//University of Illinois at Chicago Undergraduate Catalog(2009—2011)：95-96.

②　见：Graphic design[A]//Art Center College of Design(2011—2012)：82.

③　见：BFA Curricula in graphic design(2012—2013)[A]//Rhode Island School of Design Course Announcement(2012—2013)：48.

④　参见：本科艺术设计专业（广告设计方向）学分制教学计划．见：山东工艺美术学院教务处．山东工艺美术学院教学计划[A].2006：20.

⑤　参见：艺术设计指导性教学计划．见：南京艺术学院教务处．南京艺术学院学习指南[A].2011：46-52.

⑥　参见：艺术设计（视觉传达设计）专业培养方案．见：湖北大学教务处．湖北大学2010版本科人才培养方案（艺术学院分册）[A].58.

一、逻辑性原则

课程结构的逻辑性是指课程结构的逻辑性与学习者心理发展的逻辑性的统一。近年来一些教育心理学家的研究成果为课程结构设计的逻辑性提供了理论基础。加涅（R. M. Gagne）认为人类的学习是由简单到复杂依次推进的，据此，他提出了累积学习的模式，被称为层次结构理论。其基本观点是，个体"学习任何一种新的知识技能，都是以已经习得的、从属于它们的知识技能为基础的。例如，学生学习较复杂、抽象的知识，是以较简单、具体的知识为基础的。学生心理发展的过程，除了基本的生长因素之外，主要是各类能力的获得过程和累积过程。加涅描述了 8 个学习层次：信号学习；刺激-反应学习；动作连锁学习；言语联想学习；辨别学习；概念学习；规则学习；问题解决"[1]。其中后四项，使学习者在辨别学习的基础上进行概念学习，继之掌握规则或原理，最后把原理或规则应用于问题的解决。加涅的研究成果与知识迁移理论所提出的前修学习影响后继学习而产生的正迁移现象和奥苏伯尔所提出的认知结构迁移理论具有共通性。

根据以往课程研究的成果，课程结构的逻辑性主要是由"直线式课程"（linear curriculum）和"螺旋式课程"（spiral curriculum）两种形式来体现的。直线式课程"就是把一门课程的内容组织成一条在逻辑上前后联系的直线，前后内容基本上不重复"[2]。螺旋式课程"则要在不同阶段上使课程内容重复出现，但逐渐扩大范围和加深程度"[3]，形成"螺旋式上升"的结构。

直线式课程与螺旋式课程各有自己的优缺点，直线式课程避免了不必要的重复，螺旋式课程则不仅反映了学科的逻辑性，而且还将学科逻辑与学习者的心理逻辑有机地结合起来，二者可以适应不同性质的课程要求。这两种课程结构既具有相对的独立性，又具有内在的联系，螺旋式课程由直线式课程发展而

---

[1]　施良方. 课程理论：课程的基础、原理与问题[M]. 北京：教育科学出版社，2007：115.

[2]　同[1]118.

[3]　同[1]118.

来，在现实的课程设计中很难将二者截然分开，而是交替呈现，互补共存。

随着课程研究的发展，课程结构的设计将在传统研究的基础上诞生新的研究成果。

二、综合性原则

坚持课程结构的综合性原则，是对近一个世纪以来机械主义课程观的超越，是由课程价值观的工具理性转向价值理性的必要途径。课程结构设计的综合性原则的基本理论依据主要来源于以下几个方面。

第一，文化或学科知识的发展是相互作用、彼此关联的。学科知识的分化反映了人类认识世界的不断深入，分科课程的存在具有一定程度的合理性；但现代课程设计中学科知识的门墙林立却包含了太多的人为因素。学科知识的分化并非意味着学科之间的隔离与封闭，学科在分化的同时却以开放的姿态开展着彼此之间的互动与交往，这是其发展的真实图景。课程结构设计的综合性是学科健康发展的现实要求。

第二，课程内容与社会生活息息相关。课程领域长期以来对学科中心课程与分科课程的强调，导致课程内容与社会生活的剥离。学习者作为课程的主体，其所学习的知识与所体验的世界之间未能建立起有意义的联系，从而使学习者在课程中不能建立起较为完整的知识体系，其主体性被扼杀在课程的工具理性的价值追求中。课程要步出这种困境，就需要将学科知识与社会生活有机地结合起来，课程结构的设计体现学习者作为课程主体所需要的知识、技能、情感、态度、价值观等学科知识与非学科知识的综合性。

第三，学习者的心理发展具有整体性。发展心理学与认知心理学的研究成果证明，学习者的学习不是孤立进行的，而是基于知识和经验的背景整体地建构知识的。皮亚杰认为学习者的认知发展实质上是其行为和思维被不断地组织为有机的整体的结构，这种结构即为图示（scheme），认知的发展就是图示的发展。当学习者利用已有的图示理解和应对其周围环境时，学习者与环境之间就处于一种平衡状态；当遇到新的环境刺激而学习者不能用已有的图示加以理解和应对时，就打破了这种平衡。学习者利用"同化"——将环境刺激纳入其已有的某种图示中和"顺应"——改变其已有的图示以适应新的环境，图示就会发生新的发展，学习者与环境之间达到了新的平衡。认知心理学认为，学习者原有的知识基础与相关联的观念发生际遇时，学习者将会有出色的表现。建构主义学习理论认为，"当信息渗透于有意义的情境之中的时候，当提供运用知识的机会和对知识的多重表征的时候，当创设隐喻和类比的时候，当给学习者提供能够使其产生与其个人相关联的问题的机会的时候，学习者就能够进行理想的学习。"①学习者心理发展的整体性要求学校课程知识类型的整体性、课程结构设计的整体性。

三、系统性原则

课程结构的设计需要将教育目的、培养目标、学科范畴、知识体系、专业领域、课程目标、课程内容、课程主体、社会需求、学科发展等多种层次和维度的课程要素依据系统性的原则组织为一个有机的整体，将专业课程体系建构为生态性系统。专业课程体系系统既是其中每一门课目课程系统的母系统，又是学科课程系统、学校课程系统、教育系统、文化系统、社会系统的子系统，它们构成了不同的系统层次，各层次之间存在着有机的联系。课程体系系统的生态性体现为开放性、有机性、动态性、创造性。

课程体系系统的开放性是指系统内外不断地进行着物质、能量与信息的交换，系统内部各因子不断地交流互动、变化发展，这是系统保持生态平衡的基础。

课程体系系统的有机性是指系统内部的各构成要素之间、系统与系统之间存在着合和共生、互补互惠的关系，这是对机械主义课程观的否定。

课程体系系统的动态性是指系统及其各构成要素的稳定状态是相对的、暂时的，其运动状态是绝对的、永恒的，系统在时间之维中经历平衡—不平衡—再平衡—再不平衡等循环往复的过程，也是课程体系随着时代的进步不断发展的过程。

---

① 张华. 课程与教学论[M]. 上海：上海教育出版社，2008：275.

课程体系系统的创造性是指系统内外进行物质、能量、信息交换，系统内部各因子交流互动、变化发展以及系统以平衡—不平衡—再平衡—再不平衡的状态发展的过程，也是系统进行新陈代谢、吐故纳新的过程，因而也是系统不断创造的过程。

第三节　设计学学科本科教育课程结构设计的变革

中国当今设计学学科本科教育课程结构设计的变革，首先需要教育工作者在观念上发生转变，明确对课程结构设计的认识，在对上述课程结构设计原则充分理解的基础上，在现实的教育实践中还应当认识到课程结构具体形态的复杂性。纵向结构与横向结构是构成课程结构的两种主导结构，但这两种结构都只是整体结构的局部形态，而且纵向结构与横向结构都不是在二度空间中的延伸，而是纵向和横向的主导趋势中伴随着维度的多向性；课程的整体结构也不是纵向维度与横向维度在二度空间的经纬编织，而是由教育目的、培养目标、学习范畴、知识体系、专业领域、课程目标、课程内容、课程主体、社会需求、学科发展等构成要素在四度空间中碰撞、交织、综合而构建的多维度、多层次无限变化着的动态网络。其次，需要教育工作者深入地理解各种不同的具体课程结构在教学实践中的现实价值，以便根据不同的课程目标灵活地运用之。

以下针对中国当今设计学学科本科教育问题比较集中的具有重要现实价值的课程结构进行重点研究，探讨培养目标、课程目标与课程结构设计之间的关系，对构成课程结构的三种主要形式——纵向课程结构、横向课程结构与整体课程结构作重点讨论。

一、纵向课程结构的设计

纵向课程结构的主要教育功能在于根据知识的内在逻辑与学习者心理发展的逻辑建构知识体系，旨在促进学习者随着学程的展开逐渐建构自身的逻辑知识体系，发展专业能力。在纵向维度上课程结构需要设计具体的结构形式实现以下几个方面的教育功能：建构知识的逻辑、加强知识的巩固、促进知识的深化，从而培养学习者专业能力的发展。

（一）链条环扣式结构：建构知识的逻辑

这里的"知识的逻辑"主要是指前修课程与后继课程之间的知识关系。根据信息加工心理学家安德森提出的产生式迁移理论，两项任务共有的产生式数量决定迁移水平，前修课程与后继课程的内容应有适当的重叠，使前修课程是后继课程的准备，后继课程是前修课程的延伸，有利于促进知识的迁移。虽然课程的直线排列也能够体现知识的逻辑性，但因为以这种形式组织的课程各自独立，彼此之间缺乏重复的内容而易于造成逻辑链条的松散，不利于学习者自身知识逻辑体系的建立。虽然这是一个十分平常而简单的问题，但恰恰又是设计学学科教学实践中常常被忽略的问题。链条环扣式结构是对直线式课程的发展，也可以理解为"直线重叠式结构"，而"链条环扣式结构"能够更为恰当地描述当今综合性知识前后相接的逻辑关系，是指前修课程与后继课程虽然以直线展开，但前修课程与后继课程之间在内容上有一定的重叠性，使一系列课程形成互相衔接或环环相扣的知识逻辑链条。

下面以中国美术学院视觉传达设计专业的专业基础课程为例对这一课程结构进行描述。中国美术学院本科教育设基础部为一年级新生开设学科基础课程，不分专业。二年级开始分流至各系部学习专业基础课程，直至三年级上学期。视觉传达设计专业的专业基础课程的设计呈现链条环扣式结构，课程依次为：插图—摄影—字体设计—印刷技术与专业电脑—图形语言—设计编排—标志设计……其中插图课程是对前修基础课程绘画基础的承袭和表现形式的变化；摄影课程是运用数字媒介进行图形的表现；字体设计是从图形转向另一种视觉语言形式，使学习者掌握文字与图形结合运用的问题；印刷技术与专业电脑课程是运用计算机技术翻译自然图像；图形语言课程是视觉传达设计对文学语言的诠释；设计编排课程是对文字、图形结合色彩在二维媒介中的经营；标志设计课程进入专业设计领域，依然是在前修课程的基础上运用视觉传达专业设计方法进一步研究图形的设计……课程在纵向结构上依据知识逻辑直线排列，前修课程与后继课程之间存在着内容的交叠重复，使课程之间形成了环环相扣的逻辑知识体系（见图6-1）。这种课程结构避免了知识之间的断裂分散，既关照了知识的逻辑性，也关照了学习者心理发展的逻辑性。[①]

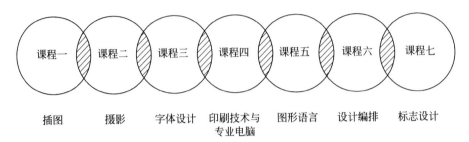

图 6-1　链条环扣式结构

（二）交替重复式结构：加强知识的巩固

奥苏伯尔在认知结构迁移理论中指出，利用及时纠正、反馈、过度学习等方法，可以加强对原有知识的巩固，而原有知识的巩固有助于促进新知识的学习和保持。交替重复式结构是指在后期课程中对先前学习过的知识进行重复学习，不同类型的知识在相应的不同类型的课程中交替重复出现以加强对原有知识的巩固和促进对新知识的学习的课程结构形式。这里的重复不仅仅是课程内容的形式呈现，而是学习者在新的学习阶段对原有知识在应用中进行反思、纠正，并进而深化巩固的过程。

下面以广州美术学院工业设计学院产品设计专业的课程设计为例描述交替重复式结构的特征。

广州美术学院工业设计学院的本科教学在三、四年级针对专业课程和毕业设计开展"工作室制下的课题制教学"，产品设计专业下属 8 个工作室，每个工

---

① 参见：笔者对中国美术学院设计艺术学院视觉传达设计系书记兼副主任俞佳迪的访谈资料，2012-12-27；

中国美术学院教务处 . 中国美术学院 2011—2012 学年第二学期本科专业教学进程表[A] . 14；

中国美术学院教务处 . 中国美术学院 2012—2013 学年第一学期本科专业教学进程表[A] . 15.

作室都与一两家大型企业挂钩，这就保证了课题的真实性。

　　从三年级上学期到四年级上学期的三个学期，课题从易到难逐步实施。对前期学习的知识如设计程序、设计方法、材料、结构、工艺、设计管理、行业动态等在这一阶段的课题中交替重复学习，使知识逐步深化。陈江教授称这种结构为"鱼刺状"结构。课题的辅导教师由企业的技术、市场人员和学校的教师共同担任。三年级上学期和下学期完成两至三个中小课题；四年级上学期完成一至两个中大课题。四年级完成毕业设计，毕业设计的选题可以是新的选题，也可以是旧课题的深化设计（见图6-2）。①

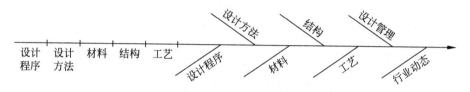

图6-2　交替重复式结构

（三）螺旋式结构：促进知识的深化与拓展

　　布鲁纳认为课程内容的核心是学科的基本结构，他着眼于学习者的卓越智力，提倡课程内容要尽早地向学习者呈现学科的基本概念和基本原理，以后在更高的层次上不断地重复它们，从而促进知识的深化和拓展。奥苏伯尔在研究认知结构迁移理论中提出原有知识的可利用性是影响新的迁移的最重要因素，也是最重要的认知结构变量。奥苏伯尔更强调上位的、包容范围大和概括程度高的原有观念的作用。可见，奥苏伯尔与布鲁纳一样，认为概念原理性知识比普通知识具有更大的迁移价值。设计学学科的课程体系有必要设计为螺旋式结构，使学习者在学程的早期掌握设计原理与方法性知识，随着学程的推进在实践性课题中运用设计原理与方法，使知识不断深化与拓展。以下是美国艺术中心设计学院（Art Center College of Design）本科教育平面设计专业课程表，四年8

　　①　参见：笔者对广州美术学院工业设计学院副院长陈江教授的访谈资料，2011-11-26.

个学期的课程设计在纵向结构上呈现了螺旋式结构的特征(见表6-2)。①

**表6-2　艺术中心设计学院(Art Center College of Design)
平面设计专业2011—2012学年课程表**

课程代码	课程名称(Course)	学分(Hours)
第一学期(TERM 1)		
CUL-235	批判性实践1(Critical Practice 1)	3
HMN-100	写作工作室课程或者(Writing Studio or)	
HMN-101	强化写作工作室课程(Writing Studio Intensive)	3
CGR-151	数字设计2(Digital Design 2)	3
FND-110	绘画与目标(Draw and Aim)	3
FND-102	设计1(Design 1 GPK/ILL/ADT)	3
FND-109	传达设计1(Communication Design 1)	3
FND-111	字体1(Type 1)	3
第二学期(TERM 2)		
PRP-200	研究的艺术或者(Art of Research or)	
HMN-100	研究的艺术(Art of Research)	3
CGR-211	动态设计1(Motion Design 1)	3
FND-152	设计2:结构与色彩(Design 2:Structure & Color)	3
FND-159	传达设计2(Communication Design 2)	3
FND-160	绘画和摄影(Draw & Shoot)	3
GPK-151	文字设计2:结构3(Typography 2:Structure 3)	3
第三学期(TERM 3)		
CUL-220	现代主义概论(Intro to Modernism)	3
CGR-251	交互设计1(Interactive Design 1)	3
FND-158	艺术与设计材料(Materials of Art & Design)	3
GPK-202	平面设计1(Graphic Design 1)	3
GPK-201	文字设计3:语境(Typography 3:Context)	3
第四学期(TERM 4)		
GPK-251	文字设计4:声音或者(Typography 4:Voice or)	
GPK-259	动态文字设计(Motion Typography)	3
GPK-254	包装1或者(Package 1 or)	
FND-155	动态影像语言1(Language of the Moving Image 1)	3
CUL-230	平面设计史1(Graphic Design History 1)	3

---

① 见:Graphic design[A]//Art Center College of Design(2011—2012):82.

续表

课程代码	课程名称（Course）	学分（Hours）
第四学期（TERM 4）		
GPK-302	平面设计2（Graphic Design 2）	3
GPK-301	信息设计（Information Design）	3
第五学期（TERM 5）		
GPK-204	识别系统（Identity Systems）	3
GPK-303	位置与空间中的字体（Type for Places and Spaces）	3
CUL-231	平面设计史2（Graphic Design History 2）	3
GPK-300	第五学期检查（5th Term Review）	0
GPK	平面设计选修课程（Graphic Design Elective Courses）	6
第六学期（TERM 6）		
GPK-355	高级平面工作室课程1 或者（Advanced Graphic Studio 1 or）	3
GPK-256	动态设计故事版制作（Storyboarding for Motion Design）	3
TDS	一门设计科学课程（One TDS course）	3
GPK	平面设计选修课程（Graphic Design Elective Courses）	3
第七学期（TERM 7）		
GPK-405	高级平面工作室课程2 或者（Advanced Graphic Studio 2 or）	
GPK-257	高级动态传达1（Advanced Motion Communication 1）	3
PRP-203	商务101（Business 101）	3
GPK	平面设计选修课程（Graphic Design Elective Courses）	3
第八学期（TERM 8）		
GPK-456	作品集和职业准备（Portfolio & Career Preparative）	3
GPK-470	高级平面工作室课程3 或者（Advanced Graphic Studio 3 or）	3
GPK-471	高级动态传达2（Advanced Motion Communication 2）	3
GPK	平面设计选修课程（Graphic Design Elective Courses）	3

从课程表中可以看出几条相互交错的螺旋式课程，分别是：

第一条螺旋结构：

1. 设计1（Design 1 GPK/ILL/ADT）

2. 传达设计1（Communication Design 1）

3. 传达设计2（Communication Design 2）

4. 高级动态传达1（Advanced Motion Communication 1）

5. 高级动态传达2（Advanced Motion Communication 2）

6. 高级平面工作室课程1 或者（Advanced Graphic Studio 1 or）

7. 高级平面工作室课程2或者(Advanced Graphic Studio 2 or)

第二条螺旋结构：

1. 设计1(Design 1 GPK/ILL/ADT)

2. 字体1(Type 1)

3. 文字设计2：结构3(Typography 2：Structure 3)

4. 文字设计3：语境(Typography 3：Context)

5. 文字设计4：声音(Typography 4：Voice)

6. 动态文字设计(Motion Typography)

7. 高级平面工作室课程1或者(Advanced Graphic Studio 1 or)

8. 高级平面工作室课程2或者(Advanced Graphic Studio 2 or)

第三条螺旋结构：

1. 设计1(Design 1 GPK/ILL/ADT)

2. 平面设计1(Graphic Design 1)

3. 平面设计史1(Graphic Design History 1)

4. 平面设计2(Graphic Design 2)

5. 信息设计(Information Design)

6. 识别系统(Identity Systems)

7. 平面设计史2(Graphic Design History 2)

8. 平面设计选修课程(Graphic Design Elective Courses)

9. 高级平面工作室课程1或者(Advanced Graphic Studio 1 or)

10. 高级平面工作室课程2或者(Advanced Graphic Studio 2 or)

11. 高级平面工作室课程3或者(Advanced Graphic Studio 3 or)

每一条螺旋结构都经历了设计原理、设计方法、专题设计到综合设计的过程，随着学程的进展，几条螺旋式结构互相交叉，使学习者的专业知识从认知到深化再到综合拓展，在这一过程中形成了较为完整的逻辑知识体系。

直线重叠式或链条环扣式结构、交替重复式结构和螺旋式结构作为纵向课程结构的形式在课程体系中是交互呈现的，它们对知识的衔接、深化、巩固、拓展综合发挥着积极的意义。

三种课程结构之间既有相似之处，同时也存在着一定的差异。其相似之处在于，随着学程的推进，使学习者建立纵向的知识逻辑体系，形成系统的专业知识。其不同之处在于，链条环扣式或直线重叠式结构着重促进相邻的前修课程与后继课程的逻辑联系；交替重复式结构着重于后期课程对前期课程的重复式学习，课程之间不一定是相邻的；螺旋式结构则更着重于多门课程的体系性逻辑，使课程知识在系统性重复与拓宽的过程中不断地巩固、深化和拓展综合。

二、横向课程结构的设计

课程论中将综合课程划分为"相关课程""融合课程""广域课程"三种形态。相关课程（correlated curriculum）是指两种或两种以上的学科既在一些主题或观点方面相互联系，又保持着各学科原来的相对独立性。本文将相关课程表述为交叉性课程，而将其特征陈述为课程的交叉性。融合课程（fused curriculum）是指将相关学科融合为一门新的学科，融合之后，学科之间原有的界限不复存在。如把历史、地理、公民融合为社会科，将物理、化学、生物、地学融合为理科。同样，融合课程的特征陈述为课程的融合性。广域课程（broad-fields curriculum）是指消除学科界限，将类似的学科群加以整合的课程。这是一种试图重建学科的尝试：把人为的分类与组织所造成的学科的分割状态，重新还原成其原本统整的姿态。① 但正如美国课程论专家坦纳夫妇（Daniel Tanner and Laurel Tanner）所言，只要分科课程存在，就不可能产生广域课程。所以，后文不再对广域课程加以论述。综合课程形成了横向课程结构。

横向课程结构的教育价值在于促进课程知识的交叉与融合，使学习者在学习过程中既能够获得丰富广博的知识又能够建立逻辑性专业知识体系，从而建构立体多元的知识结构。横向课程结构可以体现为课程的交叉性与课程的融合性。

（一）课程结构的交叉性

课程结构的交叉性可以呈现为多种形式，如课程类型的交叉性、学科的交

———————————

① 参见：钟启泉. 现代课程论[M]. 上海：上海教育出版社，2006：236-237.

叉性、专业的交叉性、课题的交叉性等。

1. 课程类型的交叉性

课程体系是由各种不同的课程类型相互交叉融合而构成的。具体而言，课程类型的交叉性主要体现在分科课程与综合课程、必修课程与选修课程之间，而分科课程与综合课程之间又不排除融合性。下面所要论述的学科的交叉性、专业的交叉性、课程的交叉性、项目的交叉性反映的是综合课程的特征。

2. 学科的交叉性

学科的交叉性结构在设计学学科本科教育的通识教育中具有明确的体现。通识教育旨在促进人文学科、科学学科、社会学学科、设计学学科等多学科之间的互补融通，使学习者具备完整健康的知识结构，实现其自身的全面发展与个性成长。

3. 专业的交叉性

专业的交叉性结构体现为设计学学科内部各专业之间的互动交流，打破了专业类别之间的隔离，使设计学学科各专业之间产生内在的联系，为学习者全面掌握设计学学科的知识发挥积极的意义。专业的交叉性结构常常以专业选修课的形式、主修结合辅修的形式来体现。

美国东北大学（Northeastern University）艺术设计系的学位课程具有主修学位课程和结合主修学位课程（combined major），将不同的主修课程的内容互相结合形成新的主修课程，即结合主修学位课程。结合主修学位课程将不同主修方向的课程模块互相结合，形成新的主修方向，既保持了知识体系的逻辑性，又产生了知识的多样性。使学习者在多样选择的同时形成较为完整的专业知识体系。

主修课程有艺术学士学位课程（BA in art）、数字艺术美术学士学位课程（BFA in digital art）、平面设计美术学士学位课程（BFA in graphic design）、工作室艺术美术学士学位课程（BFA in studio art）；结合主修学位课程有电影研究和数字艺术美术学士学位课程（BFA in cinema study and digital art）、计算机科学和

数字艺术科学学士学位课程(BS in computer science and digital art)、数字艺术与
游戏设计美术学士学位课程(BFA in digital art and game design)、数字艺术与交
互媒体美术学士学位课程(BFA in digital art and interactive media)、平面设计和
游戏设计美术学士学位课程(graphic design and game design)、平面设计与交互媒
体美术学士学位课程(BFA in graphic design and interactive media)。学习者具有广
泛的选择余地，在学程中经历的是自由开放的旅行，而不是直线式的从起点到
终点的跑道(见图6-3及图6-4)。

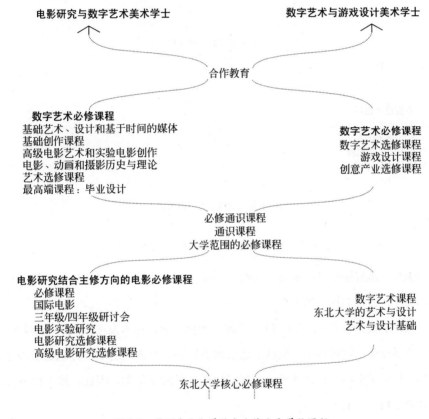

图6-3 美国东北大学结合主修方向学位课程

4. 课题的交叉性

设计学学科的综合性特征使之存在着与其他各类学科、各种专业发生联系
的可能性，随着学科发展的综合性趋势，设计学学科的课程知识体系也越来越

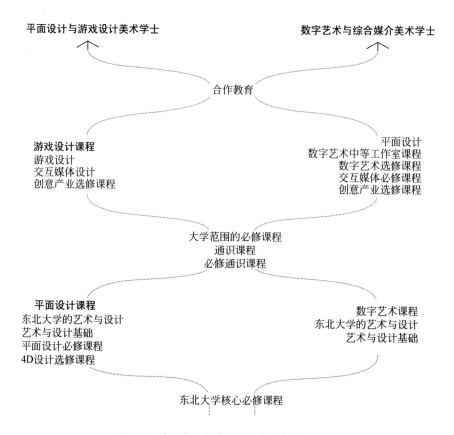

图6-4 美国东北大学结合主修方向学位课程

不可能孤立地局限于某一专业的范畴，而需要思考设计与人、设计与科技、设计与文化、设计与社会的关系。

以产品设计专业中的"工具制造"课程为例，该课程涉及市场调研、用户研究、产品设计、材料科学、机械工艺技术等知识，其相应的学科分别是经济学学科、社会学学科、设计学学科、材料学科、机械学科等，因此，该课程成为上述诸学科交叉的中心。

视觉传达设计专业的"广告设计"课程，涉及市场调研、消费心理、广告设计、媒体策略、广告评估等环节，各环节所对应的学科分别是经济学学科、心理学学科、设计学学科、管理学学科、社会学学科，因此，该课程形成了与上述诸学科交叉的关系。

下面以"策划与传播""广告设计"的课程设计为例来说明这一问题。

策划与传播

1. 课程基本情况

（1）中英文课程名称

策划与传播

Planning and Communication

（2）课内总学时数及分配

总学时：72 学时，每周18 节，每节1 学时。

其中：讲课8 学时；讨论24 学时；实验20 学时；自学20 学时。

（3）考核方式

综合性的考核方式：

A. 作业过程的系统性规划与进展情况(20%)；

B. 作业结果的完成情况(40%)；

C. 团队合作的情况(20%)；

D. 策划书写作的情况(20%)。

（4）课程程度：本科专业课程

2. 课程内容简介

本课程涉及市场营销、策划理论、传播学、消费心理学、视觉心理学等多学科理论知识，在文化环境和市场环境中探讨商业活动的策划与传播策略，研究特定主题推广策略的制订、活动的统筹规划方案、相应的媒介策略、视觉传达设计等各环节对活动主题进行传播的一系列知识和方法。本课程立足于视觉传达设计的现实课题，探索视觉传达设计与传播在价值伦理、信息交流、审美取向、消费文化、科学技术、媒介环境等社会生活各方面之间的发展路径。

3. 预备知识或先修课程要求

先修课程：视觉传达设计史、视觉传达设计原理、媒体与数字技术。

4. 教学目的与要求

（1）教学目的

了解传播学和策划的基本原理，加深对视觉传达设计的认识，对该学科是在市场经济的大环境下，通过研究市场经济规律，以策划为核心，以视觉传达设计为传播手段，以媒介为载体的基本原理，进行全面的学习并能够基本掌握。

A. 掌握策划的基本原理，了解市场营销学的基本知识，建立以受众心理为出发点的系统化视觉传达设计观；

B. 使学习者理解传播是视觉传达设计的主要任务，学习通过视觉传达设计进行有效传播的方法。

（2）培养学习者能力

本课程通过案例分析、原理讲解、文献阅读、市场调研、策划策略的制订与策划书的写作、设计推广等方式，使学习者提升以下能力：

A. 针对特定主题的策划能力，包括策划战略的制订与策划战术的实施；

B. 对市场营销和策划理论的正确认识和运用能力；

C. 运用视觉传达设计进行有效传播的能力；

D. 团队协作的能力。

5. 课题训练内容

本课程将以案例探讨以下主题：

（1）策划与市场营销的关系；

（2）策划与消费者心理的关系；

（3）策划与传播的关系；

（4）视觉传达设计对信息传播的重要意义。

探讨的主题与方法：

（1）以市场调查的方法，探究视觉传达设计与受众心理的关系；

（2）通过与客户的交流，以及对受众的观察和记录，评估策划方案的可实施性，了解目标人群的社会背景、文化修养、家庭地位、收入情况等对策划方案的影响；

（3）采集视觉传达设计中的要素，运用观察法和问卷调查法对受众进行分析与研究，了解视觉传达设计和媒介策略对实施有效传播的最佳途径。

广告设计

1. 课程基本情况

（1）中英文课程名称

广告设计

Advertising Design

（2）课内总学时数及分配

总学时：<u>72</u> 学时，每周<u>18</u> 节，每节<u>1</u> 学时。

其中：讲课<u>8</u> 学时；讨论<u>24</u> 学时；实验<u>20</u> 学时；自学<u>20</u> 学时。

（3）考核方式

综合性的考核方式，包括以下几个方面：

A. 作业过程的系统性规划与进展情况（30%）；

B. 作业结果的完成情况（50%）；

C. 团队合作的和谐性（20%）。

（4）课程程度：本科专业课程

2. 课程内容简介

广告设计是一门关于广告定位、创意和表现的设计方法课程。学生以团队合作的方式针对某一现实品牌的产品进行市场调查，发现其现有定位的问题，分析研究问题发生的原因并为其重新定位，根据新定位进行广告创意和设计表现，以平面广告中的招贴广告和视频广告两种形式为主要媒介形式进行传达，并对广告效果进行评估，依据评估的结果进行方案的改进。

3. 预备知识或先修课程要求

先修课程：市场学概论、社会学研究方法、图形设计、字体设计、动态影像。

4. 教学目的与要求

（1）教学目的

使学生经历广告设计的基本环节而学习市场调查的方法、广告定位的方法、广告创意的方法、运用不同的媒介形式进行广告表现的方法，从而培养其专业能力，为其成为合格的设计人才做准备。

(2) 培养学生能力

本次课程内容的设计具有综合性，以培养学生多方面的能力，体现为以下几个方面：

A. 发现问题、分析问题和以专业知识解决问题的能力；

B. 社会实践的能力；

C. 系统地进行广告设计的能力；

D. 运用综合媒介进行视觉传达设计的能力；

E. 团队合作的能力。

5. 课题训练内容

课题训练内容的设计具有跨学科的特点，基于现实的问题，展开设计项目，虽然项目是虚拟的，但力求具有设计实务的特征：学科的交叉性、项目的互动性、设计的系统性、媒介的综合性，使课程内容与现实项目的内容有所融通，同时促进学生能力的综合发展。

以案例探讨以下主题：

(1) 市场调查的一般方法；

(2) 产品定位策略；

(3) 广告诉求策略；

(4) 广告创意策略；

(5) 广告表现策略。

探讨的主题与方法：

(1) 以访谈、问卷、观察记录等市场调查的方法，有针对性地对现实品牌中的某一类产品的广告设计进行分析研究，运用批判性的思维发现广告在主题确立、创意策略、表现形式、媒介策略等方面存在的问题，并据此确立再设计的概念。

(2) 团队成员以系统的设计方法，根据产品的定位和根据市场调查的结果，讨论广告诉求策略、广告创意策略、广告表现策略和媒介策略，使各环节能够协调一致地发挥传达广告主题的最佳作用。

(3) 依据新的诉求点，团队成员运用头脑风暴的方法，进行广告创意，是思维训练的重要环节。

（4）广告表现是训练学生思维与视觉表现协调发展的重要环节，培养学生运用不同的媒介将广告创意转化为视觉传达设计的能力。团队成员分工合作分别运用招贴广告与视频广告两种形式进行设计。

A. 招贴的设计表现：培养学生运用传统媒介进行广告设计的能力，特别强调创新表现的能力。

a. 探讨并运用草图表现真实展现、象征、比喻、对比、夸张、奇幻、拟人等语言表达形式，将概念创意转化为形象创意。

b. 探讨练习图形、色彩、文字、编排、构图等视觉要素如何能够各司其职而又协调一致地传达广告主题。

B. 视频广告的表现：培养学生运用新媒介进行广告设计的能力。

a. 比较视频广告与招贴广告设计维度的差异，深入理解广告主题、创意、情节、结构之间的关系，绘制故事版，锤炼广告文案，与分镜头有机组合。

b. 运用拍摄、动画等数字技术完成广告设计，要求学生能够熟练地运用影像剪辑、声音剪辑、色彩、字幕、特效等技术，具备综合运用新媒介达到多维度传达的合成能力。

（5）运用物理实验的方法对初步完成的广告作品进行传达效果的测试，依据测试结果进行修改，再测试，最终定稿。

5. 项目的交叉性

传统学科的分类基于一种机械主义世界观，将大的知识领域划分为诸多小的知识领域，知识领域中的问题由具备该学科知识的人去完成。当问题比较简单、关系比较明确时，各个小问题的解决都可以成为独立的项目。"在这个背景下，操作一个设计项目的设定更多的是根据各个学科处理问题的能力和范畴，而较少考虑解决问题本身的需要。这时候项目的流程如同一条生产线，每个环节之间主要是任务的传递，而非协作。"①当今社会，由学科到学科的线性方式已经无法解决现实的问题，而需要围绕问题，组织跨学科的团队进行问题的解决。其特点表现为："其一，学科之间的边界相对模糊，学科的范畴相对灵活；

---

① 巩淼森. 跨学科：论设计高等教育的新趋势[J]. 创意与设计，2010(2)：34.

其二，各学科之间在一定程度上同步工作，相互交融和碰撞。"①

设计学学科本科教育有必要随着学程的开展而适时地引入具有学科交叉性结构的项目，以拓展学习者的学术视野，提高其解决问题的综合能力。国内部分高等学校已经对具有学科交叉性的设计项目予以重视，以课程中的项目、设计比赛项目、附加性的短期课程项目（workshop）等多种形式展开。

下面介绍具有交叉性结构特征的设计项目。

（1）以问题为导向的跨学科项目课程②

"地铁调度系统可用性研究"是同济大学中芬中心促进城市可持续性发展的项目课程。同济大学中芬中心作为国际创新知识平台，通过与国内外著名高校和企业的合作，以项目课程为主导，有效地促进经济、艺术、设计、科学与技术的多学科交叉，建构面向未来的教育、研究和社会服务的空间，培养学习者开放的学术视野、研究能力与创新能力。

A. 项目主题："地铁调度系统可用性研究"

B. 项目目标：本项目以促进城市可持续发展为设计理念，着眼于地铁交通调度系统的可用性研究，通过评估地铁调度系统中与工作人员的调度工作密切相关的各种要素，进行系统的效果测试，提出可行性方案，用以支持工作者完成实际的调度任务，建立人-机合作的关系。

以下列问题为导向进行项目的开展：

a. 系统功能问题；

b. 系统结构问题；

c. 信息展示的方法、内容及其与工作人员的关系；

d. 系统具体操作方面的问题。

C. 项目内容

首先建构一个人-机互动的模型，规划一个框架来引导研究（见图6-5）。

在不同的层面，人的工作和系统要素具有不同的特征，项目研究划分为两个

① 巩淼森. 跨学科：论设计高等教育的新趋势[J]. 创意与设计，2010（2）：35.
② 参见：笔者对同济大学设计创意学院副院长娄永琪教授的访谈资料，2012-12-26.

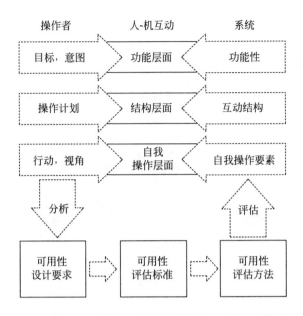

图 6-5 "地铁调度系统可用性研究"项目人-机互动模型

部分：

a. 理论研究：分析任务、工作流程、操作人员的操作活动和知觉，建构一套系统功能、互动结构、界面形式等的设计要求，规划一套可用性标准与相应的评估方法和程序。

b. 应用研究：对评估方法与程序提出构想，在实践中检验其不足之处，以此为前提进行方案改进，进一步设计，直至形成明确的方案并实施。

D. 项目知识结构

项目所涉及的知识具有多学科交叉的特征，以系统的方法进行项目管理，以设计的思维进行项目规划，所以管理科学与设计学贯穿项目始终。同时，构成项目的各环节又对应着多种学科(见图 6-6)。

(2) 以问题为导向的跨文化项目课程

"大棒加石头"项目课程是一次由来自美国、中国、德国与土耳其 4 个国家的高等学校——美国东北大学、美国马里兰大学(Maryland University)、美国韦伯州立大学(Weber State University)、中国山东工艺美术学院(Shandong

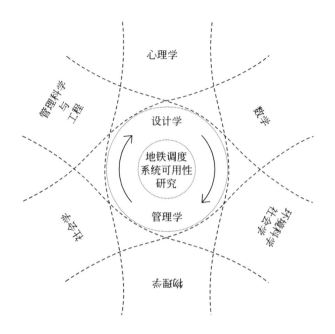

图 6-6 "地铁调度系统可用性研究"项目知识结构

University of Art and Design)、德国柏林艺术大学(Universitaet der Künste Berlin)、土耳其比尔肯特大学(Bilkent University)六所大学和 50 位师生共同参与的针对移民与文化交融问题的实验性国际合作课程。

A. 项目主题:"大棒加石头:文化、迁移与表现"(Sticks + Stones:Culture, Migration and Representation)。

主题阐释:主题来自美国的一句谚语,大棒和石头可以击碎我的骨头,但语言却绝对不会伤害我(sticks and stones may break my bones, but words will never hurt me)。"西方的传统观念认为,名誉很重要,人应该检点自己的行为。但只要自己不危害社会和他人,不违反法律,他人如何评价自己并不重要,甚至流言蜚语也不可怕。"①意为作为移民身份在新的文化环境中应当勇敢面对异文化的冲突与身份认知的误解。

――――――――――

① 笔者对美国东北大学艺术、媒体与设计学院副教授安·麦克唐娜(Ann McDonald)的采访资料,2010-6-6.

项目主题显示着中外文化交流的碰撞，在中国传统文化背景中，会产生与这一谚语的内涵完全相反的理解，如"棍棒底下出孝子"，"棍棒伤皮肉，恶语伤人心"，由此可见东方与西方对棍棒和恶语的不同理解。

B. 项目目标：项目通过探讨移民问题以及由此带来的一系列社会问题，引导学习者经历调研、参与、体验、分析、判断的过程而促进自身认识与经验的成长。本次课程的特点是突破传统专业教学的边界，将多文化、多视角、多观点的思维引入教学中，使课程富有挑战性，鼓励学习者在实践中勇于面对新问题，提升自我意识，充分表达自我，培养其在多元文化语境中分析问题、解决问题的能力。

C. 项目内容

a. 对本国移民情况进行研究，包括以下问题：

（a）移民发生的不同方式；

（b）移民的总体数量；

（c）各种方式的移民数量；

（d）移民的受教育情况；

（e）移民的工作情况；

（f）移民对生活的态度。

根据以上问题，分析移民这种现象产生的原因，移民问题对政治、经济、文化所产生的影响。

b. 为自己设计一个形象

传达的主要信息是"我是谁?""我来自哪里?"，伴随信息是"我的家"。这是本次项目以视觉形式的对话。

c. 文化游览

（a）考察柏林移民区，了解德国移民情况；

（b）参观设计节，了解今日欧洲设计；

（c）参观各大博物馆，了解德国文化。

d. 互动心理游戏

（a）来自4个国家、6所学校的学生在互动中互相理解；

（b）前期作业展示，讨论；

（c）讲座：主题分别为美国、中国、德国、土耳其文化传播，促进文化交流、碰撞。

e. 设计项目

（a）设计项目一：信息设计，运用视觉传达设计专业的知识进行信息设计，传达移民问题的现实。包括：

全球各地区的移民数量；

传达自己国家的移民居住区；

移民在新的定居区的工作性质；

移民最多到达的国家或地区；

合法移民与非法移民的比较情况；

移民的主要种族；

有移民意图的人的年龄情况；

移民群体的宗教习惯；

移民的经济收入状况；

不同国家移民的受教育情况与全球移民总体受教育情况。

要求：

深入研究以上题目，通过比较其他相反资料提高它们的可信度，确定以上研究成果的文献性；

以视觉传达设计的方式解决以上问题，要求视觉形式明晰，具有对语义的直观的传达性，在多元语言的环境中，呈现一种人人可解读的国际性语言。

（b）设计项目二：招贴设计，以招贴的形式进行自我形象推广，能够比较准确地传达自己的身份。包括以下内容：

我是谁？

我最喜爱的事情是什么？

我最不喜爱的事情是什么？

我从哪里来？

我拥有什么样的家庭？

我拥有什么样的文化背景？

要求：运用图文并茂的形式创造一种国际性的视觉语言，与多元文化环境下的受众进行无障碍沟通，真实地传达自己的身份。

（c）设计项目三：影像传达，记录街头的互动行为并设计为影视短片。包括以下内容：

在大街上采访本地人，请他（她）谈谈关于日常生活问题的思考，将被采访者的面部表情拍摄下来；

学生穿上白色 T 恤询问本地人对自己国家的印象，要求被采访者用简短的文字将印象写在 T 恤的背面，印象是多种多样的，但也是客观的。

f. 项目成果推广：将以上项目的设计成果在柏林艺术大学美术馆展出并向社会推广。

D. 项目知识结构

此次项目课程是运用视觉传达设计专业的知识解决社会学的问题，因此，设计学与社会学的知识相融合贯穿于课程的始末，而多元文化的碰撞促进了问题的多角度思考、理解和阐释，项目研究的成果以视觉传达设计的形式通过展览、互联网的途径在世界范围内传播，从而使移民问题及其产生的一系列社会问题受到社会的关注，促进移民文化的民主化发展和移民政策的合理化进程（见图6-7）。

（二）课程的融合性

课程的融合性与课程的综合性是相对而言的。主要体现为课程类型的融合性与学科的融合性。

1. 课程类型的融合性

课程类型的融合性主要体现在学科课程与经验课程、显性课程与隐性课程两对课程类型之间的融合性。这两对课程类型之间的关系不是彼此独立相加的，也不是交叉性的关系，而是你中有我、我中有你的融合关系。

（1）学科课程与经验课程的融合

设计学学科的实践性特征，使学科课程由大量的实践性课程内容亦即经验性课程内容组成，毋庸置疑地体现了直接经验与间接经验、个人知识与学科知识、心理经验与逻辑经验的融合性。但值得强调的是，设计学学科的经验课程不仅仅应当局限于构成学科课程的实践性课程内容，还应当拓展向自然、社会、

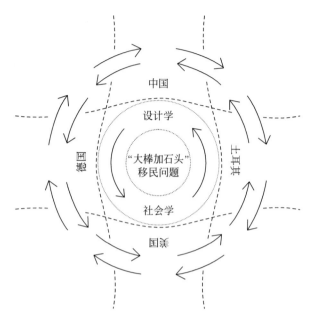

图 6-7 "大棒加石头"项目的知识结构与多元文化的交流互动

个人生活等更宽广的领域。

18 世纪由卢梭提出的浪漫自然主义经验课程论，最初所追求的是使人的善的天性充分展开，使人达到"原始的自然状态"，最终指向"自然人"的人格理想。19 世纪裴斯泰洛齐(Johann Heinrich Pestalozzi)将"有机发生学原理"与德国盛行的"有机整体世界观"相结合，发展成为著名的"乡土教育论"，强调世界是具有生命的统一的有机整体，人与世界是一个有机的整体。19 世纪末 20 世纪初，杜威提出的经验自然主义经验课程，主张人与环境的交互作用，实现学习者的直接经验与学科知识之间的历史的统一，包括理智与情感的统一、知与行的统一、身与心的统一、目的与手段的统一、个性与联系的统一，等等。经验的形成是学习者主动行动与对行动结果反思的结合，经验课程的终极目的是学习者个人经验与社会经验的持续成长。杜威的经验课程论以实用主义哲学为理论依据消解了近代西方精神世界的主客二元论。20 世纪 70 年代以来兴起的人本主义经验课程论是对"科技理性"的膨胀所导致的课程的"非人性化"批判，第一种人本主义经验课程以人本主义心理学为理论基础，倡导"合成教育"(confluent

education）与"合成课程"（confluent curriculum），目标指向在人类社会中发展完整的人，其特征表现为情感与理智的整合、个人与社会的整合、教材与学习者生活的整合。第二种人本主义经验课程论以现象学、存在哲学、哲学解释学、法兰克福学派、精神分析理论等人本主义哲学为理论基础，指出经验课程之"经验"是"存在"体验或"反思"精神，其内容来源是自我、自然、知识、社会，其终极目的是使每一个"具体存在的个体"之个性完全获得自由、独立与解放。

三种经验课程是特定的时代精神的反映，但它们的共同之处在于强调经验的整体性，将学习者、自然、课程、社会视为一个有机的整体。

设计学学科的经验课程有必要在内容上拓宽融合的广度，而不仅仅将经验理解为学习者在实验室的动手操作，基于社会实践的学科知识与个人经验的融合是学习者个性成长与全面发展的必要前提。

（2）隐性课程与显性课程的融合

隐性课程与显性课程之间存在着相互融合的关系。正确理解二者之间的关系有利于隐性课程教育价值的充分发挥。

第一，隐性课程随显性课程的产生而产生，任何显性课程都不可能脱离隐性课程而孤立存在。

第二，隐性课程与显性课程不是对应的关系，而是交叉融合的关系。不认识到这一点，隐性课程在课程体系中的地位就不能很好地确立起来，其功能和性质也就得不到充分的认识。

第三，隐性课程与显性课程区别的关键之处在于课程的呈现形式，但隐性课程的教育意义不容忽视。

第四，隐性课程既不与正规课程相对，也不属于非正规课程的范畴。晚近的研究拓展了隐性课程的维度，钟启泉教授针对瓦兰斯（E. Vallance）对隐性课程的"隐蔽性"和"意图性"的强调，认为隐性课程的研究已由注重不知不觉的潜移默化，转向强调有意图的安排。① 可见，隐性课程同样具有计划性，因此不能

---

① 参见：钟启泉. 现代课程论[M]. 上海：上海教育出版社，2006：235.

将其与正规课程对立起来理解。

在现实的教育活动中,课程设计者应将隐性课程与显性课程融合起来,依据一定的教育价值观对二者予以相应的设计。

2. 学科的融合性

设计学学科与其他学科的融合性是普遍存在的,由于设计思维(design thinking)常常为其他学科问题的解决提供必要的方法,因而与其他学科形成了融合的关系。在设计学学科内部,各专业之间已经难以分明清晰的边界。包装设计是视觉传达设计专业领域与产品设计专业领域的交融,家居设计是产品设计专业领域与环境艺术设计专业领域的交融,数字媒体艺术又是新的技术条件与媒介环境中的视觉传达设计,学科的融合性为课程的融合性既提出了要求,又创造了条件。

课程的横向结构与纵向结构在课程设计中具有等价性,这既是学习者全面发展与个性成长的要求,也是学科自身发展的要求,教育工作者在课程研究与课程设计中应当对二者的关系予以重视,使知识的逻辑性与综合性能够有机地结合起来。

三、整体性课程结构设计

整体性课程结构的设计需要将教育目的、培养目标、学科范畴、知识体系、专业领域、课程目标、课程内容、课程主体、社会需求、学科发展等多维度、多层次的课程要素依据系统性原则组织为一个有机的整体,将专业课程体系构建为一个开放性、有机性、动态性、创造性的生态系统。

教育目的为课程结构的设计确立了根本的价值取向,培养目标的设计将这种价值取向创造性地融入到课程主体发展的需要、社会发展的需要、学科发展的需要与具体学校依据自身的特殊条件而确立的特殊发展定位的综合关系中,依据明确的培养目标,教育工作者将"最有价值的知识"建构为发挥"最大的教育价值"的课程结构,使横向结构促进知识的统整与综合,使纵向结构促进知识的深化,建构知识体系的逻辑性,从而完成整体性的课程结构的设计。

下面以同济大学设计创意学院的课程结构设计为例探讨这个问题。

同济大学设计创意学院"以创新驱动数字时代经济与社会发展、以设计解决全球难题和提升人类生活质量、以满足中国制造向中国创造转变的过程中对高层次设计人才的急需、满足上海经济增长方式转变、产业结构升级对创新人才的需求"①为教育价值追求，确立了培养"具有国际视野，创新型、前瞻型、研究型、综合型的新时代设计人才与设计管理人员"②的设计学学科培养目标，借助同济大学深厚的工学学科优势和丰富的综合性学科背景，强调设计学与多学科的融通与交叉，致力于促进跨学科教学与科学研究。

设计创意学院下设工学学科与设计学学科两个学科，根据2012年《普通高等学校本科专业目录》的学科与专业规划，工学学科下设工业设计专业，设计学学科下设视觉传达设计、产品设计和环境设计三个专业。2012年以前该学院下设工业设计与艺术设计两个专业，艺术设计专业分为环境艺术设计、视觉传达设计和数字媒体设计三个方向。以上两个专业的培养目标设计与学科培养目标一脉相承。

工业设计专业培养目标："本专业培养专业视野开阔，专业基础扎实，职业素质高，具有实践力和创造力，适应社会需要和未来发展的高级设计人才和领军人物。本专业毕业生能够从事工业设计、设计管理等设计领域的工作，以及设计教育与研究工作。"③

艺术设计专业培养目标："本专业培养专业视野开阔，专业基础扎实，职业素质高，具有实践力和创造力，适应社会需要和未来发展的高级设计人才和领军人物。本专业毕业生能够从事环境艺术设计、平面设计、数字多媒体设计、设计管理等设计领域的设计和管理工作，以及设计教育与研究工作。"④

---

① 同济大学设计创意学院·学院概况[EB/OL].[2013-4-25].http://tjdi.tongji.edu.cn.

② 同①.

③ 同济大学设计创意学院教务处.同济大学设计创意学院工业设计专业培养方案[A].2012：1.

④ 同③1；由于笔者于2012年12月26日调查同济大学设计创意学院时，《普通高等学校本科专业目录(2012)》刚刚颁布，所以专业培养方案还未调整，这里仅作为读者理解专业培养目标与课程结构设计之关系的参考。

根据学科培养目标与专业培养目标，设计创意学院的课程结构设计旨在为培养具有开放性视野、创新型、前瞻性，具有扎实的专业基础与良好的综合素质、实践能力与研究能力兼备的高层次设计人才而发挥教育价值，因而形成了系统性、综合性、灵活性、弹性化的课程结构特征。

首先，在宏观层面，设计创意学院的课程结构作为大学课程结构的子系统与大学课程结构形成了一个有机的整体，体现在以下两个方面：第一，设计创意学院的学习者可以任意选修丰富的大学通识课程，而公共基础课程中的"高等数学 E"（4 学分）、"普通物理 C（4 学分）"是必修课程，以培养学习者良好的科学文化素养，同时体现同济大学深厚的工学教学特色。第二，同济大学成立"中芬中心"作为大学各专业的跨学科、跨层级的研究与交流平台，以企业的研发项目为主要的研究内容，设计学学科在其中发挥着以设计思维促进项目研究与开发的作用，所以设计创意学院主管"中芬中心"的工作。设计创意学院的学习者与来自其他学院的学习者共同参与其中，以团队合作的形式从事项目开发与国际化交流，在正规课程之外进行跨学科学习，对其形成开放的视野、丰厚的综合文化素养、较强的研究能力、学习国际化前沿知识的能力具有积极的促进作用。[①]

其次，在中观层面，设计创意学院为促进学科之间、专业之间的交叉、互动，采取了以下措施：第一，分别与汽车学院、海洋与地球科学学院的宝石专业联合创建了创意实验区，进行创新性、实验性的跨学科教学。创意实验区具备系统化地进行本科教育和研究生教育的课程设计，学习者在大学本科一年级入学之后可以申请从其他专业转入创意实验区，实验区对申请者进行面试、考试而择优录取。第二，在设计创意学院内促进专业之间的融通与交叉，设立 8 个研究方向的科研团队和 4 个专业方向的教学团队，使教学与研究互相支撑。而没有设立系和工作室，以免专业之间形成分离的局面。在排课时打乱教师所在团队的界限，以促进教师知识的更新和知识结构的不断完善，进而促进学科、

---

① 参见：笔者对同济大学设计创意学院副院长娄永琪教授的访谈资料，2012-12-26.

专业知识的历久弥新以及学习者所吸收的知识的多元化、综合化（见图6-8）。

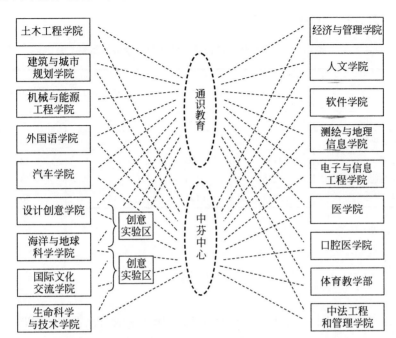

图6-8 同济大学设计创意学院交叉学科平台示意图①

再者，在微观层面，就专业课程结构的设计而言，体现了两个方面的特点：第一，专业课程体系由"专业设计一、专业设计二、专业设计三……"形成螺旋式结构，随着学程的进展，专业知识不断地深化和拓展。第二，专业课程没有确定性的课程描述，因为设计创意学院每学年都要对课程内容与结构的设计进行更新，课程内容与授课方法需要通过教学团队根据社会的发展、学科的发展和学习者的具体情况进行研讨、审议来确定，以促使教学的与时俱进，同时也使专业课程的设计具备了灵活性的特征。②

同济大学整体性的课程结构设计既体现了促进学习者全面发展的教育价值观，又体现了该校综合类、研究型的发展定位和深厚的工学学科背景的特色，

---

① 参见：笔者对同济大学设计创意学院副院长娄永琪教授的访谈资料，2012-12-26.
② 参见：同①.

同时反映了教育目的的共性与培养目标的个性的辩证统一，设计创意学院各类课程学分、学时的分配也体现了这一点（见表6-3）。

表6-3 同济大学设计创意学院学时、学分汇总表①

类别 ＼ 课程性质	总学时	总学分	必修课学分	选修课学分
公共基础课	1003	59	59	0
专业基础课	646	38	38	0
专业课	1156	68	56	12
素质与能力拓展课	136	8	0	8
合计	2941	173	153	20

小结

本章针对中国当今设计学学科本科教育课程结构设计所存在的问题，以理论论述结合案例分析着重从纵向课程结构的设计、横向课程结构的设计和整体性课程结构设计三种不同的视角探讨了基于促进学习者全面发展的课程结构设计的变革思路。更多的是对于建构学习者多元化、立体化的知识结构和促进其全面发展的共性特征的课程结构设计的研究。而同济大学设计创意学院的课程结构设计具有开放性、弹性化、动态性的特征，寓共性于个性之中，其课程结构设计的价值取向和设计方法对其他广大高等学校设计学学科的课程结构设计具有参考意义。课程的横向维度与纵向维度对于学习者的知识建构依然具有重要的价值，但值得引起教育工作者注意的是，知识的普遍联系、交流互动与知识的境遇性、创造性使课程结构已经超越了横向维度与纵向维度，而在学科与学科之间、专业与专业之间、学科与专业之间、课程与课程之间构成了一个密切交织、不断创生的动态网络，因而，任何课程结构的设计都不可以单方面地

---

① 同济大学设计创意学院教务处. 同济大学设计创意学院艺术设计专业培养方案[A]. 2012：6.

思考某一种维度，而应当将其理解为一个生态系统，它是开放的、有机的、联系的、多维的和动态发展着的。中国当今设计学学科本科教育课程结构设计的变革，最根本的问题仍然是教育观的变革和课程观的变革，以培养学习者身心全面发展与个性成长为价值取向的课程结构的设计，必然是多层次、多维度的整体性的设计。

第七章　中国当今设计学学科本科教育课程实施的变革

　　本书在对课程实施的研究中更加充分地体现了课程的词源 currere 的意义，即它是静态意义的"跑道"和动态意义的"奔跑"的统一。就静态意义而言，课程实施应以预先确定的目标和计划为依据；就动态意义而言，课程实施是教师和学习者在与具体的课程情境的交互作用中所展开的新的教育经验的创生的过程。

　　课程领域对于课程实施的内涵的理解可以概括为三种观点：一，课程实施即将课程方案付诸实施的过程；二，课程实施即教学；三，课程实施即教学文化的创生过程。① 这三种观点体现了三种不同的价值取向。但课程实施是课程体系的核心环节，无论选择哪一种价值取向，课程实施都是教育目的、培养目标在具体的教育活动中得以实现的过程。因此，设计学学科本科教育的课程实施应以促进学习者的全面发展与个性成长为基本前提，充分地融入 currere 的本质意义而应答时代精神的呼唤。

第一节　课程实施的基本取向

　　基于对课程计划和课程实施之关系的不同认识，课程领域形成了体现不同价值追求的课程实施的基本取向。根据美国学者斯奈德（J. Snyder）等人的

---

　　① 参见：欧阳文. 大学课程的建构性研究[M]. 长沙：湖南师范大学出版社，2007：108-109.

研究，课程实施基本上可以划分为三种基本取向，即"忠实取向"（fidelity orientation）、"相互适应取向"（mutual adaption orientation）和"课程创生取向"（enactment orientation）。①

一、忠实取向

课程实施的忠实取向是指课程实施的过程即忠实地执行课程计划的过程，要求教师沿着预设的、固定不变的轨道行进，"这种强调对课程方案的忠实地贯彻与执行，在实质上是现代主义二元对立逻辑的延伸。在这里，课程的设计者与课程的实施者被完全分开，课程与教学、内容与过程、教材与方法、目的与手段处于二元对立，而且往往是前者对后者起支配和决定性作用。"②其研究方法以量化的方法为主。

忠实取向的课程实施的不足之处是显而易见的。首先，这种二元对立的机械主义课程观人为地割裂了完整的教育过程，将课程计划视为预设的、确定的、固定不变的完整体系，它高悬于课程实施之上而孤立地存在，使课程计划与教学活动互相分离。其次，忠实取向的课程实施将教师视为既有计划的被动执行者，将学习者视为被局限在有限框架之中的发展者，从而扼杀了课程主体的能动性、创造性，忽视了课程实施的过程性、复杂性、动态性、创造性和开放性。

二、相互适应取向

相互适应取向的课程实施强调课程的设计者与实施者彼此之间的相互适应。一方面，课程实施者应当根据现实的教育情境对课程计划中的课程目标、课程内容、组织形式等进行适当的调整和变革；另一方面，课程设计者则应当根据课程实施者在具体的教育情境中所发现的现实问题和教学需要对原有的课程计划进行必要的改变和修订。相互适应取向将课程实施视为一个复杂的、非线性的、不可预测的过程，而不是一个预期目标和计划的线性演绎过程。持相互适

---

① 见：SNYDER J, BOLIN F, ZUMWALT K. Curriculum implementation [M]//JACKSOW P W. Handbook of research on curriculum. New York：Macmillan，1992：402-435.

② 靳玉乐，等. 后现代主义课程论[M]. 北京：人民教育出版社，2005：198.

应取向的研究者将课程实施与具体的课程情境结合起来，将课程实施过程中对课程计划的主动变革视为课程的有机构成部分。

相互适应取向的课程实施的研究并非着眼于测量课程实施相对于课程计划的忠实程度，而是把握课程实施具体过程的教育价值，因此它既包括量化研究，也包括质的研究。就课程价值而言，相互适应取向的研究者将课程计划与具体情境的课程实践视为交互作用的过程，课程设计者与课程实施者之间相互理解而达成对教育意义的一致性追求，关注课程变革的过程性和复杂性。可见，该取向在本质上是受"实践理性"支配的。

三、课程创生取向

课程创生取向认为课程实施本质上是教师与学习者在具体的教育情境中创造新的教育经验的过程，既有的课程计划只是为课程创生提供了用以参考的资源。

课程创生取向研究的主要问题在于以下几个方面："第一，创生的经验是什么？教师与学生是如何创造这些经验的？怎样赋予教师与学生权力以创生这些经验？第二，课程资料、程序化教学策略、各级教育政策、学生和教师的性格特征等外部因素对创生的课程有怎样的影响？第三，实际创生的课程对学生有怎样的影响？'隐性课程'对学生有怎样的影响？不难看出，这些问题使课程创生取向与忠实取向、相互适应取向迥然不同，显示该取向的研究重心已完全转移到教育经验的实际创造过程。"①

课程创生取向的课程实施是教师与学习者在实际的课程情境中体验到的经验，因此，就其性质而言当属经验课程，课程知识不是预先装配好的包裹，而是一个随着课程情境的展开"不断前进的过程"，一种"人格的建构"。然而，"这种'人格的建构'必须既回答个人的标准，又回答外部的标准。这样，课程知识尽管是个性化的，但不会落入相对主义的泥潭。人的心灵被视为需要点燃的火炬，而不是由外部的专家用知识来填充的容器。"②课程计划依然具有参考

---

① 张华. 教学与课程论[M]. 上海：上海教育出版社，2008：342.
② 同①342.

意义，它是教师与学生用以创生课程的资源，但只有当这个资源有益于课堂中教与学的"不断前进的过程"的时候，它才有价值。"具体情境的课程知识是经由教师和学生深思熟虑的审议活动而获得的。尽管教师可能利用外部设计的课程，并有可能从外部专家处获益良多，但真正创生课程并赋予课程以意义的还是教师及其学生。教师和学生主要不是课程知识的接受者，而是课程知识的创造者。"①

课程创生取向的研究目的在于把握教师与学习者从事课程创生的真实情况，而不同教育情境中的课程创生迥异，所以就研究方法而言，课程创生取向的研究者更倚重"质的研究"。由于课程创生取向将课程实施视为教师与学习者个性成长与完善的过程，强调教师与学习者在课程过程中的主体性和创造性，追求个性自由与解放，因此，该取向在本质上是受"解放理性"支配的。

三种取向的课程实施都具有合理性，都具有存在的价值，在不同的课程情境中都有可能得以体现。但三种取向又各有其局限性，忠实取向的课程实施使课程成为机械的、技术化的程序，从而扼杀了教师与学习者的主体价值；相互适应取向的课程实施具有折中主义的色彩，它在兼具其他两种取向的优点的同时，也不可避免地具有它们的不足之处；课程创生取向的课程实施具有理想主义色彩，它要求教师能够随着课程具体情境的变化而适时地做出正确的判断、选择和解释，不断地与学习者共同创造新的课程，因此使课程在实施过程中具有较高的难度。然而，从忠实取向到相互适应取向，再到课程创生取向，是课程实施不断发展和超越的过程，意味着课程实施从追求"技术理性"到追求"实践理性"，再到追求"解放理性"，体现了人们对课程实施的理想追求和课程发展的民主化进程。课程不是课程设计者对课程实施者的控制过程，而是教师与学习者主动参与和民主交往的过程，衡量课程实施成败的标准是看教师与学习者的主体性是否获得解放，其个性是否发生理想化的发展，这种课程实施观体现了时代的精神，是未来课程改革的发展方向。②

---

① 张华．教学与课程论[M]．上海：上海教育出版社，2008：342-343.
② 同①346.

第二节　中国当今设计学学科本科教育课程实施的现状

对中国当今设计学科本科教育课程实施现状的研究，同样是以问卷调查的方法，对中美两国设计学学科的在校大学生关于课程实施的相关问题以总加量表的方式进行态度指数的测量，对态度指数进行量化比较研究，发现中国当今设计学学科课程实施存在的现实问题，并据此提出变革的方案。

对中国进行的问卷调查是以随机抽样的方式，向全国高校正在接受设计学学科教育的在校大学生发放问卷 3816 份，涉及 31 个省、自治区、直辖市（不包括香港、澳门和台湾地区）的 339 所高等学校，回收问卷 3266 份，其中有效问卷 1852 份，有效率 56.7%（见附录 H）。

对美国进行的问卷调查是以分类抽样的方式，对不同类型的高等学校中正在接受设计教育的大学生发放问卷 96 份，涉及 12 所学校，回收问卷 91 份，有效问卷 72 份，有效率 79.1%（见附录 I）。

从中美两国大学生对其所在学校关于课程实施相关问题的态度指数的比较情况来看，美国设计学学科本科教育的课程实施较为充分地反映了创生取向的课程实施的特征，这与笔者深入到美国部分高等学校的课堂对其课程实施的观察的结果是相似的，主要表现为学习者主体性的回归，课程主体与课程情境生动的交互性，课程过程的开放性、创生性、生态性等，同时反映出中国设计学学科本科教育课程实施存在的问题，两国的对比情况可以从学习者对问卷中问题的态度指数中反映出来（见图 7-1 ~ 图 7-23）。

根据调查的结果，可以发现中国当今设计学学科本科教育课程实施过程中主要存在着以下几个方面的问题。

一、主体性的缺失

从中国大学生对关于授课方式的一系列问题的回答来看，在课程实施的过程中，教师讲、学生听仍然是一个非常普遍的现象；教师没能充分地做到有意

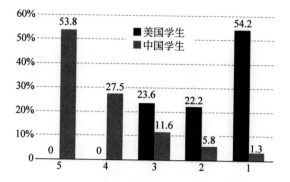

图 7-1　知识的传输式，老师讲，学生听

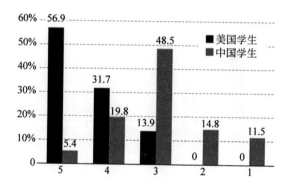

图 7-2　教学过程中师生就某一问题进行讨论的情况

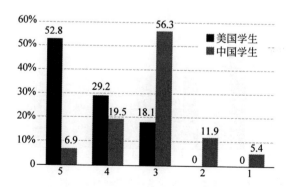

图 7-3　老师有意识地启发学生创造性思维与情感的情况

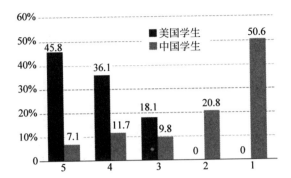

图 7-4　老师尊重学生的个性，做到因材施教

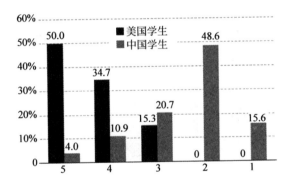

图 7-5　同学之间相互讨论、相互激发的情况

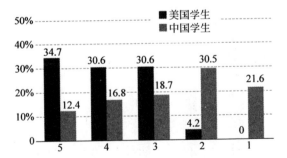

图 7-6　专业课程中针对某一问题进行调查探究的情况

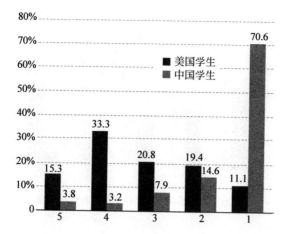

图 7-7　本科学习阶段能够接触到真实的设计项目的情况

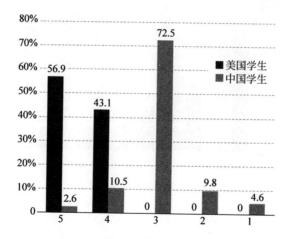

图 7-8　课程中学生展示、表达自己的情况

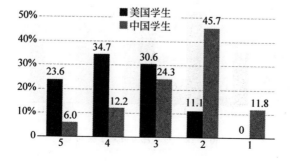

图 7-9　课程的过程丰富、生动、充实

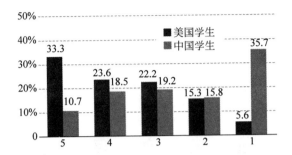

图 7-10　课程过程中知识能够得到很好的巩固

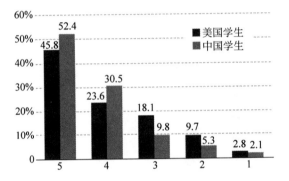

图 7-11　专业技能得到了提高

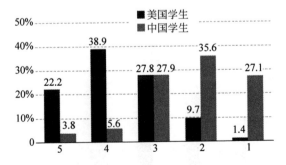

图 7-12　研究能力得到了提高

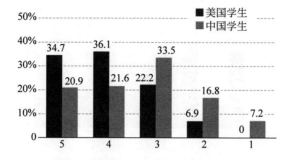

图 7-13　沟通、表达的能力得到了提高

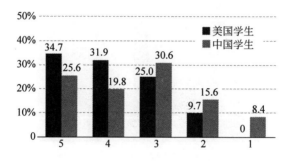

图 7-14　创造性得到了提高

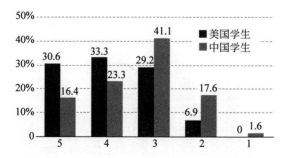

图 7-15　开阔了视野，提高了人生理想的目标

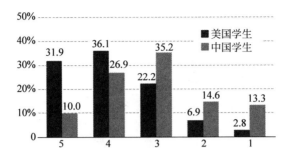

图7-16　对社会知识的了解得到了提高

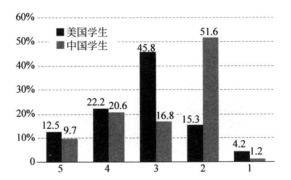

图7-17　分析、解决生活中问题的能力得到了提高

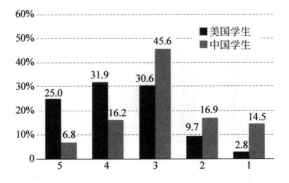

图7-18　人文素养、艺术素养、专业能力都得到了提高

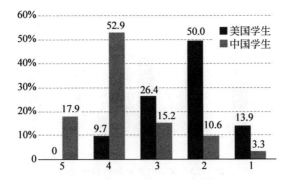

图 7-19　老师是知识的权威，他要求同学们听他的

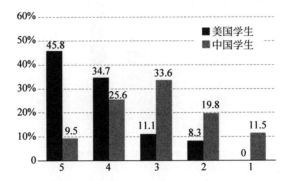

图 7-20　老师与同学们比较平等地探讨问题

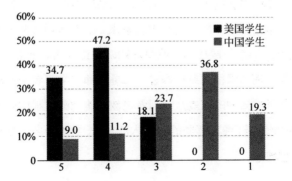

图 7-21　老师与同学们既很平等又懂得引导同学们

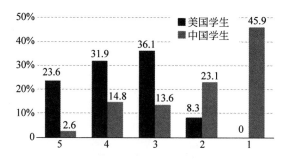

图 7-22　同学们是知识的创造者

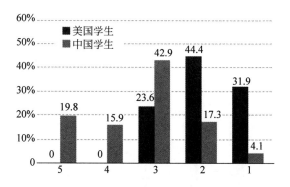

图 7-23　同学们只是知识的被动接受者

识地启发学习者的创造性思维和情感；学习者的个性未能得到应有的尊重，教师未能做到因材施教。对关于师生关系一系列问题的回答则反映了教师与学习者平等地探讨问题的情况尚不具有普遍性。上述问题说明了在现实的课程实施中，学习者的主体性地位未能真正地建立起来。主要体现在两个方面：一是学习者是以客体的身份参与课程的，他们是知识的接受者，而非知识的创造者；他们外在于课程，而非课程的有机构成。二是教师与学习者未能形成主体间性的平等关系，教师是知识的权威，学习者在教师施教的过程中是静听者、服从者，"教师成为驾驶员（通常驾驶的是别人的车）；学生最多的是旅客，更糟的是成为被驱动的物体。"①

① 多尔. 后现代课程观[M]. 王宏宇，译. 北京：教育科学出版社，2004：38.

二、课程知识未能有效地转化

笔者通过对在校本科生和校外本科毕业生的访谈获知，在课程实施过程中，学习者认为自己所学的知识未能得到有效的转化，这一点在问卷中关于"授课方式"的相关问题的答案中得到了印证，如教师的授课方式以知识的传输为主，课程中学习者之间相互讨论、相互激发的情况较少，课程中所学到的知识不能够得到很好的巩固，学习者是知识的接受者而非创造者等，都说明了课程实施过程中知识是以传输而非转化的形式、以复制而非创造的形式从教师那里传递给学习者的，正如现代课程观中对课程的理解，课程是预先装配好的包裹，课程实施即是包裹的传输过程。就设计学学科的课程实施特性而言，专业课程主要是针对特定课题而展开的创造性实践的过程，但为什么学习者认为课程知识未能得到有效的转化？其根本原因在于学习者与课程的分离，学习者是作为知识的旁观者而非参与者外在于课程，从而未能将课程转化为自身内在的经验。

三、课程的过程性空乏

在知识的传输计划中，课程过程性的空乏是不可避免的。问卷中关于"授课方式"中一系列问题的回答已经证明这一点：专业课程中针对某一问题调查研究的情况较少；大学学习过程中很少有机会接触到真实的设计项目；课程的过程不够丰富、生动、充实。对关于"通过大学的学习，你的收获是什么"相关问题的回答，如研究能力没有得到很好的提高；分析解决现实生活问题的能力提高不大；对社会知识了解不够等。广大学习者对于这些问题的评价，较为真实地反映了他们在课程实施中经历的课程过程情况。课程不是一个传输现有知识的静止的场所，而是师生基于问题而展开的探究、反思的动态过程，在这个过程中，课程主体与课程情境在交互作用中经历思维的过程与经验的生长。针对某一专业问题进行调查研究，对现实的项目从事设计实践，分析解决现实生活中的问题，深入洞察社会文化等，这些课程主题的开展是使课程实施的过程丰富、生动、充实的前提。

四、课程的开放性不足

上述课程实施中所存在的三个方面的问题已经可以预示课程的开放性不足

的问题。在知识的传输计划中学习者主体性的缺失、课程过程的空乏，揭示着设计学学科的课程实施仍然未能摆脱封闭性的框架。在访谈中，学习者这样描述自己经历的专业课程："老师先进行课程理论的讲述，然后布置作业，有时全班同学根据同一个命题进行设计，有时自己拟定一个主题进行设计，老师点评，同学们根据老师的意见修改，最后获得一个评价分数作为这门课程的成绩。"这种情况在中国当今普通高等学校设计学学科的课程实施中实为一种常见的现象。根据一定的命题进行设计实践是一项创造性活动，同时也是开放性的，但教师常常将预设的结果作为课程的目标指导学习者的设计实践，因而学习者的设计实践以这个预设的目标为终点，这个终点同时又是课程评价的标准。问卷调查中所反映的教学过程中师生就某一问题进行讨论、学习者之间相互讨论、学习者展示与表达自己、教师与学习者之间平等地探讨问题等课程环节的缺乏，同样说明了课程的开放性的不足。课程不是预先设定的封闭的、固定不变的系统，而是作为课程主体的教师与学习者基于学科知识、自身经验和开放性的问题在与课程情境交互作用的过程中开展知识建构的过程，人格成长的过程，因而课程是开放性的。

上述中国当今设计学学科本科教育课程实施过程中存在的问题，实则教育内部基本规律各要素之间、教育内部基本规律与外部基本规律之间所存在的矛盾在具体的教育活动中的现实反映，这些矛盾形成了教育变革的动力，针对这些问题而探讨解决的策略是课程实施变革的主要任务。

第三节　设计学学科本科教育课程实施的变革

课程实施的变革首先体现为基本价值取向的变革。当前设计学学科的课程实施已经超越了忠实取向，而大多选择相互适应取向，然而当代文化语境、知识型、课程观已对课程实施的价值取向提出了新的要求，课程创生取向作为时代精神在教育活动中的体现成为课程实施变革的方向。在本研究中，课程创生取向的课程实施是静态与动态、确定性与不确定性的统一。以预设性的课程目标、课程内容、课程组织等要素所构成的课程计划对课程实施具有基本的参考价值，形成了课程实施静态的、确定性的因素；而教师与学习者在具体的课程情境中所创造的新的教育经验的过程则形成了课程实施的动态的、不确定性因素。以下对于课程创生取向的课程实施所应当具备的特性研究，既是对当前课程实施中所面临的现实问题的求解，又是对中国当今设计学学科本科教育课程实施变革路径的探索。

当代科学的研究成果如皮亚杰的生物学世界观、普里戈金的耗散结构理论、杜威哲学的过程性思想和怀特海的有机论为课程实施的变革提供了新的理论依据。

一、弘扬主体性

学习者在课程实施中主体地位未能得以真正地建构起来是中国当今设计学学科本科教育课程实施存在的现实问题之一，对主体性的培育与弘扬是当今与未来课程实施变革的努力方向，主要体现为交互主体性与主体的创造性两个方面。

（一）交互主体性

在教育史上，关于教师与学习者在教学过程中的地位曾经存在两种观点。一种观点是"教师中心论"，认为教师是教学过程的中心，是知识的权威，学习者是教学过程中的静听者、服从者。另一种观点是"学习者中心论"，认为学习者是教学过程中的主宰，学什么、怎么学、为什么学是由学习者自己做主，教师则立足于促进学习者个性发展的立场一切听任学习者的安排。

这两种观点都是错误的，而其错误的共同根源就是对教学过程中教师与学习者的关系的认识采取了二元对立的思维方式。"教师中心论"把教师视为教学过程的主体，学习者则是客体；"学习者中心论"把学习者视为教学过程中的主体，而教师则是客体，这两种认识都根本否定了教学过程中教师与学习者之间平等交往的关系。

关于人与人之间的关系，西方哲学家们已进行了很多的探讨。埃德蒙·胡塞尔（Edmund Husserl）首次提出"主体间性"或"交互主体性"（intersubjectivity）的观点，认为自我与他人应实现一种交融互动而非平行的主体关系，他人不是自我斗争或征服的对象，而是与自我平等的主体，甚至是自我的有机构成部分。著名人类学家里安·艾斯勒（Riane Eisler）在其著作《圣杯与剑：我们的历史，我们的未来》（*The Chalice & The Blade：Our History，Our Future*）中阐述了其追求差异性、尊重差异性、包容差异性的观点，她以整合的视角看待人与人之间的关系，崇尚人类和谐，倡导关爱文化，表达了对交互主体性的呼唤。

首先，交互主体性体现于教师与学习者之间的关系。教师闻道在先，在经验、知识、技能、能力方面的发展水平高于学习者，所以他们是教学过程中的组织者、引导者、咨询者、促进者；学习者自由地、自主地、民主地参与课堂教学，在教学过程中具有选择的权利和创造性地自我表现的权利，因而教师与学习者都是教学过程中的主体。[1] 多尔认为教师是"平等中的首席"（first among equals），教师的作用不应被抛弃，而应当重新建构，"从外在于学生情境转化为与这一情景共存。权威也转入情境之中。程序、方法论和价值观的问题不再以脱离实际生活的抽象方式来界定，而成为涉及学生、教师和地方性规范与传统的地方性决策。"[2]教师是内在于情境的领导者，而不是外在的专制者。这样，使情境中的课程建立"没有人拥有真理而每个人都有权利要求被理解的迷人的想象王国"[3]成为可能。教师与学习者在彼此尊重的前提下随着课程的展开而发生持续的交互作用，从而形成"学习共同体"。

但教师应当自觉地担负起组织者、引导者、咨询者、促进者的职责，善于发现与尊重学习者独特的精神世界、价值观念和个性特长并适时地予以激励，做到因材施教，以促进学习者的全面发展和个性成长。加拿大课程学者大卫·

---

① 张华. 课程与教学论[M]. 上海：上海教育出版社，2008：359.
② 多尔. 后现代课程观[M]. 王红宇，译. 北京：教育科学出版社，2004：238.
③ 同②238.

杰弗里·史密斯（David Geoffrey Smith）在《论天赋》一文中以孩子们在圣诞节获得别人馈赠的礼物来比喻其天赋被发现的情形。当一个孩子得到了他正想要的礼物，这便说明：别人深深地理解你，知道你心灵之所欲，有人以你懂得你自己的方式懂你；当一个孩子收到一份"特别的"、出乎意料的礼物，这便说明：有人以你自己都不甚明了的方式知你。于是这个孩子会对这份礼物倍感珍惜。①教师有责任成为学习者个性的理解者和天赋的发现者，教师对学习者个性、天赋的发现、理解和激发，是馈赠给学习者的珍贵礼物，它会促进学习者发现自我，并充分地实现自我，而这正是教育所追求的真正意义所在。

其次，交互主体性体现于学习者之间的互动与对话。学习者所形成的"学习共同体"以包容差异、和而不同为前提，在教学过程中持续地发生交互作用而互相点燃彼此心灵的智慧之炬。胡塞尔曾先后提出"共现""配对""移情""相互理解"等概念来诠释主体间的交互关系，他认为处于交互关系中的人都是主体，没有客体。梅洛-庞蒂（Maurice Merleau-Ponty）则在语言交流的环境中探讨交互主体性，认为语言交流双方处于曾在与正在的关系中，因而必须把言语视为意义和向存在的开放，② 从而消除"我"与"非我"、"主体自我"与"客体他人"之间的界限而不知不觉地进入对方的视域，互相进入一个视界交融的世界。学习者需要走出封闭的自我而形成开放的自我，消除自我与他人之间的疏离，在学习过程中与同学持续地发生交互作用，使"自我"与"他我"的心灵和智慧互相交融，彼此激发，在合和共生中不断成长。

（二）主体的创造性

西方传统哲学认为主体是独立的、固定的、永恒的，强调主体的原子主义特征，其目的在于为知识设定一个确定的、绝对可靠的基础。现代西方哲学反对传统哲学以一种超验的、非历史的视角将主体视为孤立的、永恒不变的实体的原子主义思想，认为人的主体性是"本质未定，一切将成"的。虽然不同的哲

---

① 参见：史密斯. 全球化与后现代教育学[M]. 郭洋生，译. 北京：教育科学出版社，2001：253.

② 参见：佘碧平. 梅洛-庞蒂历史现象学研究[M]. 上海：复旦大学出版社，2007：63.

学家对人的主体性持不同的观点，概而言之，现代人本主义哲学对人的主体性持"非理性生成"的观点，"认为人是情感、意志、本能等的非理性存在物，非理性精神因素是人具有无限创造力的源泉"①。唯意志主义哲学、生命哲学和存在主义哲学是现代西方人本主义哲学关于主体性的非理性因素的研究而形成的主要流派。

德国唯意志主义者阿瑟·叔本华(Arthur Schopenhauer)作为唯意志哲学的创始人率先反对传统哲学的理性主义主体性思想，开辟了现代非理性主义的先河。它指出"世界是我的表象"，"世界是我的意志"，② 理性不能认识世界的本质，只有作为非理性的生命的冲动与体验的意志才是"自在之物，是世界的内在的涵蕴和本质的东西"。③ 他将非理性的生命意志置于本体的地位，建立了一种意志论的主体性哲学。在这种哲学中，意志取代了人的理性成为人的主体性的根本，因而，运动代替不变，具体代替抽象便成为人的主体性的主要特征。运动的、具体的主体性是不断生成、不断创造的。生命哲学的杰出代表，法国哲学家亨利·柏格森(Henri Bergson)认为主体是流动性的，这是因为自我的意识不是静止不变、彼此分离的。他指出，意识状态不是空间性的，而是时间性的。他将真正意义上的时间称为"绵延"(duration)，"意识""包含着无数的潜在可能性，它们互相渗透。因此，整一的范畴与多元化的范畴都不适用于它们，因为它们都是针对无生命材料的范畴。只有这股生命之流携带的那种材料，只有这股生命之流给自己插入的那些缝隙，才能将它划分成种种明确的个性"④。这说明，生命本身就是"绵延"，生命之流是一种出自"创造的需要"的能动意识，生命不能复原，不能停息，而是不断地进化着，这种进化即"创造的进化"。法国存在主义哲学家让-保罗·萨特(Jean-Paul Sartre)在战争期间改变了学术研究的方向，从自我内在的心理分析转向存在主义研究，面对现代性的战争和法西斯主义对

① 赵海英. 主体性：与历史同行[M]. 北京：首都师范大学出版社，2008：165.
② 叔本华. 作为意志和表象的世界[M]. 石冲白，译. 北京：商务印书馆，1982：27.
③ 同②377.
④ 柏格森. 创造进化论[M]. 肖聿，译. 北京：华夏出版社，2000：229.

生命和自由的摧残与扼杀，萨特陷入了对人之存在的意义的深思之中。他于 1943 年完成了存在主义哲学巨著《存在与虚无》(*Being and Nothing*)，以独特的视角论述了对世界的理解：存在具有"自为的存在"(pour-soi)和"自在的存在"(en-soi)两种形式，自为的存在与意识同属一个范畴，人即自为的存在；而意识的对象是自在的存在。自为的存在在运动的时间中不断地超越自身，它不像自在的存在那样是一种"是其所是"的存在，而是一种永不停息地显示着"不是其所是"和"是其所不是"的面貌的存在，自为的存在的"是其所是"只存在于过去的时间中，而未来尚未存在，现在是一个联系着过去和未来的否定，实际上是一个"虚无"。因为人是自为的存在，所以自为的超越性即是人的主体性之所在。

现代西方人本主义哲学以主体自我的体验亲知、内省知觉、生存存在等非理性的哲学思维反对传统的理性主义、本质主义哲学思维，强调主体的生成性、创造性，反对主体的永恒性、确定性，在哲学发展史上具有巨大的进步意义。但现代西方人本主义者信仰不确定性，将主体推向既无历史亦无未来的不确定的、纯偶然的世界，从而使非理性的主体性哲学思维陷入了相对主义和虚无主义的困境。

马克思从辩证唯物主义的视角理解人的主体性的生成性和创造性，从而超越了现代西方人本主义的主体性哲学思想。他认为人是对象性存在物，在对象性活动中，人创造了对象的同时也生成了自身。他的现实生活世界观主张人的主体性应当摒弃纯粹意识，回归现实生活。生活即是人的对象化过程。马克思对生活世界理论的现实化说明人不仅在精神生活中生成着自己的主体性，而且在物质生活中生成着自己的主体性，这是一个历史性的创造过程。人只要一息尚存，就不会停止创造。马克思所说的主体性的生成"是一个受动与能动、继承与创造、确定性与非确定性相统一的过程：一方面，生成是非预定的、创造的，是永无止境的；另一方面，它又是确定的，这表现为：生成是无限的，但每一特定时代的生成却是有限的；生成是创造的，但它同时也是继承的；生成是非预定的，但生成并不是没有指向的，生成的受动性或历史条件就规定着生成的可能范围和方向"①。

在课程实施中，教师需要深刻理解主体的创造性的重要意义并有意识地予以培育和激发，课程应设计为有利于主体性的生成与创造的过程性情境而不是一种预设的模式。主体的创造性一方面体现为随着课程情境的展开，教师与学习者的态度、情感、价值观在交互作用中不断地生成，教师有必要审慎观察个体的特殊变化而促进其个性成长和身心全面和谐地发展；另一方面体现为教师与学习者作为主体在与课程的交互作用中所发挥的对于知识的创造性。课程不仅应当提供给学习者精神生活领域的前人的间接经验，使之在继承传统中建构自身，同时发挥主体的创造性而促进知识随着时代的发展吐故纳新；还应当思考如何为学习者提供更多的回归现实生活的经验，设计学学科的课程实施有必要使学习者在价值伦理、审美取向、现实功能、科学技术等社会生活各方面之间探索设计实践的发展路径，使之在有机整体的社会生活中促进其主体性的不断生成，在从事知识的创造过程中体现其主体的创造性。

二、课程实施的过程性

怀特海认为世界皆过程，这个过程既是创造性的，又是继承性的，是万物在时间与空间中的无穷流变。过程的流变存在两种形式，一种是特殊存在物组织中固有的流变，即合生；另一种是一个特殊存在物构建为其他存在物组织中的一个原始成分，即过渡。合生趋向它的终极因，过渡则是动力因——它不朽的过去的媒介。合生与过渡是过程不可回避的事实，即创造性，"由于创造的缘故，任何相对完整的现实世界，根据事物的性质，都是一个新合生的资料"②。于是，"合生证明预设的完整性是无根据的"③。同时，合生的过程又是一个过渡的过程，"由于过渡，所谓'现实世界'永远都是一个相对的说法，它指的是被预设的诸事态的那个基础，它是新的合生的资料。"④

---

① 赵海英. 主体性：与历史同行[M]. 北京：首都师范大学出版社，2008：184.
② 怀特海. 过程与实在：卷一[M]. 周邦宪，译. 贵阳：贵州人民出版社，2006：212.
③ 同②212.
④ 同②212.

在知识传输计划中，问题的缺失使课程实施失去了过程性的基点；教师与学习者的主客对立，课程主体与课程的二元分离，使课程实施失去了教育经验创生的机遇，课程实施因此而成为一个过程空乏的预设框架。正如怀特海的有机论所阐述的过程思想，课程实施是一个创造性的过程，是课程主体在特定的课程情境中际遇问题的过程，是其经验生长的过程。

（一）以问题为导向

杜威认为，"问题"在课程中的价值是其对学习者思想的启发或激发意义。[①]依据皮亚杰的发生认识论，同化不能使格局改变或创新，只有自动调节才能发挥这种作用。"调节是指个体受到刺激或环境的作用而引起和促进原有格局的变化和创新以适应外界环境的过程。"[②]由此可见，个体认识结构的发展是由于刺激或环境的作用而得到促进，生命系统是因为问题和干扰而开展工作的。杜威指出有效的教学方法要素与思维要素是相同的，而它们以问题为核心：第一，学习者需要一个真实的经验的情境；第二，在这个情境内部产生一个真实的问题，作为思维的刺激物；第三，学习者需要占有知识资料，从事必要的观察，对付这个问题；第四，学习者必须有条不紊地展开思考，探索问题解决的方案；第五，学习者需要通过应用的机会来检验其观念的价值，使这些观念的意义明确，并亲自发现这些观念是否有效。[③] 问题构成了课程实施的客观要素，课程主体与课程的交互作用形成了上述杜威所阐述的问题解决的过程。皮亚杰提出人类认识结构中个体发展的平衡—不平衡—再平衡化模式。在此，不平衡发挥了"发展的驱动力"的作用，通过努力克服不平衡——诸如干扰、缺点、错误、困扰等，个体"在比先前所达到的程度更高的水平上以更多的理解进行重新组

---

① 参见：杜威. 民主主义与教育[M]. 王承绪，译. 北京：人民教育出版社，2012：172.

② 王宪钿. 中译者序[M]//皮亚杰. 发生认识论原理. 王宪钿，等译. 北京：商务印书馆，1997：3.

③ 参见：杜威. 民主主义与教育[M]. 王承绪，译. 北京：人民教育出版社，2012：179.

织"①。皮亚杰主张有机体在再组之前应在过去的模式中尽可能地停留，以使干扰或困扰能够在深刻的结构层次上真正引起干扰，在课程中，这是杜威所说的"真实的问题"。多尔由此指出，平衡化模式对于发展转化性课程具有重要的指导意义，这里的不平衡所发挥的作用关键在于个体自身，是对外源(外在的)给予物的内源(内在的)再组，是学习者对克服干扰而发挥的作用，是产生于其自身的积极的反应，是一种不具有外在于自身的目的的过程，它是课程主体的对象性活动，它为课程实施赋予了过程性，在此过程中，知识得以不断的建构，教师与学习者的主体性得以不断的创生。

卡尔·波普尔(Karl Popper)认为，问题对于知识的进化具有举足轻重的意义。他指出，"如果我们承认科学总是以问题开始，并以问题告终，对自然科学以及社会科学的方法就能够得到最好的理解。科学的进步本质上在于它的问题进化。它可以由它的问题的日益精细、日益丰富、日益富有成效、日益深奥来评价。"②以问题为导向的教学方法近年来受到世界各国的普遍关注，问题解决的过程是知识建构的必要途径。课程实施在复杂的、有意义的问题情境中展开，学习者通过解决真实的问题，促进其新旧经验之间双向的相互作用，推动知识的迁移，进而形成其分析问题、解决问题的综合能力。以问题为导向的课程实施充满了复杂性、非预测性，学习者在此过程中所经历的不是预设的、线性的跑道，而是在曲折、复杂、新奇中充满探索与发现的旅行。

（二）经验的生长

问题构成了课程实施的基点，问题的解决构成了课程实施的过程，如何促进课程主体经验的生长是课程实施所追求的目标。杜威哲学在其过程性思想中谈到了探究性学习与反思性学习的重要性。

---

① 多尔. 后现代课程观[M]. 王宏宇，译. 北京：教育科学出版社，2004：117.
② 波普尔. 走向进化的知识论(续集)[M]. 李本正，等译. 杭州：中国美术学院出版社，2001：123.

1. 探究性学习

杜威认为，教育过程中课程主体对问题和困难的探究是获得知识的前提。"任何事物之所以被称为知识或被认知的对象，都是因为它标志着有一个要解答的问题，要处理的困难，要澄清的混乱，要融贯化的矛盾，要控制的烦难。"①一个受过训练的人会喜欢有问题的东西，珍赏它，直到发现一个经过验证的解决办法为止。这种行为即探究性学习。在探究的过程中，"思维乃是在促使有问题的情境过渡到安全清晰情境时所采取的一系列的反应行为中的一种方式"②。探究是过程性的，而非终极性的。"当反应把疑难当做疑难反应的时候，这些反应便具有了心理的性质。如果这些反应具有了一种指导性的倾向，把动荡而有问题的东西转变为安全而获得解答的东西，这些反应非但是心理的，而且是理智的（intellectual）了。"③在此过程中，课程主体获得了经验的生长。

怀特海将有机思想自然地融入了教育观中，他视个体的心灵为成长着的有机体，不同于机械结构的能量来自外部，生命有机体"是靠自我发展的冲动而成长"④，他认为学习者对知识的"领悟"，最初不需要将知识观点明确呈现，而应为探究者提供"若隐若现"的机会，使其从接触单纯的事实，到逐渐认识事实间"未经探究"的关系的重要意义，在"若隐若现的种种可能性"中，存在着创造的机遇，多尔称这一过程为"发酵"的过程，它孕育着知识转变和现实化的因子。怀特海指出："从本质上说，教育是激发心灵之酶井然有序的背景：你不能教一个空洞的头脑……"⑤教育的本质是对"心灵之酶"的激发而促进其"发酵"的过程，而非将既定的观念强加于学习者的过程。

---

① 杜威. 确定性的追求：关于知行关系的研究［M］. 傅统先，译. 上海：上海人民出版社，2005：175.

② 同①175.

③ 同①173-174.

④ WHITEHEAD A N. The aims of education and other essays［M］. London：Williams & Norgate，Ltd.，1947：61.

⑤ 同④29.

2. 反思性学习

杜威认为反思离不开经验的过程，反之，经验的过程不能没有反思。不经历反思的经验，"丝毫没有生长的积累。有了生长的积累，经验才具有生命力。"①反思思维"使我们摆脱感觉、欲望和传统等局限性的影响"②，使思想从固定化的、习惯性的性质中获得解放。反思是经验向理性思维转化的工具，它引领人们从已知的领域进入未知的领域，是认识具有创造性的飞跃。"教育的定义应该是经验的解放和扩充。"③

反思性学习是"心灵转向自身"的过程，课程实施应当为这一过程而"播种"，善于反思的教师通过交互作用而培植某些观点，并使之通过反思过程而达成内化。布鲁纳的"螺旋式课程"在当代的课程观中具有了新的意义，可以从回归理论的角度予以重新建构，它不仅是学习者循环地、回归地而且非线性处理课程材料的过程，也是学习者心灵转向自身，以更多的洞察和更大的深度重新考察其所作所为的过程。

杜威的教育观、课程观中的过程性思想反映在"教育即生长"④"教育即生活"⑤"教育即经验的改组或改造"⑥等教育思想中。"生长"的概念体现了民主社会化的进程，又体现了个体身体、智力与道德的生长，是指人的一般意义的发展。"教育即生活"意味着儿童生活与成人生活的等价性，因此应当对儿童时代的真正本能和需要予以了解和同情，并依其需求设计将学校生活、社会生活和自然生活融为一体的课程，根据儿童游戏的本能，使他们以活动为媒介而间接地学习知识，以活动为主，读书为辅。在活动中通过观察和推测、实验和分析、

① 杜威. 民主主义与教育[M]. 王承绪，译. 北京：人民教育出版社，2010：153.
② 杜威. 我们如何思维[M]. 伍中友，译. 北京：新华出版社，2010：125.
③ 同②125.
④ 同①49.
⑤ 杜威. 学校与社会·明日之学校[M]. 赵祥麟，等译. 北京：人民教育出版社，1994：6.
⑥ 同①86.

比较和判断，将大脑与身体其他器官统合起来，这是创造智慧的源泉。使学习者亲身经历活动作业与不断进行的调节性的反思与探究而产生的间接经验结合起来，使经验的过程与结果彼此交织；使学习者体会到"是"向"应是"的转变。经验既体现为个体形态也体现为社会形态，"教育是经验的继续不断的改组和改造"①既是指个体通过探究、反思等活动而使其心智、情感、道德等素养不断发展的过程，又是社会通过互动、交流等活动使自身文明与民主程度不断提高的过程，因此教育是一个自然的过程、社会的过程。

杜威过分强调活动的直接经验而忽视读书的间接经验的教育观有违人类认识发展的规律，因此而受到批判。然而，其过程性思想中阐释的经验的过程性、联系性、探究性、反思性揭示了人类知识建构与创造的重要途径，至今仍具有宝贵的参考价值。

三、课程实施的复杂性

（一）课程实施的复杂性的理论来源

1. 皮亚杰的生物学世界观

皮亚杰认为生命系统具有复杂性的特征。他反对物理学导向的世界观和封闭的、机械性的宇宙观，而倡导生物学世界观和开放的、交流的宇宙观。20世纪中期科学家们将生物学构建为独立的学科，使其坚持自身的"思维方式"而获得"自主"，自主性的特点包括复杂性、发生历史或编码、原因多元性、方向性和目的性、自组织，而"复杂性是其中最具有综合性的、最激动人心的、影响最为深远的特点"②。皮亚杰对发生认识论的研究正是基于其对复杂性的深刻认识，认为认识的发生、发展是一个复杂的过程，既涉及认识的心理发生也涉及认识的生物发生。

---

① 杜威. 民主主义与教育[M]. 王承绪, 译. 北京：人民教育出版社, 2010：86.
② 多尔. 后现代课程观[M]. 王宏宇, 译. 北京：教育科学出版社, 2004：90.

（1）相互作用

生命系统的基本特点之一便是相互作用。皮亚杰指出，生物学的核心问题是环境加在有机体身上的压力和有机体对这些压力的反应之间的相互作用。为此，他驳斥了拉马克主义（Lamarckians）者认为环境的压力和有机体对这些压力的习惯性反应是由有机体内部结构直接传递或加强或遗传而来的机械论和达尔文主义者（Darwinists）认为有机体对环境压力的反应纯粹是偶然的无目的论，发展了他自己的"第三条途径"，提出有机体与环境之间的相互作用模式，即"有机体既积极寻求对环境做出反应同时又抵抗任何改变自身模式的压力的方式……在这一框架中，对已有平衡的干扰是平衡化过程的关键；它们是激发有机体重新界定自己的刺激物或磨石。但环境并不能界定有机体；有机体自己界定自己"①。

有机体的认识过程具有"形成性"。形成性是指有机体的旧结构无法预测的新的结构自发地、自我生成地形成的特性。生命系统通过"同化且顺应"环境而与环境总是保持着平衡。同化是有机体接受外界的刺激并将客观外界的特征整合到自己已有的图式之中的过程；同化每时每刻都在进行，但同化是一种量变过程，不可能引起图式的变革。顺应是有机体受到外界刺激时而引起的原有图式或结构的变化或调整，是一种质变的过程，它促使认识结构发生革新。

（2）平衡化模式

皮亚杰认为平衡是内在于生命和心理发展中的固有的特征，平衡—不平衡—再平衡化模式促进人类认识结构的发展由低级到高级、由简单到复杂，这种平衡不是静态的，而是动态的。生命体通过与环境的交互作用，作为机遇的环境与作为必要性的基因发挥协同作用，在分子水平上促使开发新途径的某一门槛或分叉点出现，基于基因与环境交互作用的特质，这一途径的发展是开放性的。有机体的结构在一个无法预测的门槛或分叉点将组合起来产生突发的变化，转化为新的更为复杂的结构，这便是"自动调节"（auto regulate）。这是一种

---

① 多尔. 后现代课程观[M]. 王宏宇，译. 北京：教育科学出版社，2004：114-115.

生命导向的累进的过程，而不是机械的和控制的过程。

2. 普里戈金的耗散结构理论

普里戈金的耗散结构理论主要研究混沌现象——自组织现象。

（1）非线性-复杂性

当代科学已经证明开放系统存在着从混沌到有序、从低级有序到高级有序、从有序到新的混沌的辩证过程。混沌具有非线性与非预测性，它潜藏于简单的秩序中，它是系统由简单的秩序向复杂的秩序转化时所必须经由的路径，创造性恰恰诞生于混沌与秩序之间的交互作用中。

非线性-复杂性是混沌系统的两个特征。系统的混沌是有序的无序，是无序与有序的辩证统一。混沌体现了非线性运动的总体特征，这并非说明线性运动根本不存在，线性过程、线性系统存在于宇宙、自然与人类社会各种系统中，但它们是局部的、暂时的运动形式。宇宙、自然与人类社会各系统以非线性、混沌为根本特征。混沌系统的非线性表现为循环性与关联性。依据普里戈金的观点，动力学研究证明，分子间的相互作用无法消除。在对于水分子的研究中，发现水分子之间的碰撞有两个效应，一是使速度分布更对称，二是产生关联。"但两个关联的粒子还会与第三个粒子碰撞，于是二粒子关联转换为三粒子关联，如此等等……"①（见图7-24、图7-25）②普里戈金指出，这个以时间为序的存在于物质中的关联流可以类比为人类社会中的交流流，人类在交流中交换修正个人的意见，产生传播现象，因此，世界仿佛

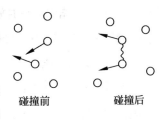

碰撞前　　　　碰撞后

图7-24　碰撞和关联

被笼罩在一张相互关联的非线性大网之中，"混沌，或者说复杂性，正是借助这张大网才得以存在。"③亨利·波因凯芮（Henri Poincairé）与洛伦兹曾提出系统中

---

① 普里戈金. 确定性的终结：时间、混沌与新自然法则[M]. 湛敏，译. 上海：上海科技教育出版社，2009：62.

② 同①62-63.

③ 王颖. 混沌状态的清晰思考[M]. 北京：中国青年出版社，1999：113.

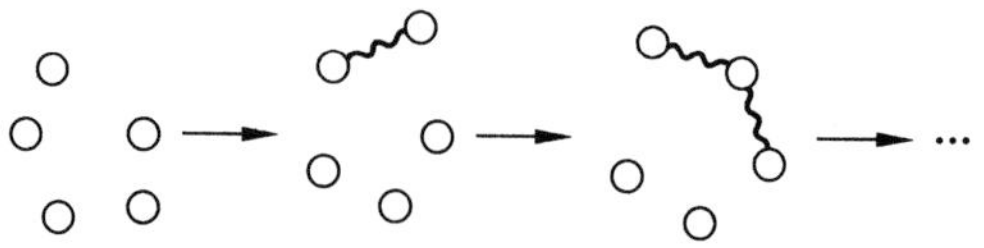

连续碰撞产生二粒子关联，三粒子关联，……关联。

图 7-25　关联流

长时间的小的干扰会引起大的变化，这种关联存在着高度的敏感性，在适当的条件下，最小的不确定性可以发展到令整个系统的前景完全不可预测，这是其复杂性的体现。

（2）自组织

自组织现象是指在开放的系统自发形成组织结构、自我发展和自我运动的过程，自组织概念用以从时间序列上对混沌现象作动态描述。

普里戈金超越了皮亚杰，他运用"自我"而非"自动"一词；而且他超越预定的或目的性结构化的调节概念，转向开放的组织。为此普里戈金的关键术语是"自组织"而不是"自动调节"。"自组织不是目的论的（teleological）（向预定的目的运行）；甚至也不是目的性的（teleonomic）（有目的地适应环境，如生活的保存与功能）。相反，自组织是开放的概念。未来从现在（和过去）之中演变而来，依赖于已经发生与正在继续发生的交互作用。"①

普里戈金认为自组织现象是普遍存在的。"自然界中的组织不应也不能通过中央管理得以维持，秩序只有通过自组织才能维持。自组织系统能够适应普遍的环境，即系统以热力学响应对环境中的变化作出反应，此种响应使系统变得异常地柔韧且鲁棒，以抗衡外部的扰动。我们想指出，自组织系统比传统人类技术优越，传统人类技术仔细地回避复杂性，分层地管理几乎所有的技术过程。"②"人类的创造力和创造性可以被视为在物理学或化学中存在的自然法则的

① 多尔. 后现代课程观[M]. 王宏宇，译. 北京：教育科学出版社，2004：100-101.
② 普里戈金. 确定性的终结：时间、混沌与新自然法则[M]. 湛敏，译. 上海：上海科技教育出版社，2009：56.

放大。"①

在热力学第二定律中熵随时间之矢逐渐达到最大值，从而意味着能量的耗尽和系统的毁坏。普里戈金的自组织理论具有重要的哲学意义，在系统组建之后，虽然有着日益毁坏、衰败的趋势，但由于系统中自组织现象的存在，其内部蕴含着自我调节、建设创造的倾向。

（二）课程实施的复杂性

皮亚杰的生物学世界观和普里戈金的耗散结构理论揭示了人类社会、教育活动、课程体系、人的认识发展规律作为开放性系统所具备的复杂性特征。课程实施构成了课程体系的核心部分，它是开放性的系统，其复杂性主要体现于以下几个方面。

1. 舞蹈型课程

依据皮亚杰对有机体的认识的建构是通过主客体之间的交互作用这一论点的强调，教师应在课程实施过程中着力设计开发"舞蹈型"课程，其中的舞步是模式化的但确是独特的，是两个舞伴之间——教师与课本、教师与学习者、学习者与课本、学习者与学习者、教师与情境、学习者与情境、教师与自身、学习者与自身——交互作用的结果。它是对"行进型"课程的超越。在"行进型"课程中，课程是预先规划的跑道，它是定向的、单一的、枯燥的、缺乏变化和激情的。学习者依据规定的时间、速度从起点跑到终点，他们是外在于课程的旁观者，而不是内在于课程的体验者、创造者。而舞蹈型课程是非定向的、多元化的、妙趣横生的、跌宕起伏的，课程主体不断地接受课程情境中的"刺激物"或"磨石"而主动地进行自我调整，在与课程各种要素的交互作用中使认识结构不断革新，促进知识的转化。

2. 问题性干扰

根据皮亚杰的平衡化模式，不平衡是发展的关键，干扰、问题、困惑能够促进学习者的认识在比先前达到的程度更高的水平上以更多、更深的理解进行

① 普里戈金. 确定性的终结：时间、混沌与新自然法则[M]. 湛敏，译. 上海：上海科技教育出版社，2009：56.

重组。所以，课程实施的过程需要一个又一个问题性的干扰，使学习者的认识结构不断地转化为"新的更为复杂的结构"，促进其心理、生理的发展。对这一问题已在"课程实施的过程性"中有过阐述。

3. 非线性-复杂性课程

混沌理论对课程实施的启发意义一方面涉及学习者思维发展的非线性特征，多尔将怀特海的"心灵之酶"、舍恩的"团块"、杜威的"问题"、皮亚杰的"不平衡"、库恩的"异常"视为学习者思维过程中的混沌现象，然而它们之中"不仅存在着发展和转变的种子，而且存在着生活自身的种子"①。多尔认为，在教学中这一理论主要涉及回归(循环)的概念，"通过回归，个体反思自我并在自我参考的经验中获得自我感和价值感。"②这是学习者经验转化的过程，个体的反思和对这些反思的共同讨论是这种课程的关键成分。另一方面，混沌系统的"复杂性"特征需要课程实施将构成课程的各要素构建为互相联系的动态网络，使学习者在自然、社会、人文、艺术等多学科交叉融通中旅行，在"多焦点概览"中促进知识的转化，同时使课程主体之间、课程主体与课程之间形成多元互动的开放系统。

4. 课程中的自组织

自组织理论对于课程的启发意义在于课程实施作为开放性系统具有与自然界同样的特性，即内在的创造性是其"预定性倾向"。创造与自我完善是课程及课程中的个体不断进行着的内在过程，新的和更为复杂的结构和过程自发地、自我生成地出现于主客体之间、主体之间的交互作用中。

在多尔看来，课程中的"自组织表明复杂性可从无形的团块中产生。新的和更高水平的秩序自发地产生于简单的要素之中。根据这一观点，进化和生命的创造不是'逆流而上'抵抗熵流的奇迹；而是创造性宇宙期待的但并非可预测的

---

① 多尔. 后现代课程观[M]. 王宏宇，译. 北京：教育科学出版社，2004：213.
② 同①139.

结果"①。这一创造性框架对教育与课程的影响在于，"教学-学习框架可以脱离学习是教学的直接结果或者教与学是高级-低级的关系这一因果框架，从而转向另一种方式，即教学附属于学习，学习因个体的自组织能力而占主导。"②教学的方式也发生改变，从教导性转向对话性，提问"不是为了有效地获得正确的答案，而是为了更深地挖掘问题的实质"③。

对于学习者个体而言，课程实施中的自组织意味着反思性行为，是对课程材料和其自身所作所为更多的洞察和更深的重新审视和考察；对于班级而言，自组织现象常常出现在师生之间、学习者之间针对某一问题的有目的的合作行为，即导向更高水平的组织，有时会突然出现在重要的关口；或者由于个体的自我催化在某一点上发生从而促使班级生成自己的秩序和发展的方法，教师需要在与群体的交往中发现这些重要的关口或者交接点并及时地予以引导和激励。

四、课程实施的开放性

课程实施是一个开放性系统。一方面，它开放性地面向广阔的社会系统，与之进行着物质和能量交换；另一方面，它无限地运动发展着，只有相对起点与相对终点，而没有绝对起点与绝对终点。课程主体以学科知识、个体经验与开放性的问题为相对起点而进行社会建构、自我建构和意义建构，建构活动本身构成了课程实施的内容，同时形成了课程实施开放性的特质。

"问题的本质就是敞开和开放可能性。"④"每一个问题必须途经这种悬而未决的通道才完成其意义。每一个真正的问题都要求这种开放性。如果问题缺乏这种开放性，那么问题在根本上说就是没有真实问题意义的虚假问题。"⑤课程实施的开放性体现为课程目标的开放性和课程实施过程的开放性。

---

① 多尔. 后现代课程观[M]. 王宏宇，译. 北京：教育科学出版社，2004：146.
② 同①146.
③ 同①146.
④ 伽达默尔. 真理与方法[M]. 洪汉鼎，译. 上海：上海译文出版社，2004：387.
⑤ 同④472.

（一）课程目标的开放性

现代主义课程建立在"学校是工厂""学习者是产品"的隐喻之上，以外设的、控制旨趣的课程目标为个体的发展设计和提供预先规定了的体系化程序和方法，在一定程度上扼杀了个人自由和尊严，造就了"单向性"的社会和"单向度的人"。① 这种课程基于技术理性将一般性的课程目标进行分解和还原，最终达到理想的行为目标，从而割裂了学习者完整的生活。外设的、还原性的课程目标体现了课程实施的封闭性特征，课程目标不是指向创造性，而是指向对确定性知识的再现。

创生取向的课程实施超越了课程目标的封闭性，体现了开放性的特征。课程目标的开放性首先体现于目标取向的多元化。创生取向的课程目标步出了"普遍性目标取向"和"行为目标取向"所推行的"普遍主义"价值观，而追求"普遍性目标"取向、"行为目标"取向、"生成性目标"取向和"表现性目标"取向的多元化价值观的统一。

多尔并没有反对课程目标的预设性、规划性，他认为，"对人类来说，没有什么比目的的规划、目标的设定、评价更重要的了。在此泰勒是正确的。这种有目的的活动是人类区别于其他生物之处——如果不是在类型上，也是在程度上——这种有目的的活动对我们人类提供了有意识创造还是摧毁的选择。规划的能力伴有令人敬畏的责任——对自己、对他人、对我们生活环境的责任。"② 但是他反对课程目标的封闭性，认为课程实施"在一个容纳自组织和转变的框架中，目的、规划、目标不仅单纯地先于行动而且产生于行动之中"③。课程目标的规划"应该采用一种一般的、宽松的、多少带有一定的不确定性的方式"④。

课程目标的开放性体现为课程目标的生成性、表现性、动态性和生态性。

---

① 参见：靳玉乐，等．中国新时期教学论的进展[M]．重庆：重庆出版社，2001：235.

② 多尔．后现代课程观[M]．王宏宇，译．北京：教育科学出版社，2004：241.

③ 同③242.

④ 同③242.

课程目标的生成性是指课程实施过程中具体的教育情境的产物和问题解决的结果的导向，它是过程性的，而不是绝对的预设性的、确定性的终极目标。杜威在《民主主义与教育》中曾指出，教育是儿童经验的改造，是儿童的生活和生长。他认为合理的课程与教学目标应具备如下特征：一、它必须是课程实施过程中现有情况的产物；二、它是实验性的，当它在行动中受到检验时，就会不断地得到发展；三、它必须使活动自由展开。① 多尔表达了同样的课程目标观，认为课程目标的规划和课程主体的执行"是相互联系的、一体化的活动，而不是单向的、序列化的、步骤化的活动"②。对于课程目标的"执行"不仅仅是教师的任务，而是教师与学习者之间、学习者之间、课程主体与课程之间的相互作用与对话，是内在于教师与学习者经验的生长的。

课程目标的表现性是指课程主体在与具体情境的际遇中所产生的个性化表现。"任何活动，只要是能够引发惊奇、培养发现能力和寻求新的经验形式，其特征就是表现性的。在科学、家庭或机械技术乃至社会关系中，没有什么东西能够阻止或削弱从事表现性活动的可能性或在这些活动过程中获致表现性结果的可能性。教育的问题是，在教育规划的设计方面要充分发挥想象，以便于获得这类表现性结果，提高规划的教育价值。"③表现性目标的主要价值在于激发学习者的创造性，促进其个性成长。

课程目标的动态性是指课程目标随着课程实施的展开而不断地发生变化，课程目标的生成性、表现性决定了其动态性的特征。杜威认为人的经验具有连续性，这意味着每一经验都对过去的经验有所吸收，同时通过某种方式对那些随后而来的经验予以更改。④ 多尔对开放性系统特征的阐释支持了杜威的观点：

---

① 参见：杜威.民主主义与教育[M].王承绪，译.北京：人民教育出版社，2010：115-116.
② 多尔.后现代课程观[M].王宏宇，译.北京：教育科学出版社，2004：244.
③ 艾斯纳.教育想象[M].李雁冰，主译.北京：教育科学出版社，2008：126.
④ 参见：多尔.后现代课程观[M].王宏宇，译.北京：教育科学出版社，2004：203.

课程实施作为开放性系统，其主要挑战不是将过程引向终止（即生产"完美"的产品），而是引起转化以维持过程的形成性。① "在这一框架中，每一个结束都是一个新的开始，每一个新的起点都历史性地与其过去相联系。"②"在不断组织活动从而创造意义的过程中，每一个终点都是一个'转折点'。"③在这一过程中，教师与其说是课程的"实施者"，不如说是课程的"创造者"与"开发者"，教师有必要洞察课程实施过程中班级及个体目标的达成情况而在将过去、现在和未来的经验联系起来的动态网络中不断地设计新的课程目标，使阶段性课程目标与总体课程目标相统一。

（二）课程实施过程的开放性

以知识的传输作为课程实施过程的系统，体现了课程系统能量流动的单向性，系统的发展以确定性的终点为目标，这样的系统是封闭性系统。以开放性的问题为导向、以问题的解决为过程的课程实施则必然地形成开放性的系统，系统与外界的物质和能量交换是促进其自身得以更新发展的动力。课程实施过程的开放性主要体现于其知识建构起点的开放性与知识建构过程的开放性。

1. 知识建构起点的开放性

课程实施过程中的知识建构以什么为起点？依据前述皮亚杰的发生认识论，个体认识结构的发展是由于刺激或环境压力的作用而得到促进，生命系统由于问题和干扰而开展工作这一理论，所以，学科知识、个体的经验构成了课程实施过程中的知识背景，而开放性的问题与之相结合形成了课程主体知识建构的起点。

课程主体是具有社会性的人，教育是具有社会性的活动，教育活动系统的环境是整个社会，课程实施过程是教育活动系统的核心系统，因而课程实施应以问题为导向，开放性地面向社会系统，与社会生活建立广泛的联系。杜威认

---

① 参见：多尔. 后现代课程观[M]. 王宏宇，译. 北京：教育科学出版社，2004：22.
② 同①22.
③ 同①22.

为个体的经验是社会性的建构。"社会由互动的个人组成，他们的行动不只是反应，而且还是领悟、解释、行动与创造。个人不是一组确定的态度，而是有活力的并不断变化着的行动者，一直处在生成中但永不会彻底完成。社会环境不是某种外在的静止的东西，它一直在影响着和塑造着我们，但这本质上是一个互动的过程，因为环境正是互动的产物。"①

2. 知识建构过程的开放性

课程实施过程中知识建构的过程，是课程主体认识的持续不断的建构过程。皮亚杰认为人的认识的发生"从来就没有什么绝对的开端"②。"认识既不是起因于一个有自我意识的主体，也不是起因于业已形成的（从主体的角度来看）、会把自己烙印在主体之上的客体；认识起因于主客体之间的相互作用，这种作用发生在主体和客体之间的中途，因而同时既包含着主体又包含着客体，但这是由于主客体之间的完全没有分化，而不是由于不同种类事物之间的相互作用。"③

在认识活动中，主体将以往的经验通过同化作用纳入到新的认知结构中，"那种由相互同化所产生的活动的协调，对过去的事情来说，就是一种新事物，同时又是旧的机制的延伸。在这里我们可以分出两个阶段，第一阶段主要在于延伸的性质：它是把同一客体同时同化到两个新格局中去，从而给相互同化过程建立一个起点。"④第二阶段是认识主体"给自己树立一个目标，并会为了达到这个目标而应用不同的同化格局"⑤。

依据皮亚杰的观点，人关于知识的自我建构过程既没有绝对的起点，也没有绝对的终点，它是一个持续不断的过程。由此我们可以理解，在课程实施过程中，课程主体的知识建构过程同样是一个既没有绝对起点又没有绝对终点的

①　于海. 西方社会思想史［M］. 上海：复旦大学出版社，2008：347-348.
②　皮亚杰. 发生认识论原理［M］. 王宪钿，等译. 北京：商务印书馆，1997：17.
③　多尔. 后现代课程观［M］. 王宏宇，译. 北京：教育科学出版社，2004：21.
④　同③25.
⑤　同③26.

开放性过程。

20 世纪 70 年代受现象学、存在哲学、哲学诠释学、法兰克福学派、精神分析理论等哲学思想的影响，派纳、格鲁梅特、格林、阿普尔、麦克唐纳（J. B. McDonald）、吉鲁（H. Grioux）等课程专家创建了人本主义经验课程，经验课程之"经验"是指课程主体自身的"存在"体验或"反思"精神，个体是知识与文化的创造者，在课程实施过程中自我与世界浑然一体，达到物我两忘的"存在"境界，个体的反思过程是知识的社会建构和意义赋予的过程，课程主体对任何知识，包括对自然科学知识进行反思批判和意义重建。人本主义经验课程的教育目的是使每一个"具体存在的个体"之个性完全获得自由与独立，使人获得解放，使社会臻于公正。

后现代主义课程则分别从建设性后现代主义的角度和后结构主义的角度探讨课程的意义。建设性后现代主义课程将课程实施过程中知识的建构置于广阔的全球文化的大背景之中，使课程主体的知识建构超越自我而统一于生态、宇宙的普遍联系中。课程需要在深度和广度上足够丰富，课程和教师都必须足够开放，以激发和鼓励参与。课程实施过程"需要足够的含糊性、挑战性、混乱性，以促进学习者与课程的对话，与课程中人员的对话。意义就在对话与相互作用之中形成"①。这种复杂的、自生的、不稳定的秩序具有创造性的宇宙的特质。课程的回归性要求学习者的心智或自我"回转"过来反思自身而真正地去创造有意识的自我。后结构主义课程强调课程应消解一切权力中心和二元对立，重视语义的多义性、差异性，指出意义是一种社会建构，社会通过语言建构意义。课程实施过程中教师应着力分析语言是如何应用的，引导学习者解构文本，而将自己的阅读与写作作为特定历史和社会遗产的表现方式，从而重构语言多元化的、个体性的内涵意蕴。

杜威的"社会建构"、皮亚杰的"自我建构"、人本主义经验课程与后现代主义课程的"意义建构"都体现了课程实施中知识建构的开放性，同时也反映了课

---

① DOLL W E. Curriculum possibilities in a "post"-future [J]. Journal of curriculum and supervision, 1993, 8(4)：287-288.

程实施的开放性特质。

五、课程实施的生态性

课程实施的生态性是将系统的观点与整体的观点运用于日常教学中，促进学习者形成可持续发展的生态人格。

（一）智慧的创生

滕守尧教授在《回归生态的艺术教育》一书中倡导以一种系统观和整体观发展生态教育。"生态式教育"与"生态农业"具有很多相似之处。"生态农业"克服了传统农业急功近利的倾向，建立一种可持续发展的农业生态系统，实现系统内各种生命成分的互补、互生和共生。在生态农业观中，"土地是母亲，而热爱土地母亲的最突出表现就是保护和维持她的生育能力。"①因此，在此观念中，应当鼓励以追求土壤的肥力为目标的长远规划而摒弃以追求短期高产而忽视土壤营养的短视行为。受"生态农业"观的启发，"生态式教育"应当克服传统教育中"灌输式教育"和"园丁式教育"的不足而发展以培养具有生态智慧的人才为目标的新型教育。②

灌输式教育体现了现代教育的特征，它是随工业化大潮而兴起以加速培养专业化人才为目的的教育形式。这种教育的危害之处是"像工业化农业那样，把学生看成一种可以开发和榨取的土地，而不像生态农业那样，主要培养土壤的自然生育能力，工业化农业靠大量施用化肥提高土地产量，灌输式教育则靠大量灌输知识培养知识渊博的人才"③。随着大量化肥的使用，短时期内虽然土地产量提高了，但土壤的自然结构和肥力遭到破坏，环境遭到污染。同样道理，在灌输式教育中，虽然掌握了丰富知识的人才在短期内被迅速培养出来，但学习者的创造力被剥夺了，其心理生态结构遭到严重破坏，学习的生态环境遭到破坏。

园丁式教育则视人的潜力为先天的储备，如同海底的石油一样，只要穿破

① 滕守尧. 回归生态的艺术教育[M]. 南京：南京出版社，2008：39.
② 同①39.
③ 同①39-40.

表层，潜力便可自动喷发。生态式教育认为潜力既不处于先天领域，也不处于后天领域，而是处于先天与后天相互作用的交接地带，在先天与后天的交互作用中，新的智慧不断地创生，这是潜力的不竭之源。"先天的潜力需要开采，边缘领域的潜力需要对话和碰撞。"①园丁式教育的不足在于对学习者先天条件的过分强调，而忽视其后天智慧的培养。

教师有责任在课程实施的过程中激发学习者的个性成长与全面发展，将他们培养成为一个具有文化人格的人，具有智慧的人。智慧与智力、智能是有区别的。"智慧离不开智力，但又不同于智力……智慧离不开智能，但又不同于智能……智慧不仅需要知识（信息）、智力和智能作基础，还需要健全的生活态度、健康的信仰、丰富的情感体验、深刻的思想和观念的作用。智慧虽然涵盖了上述诸种要素，但又不是它们之和，而是对它们的超越。或者说，智慧是在上述诸种要素，包括感知、想象、情感、理解、思想观念之间频繁交流、对话、合成后生成的新质。"②智慧甚至不同于科学思维，因为科学思维排除主观感受，"而智慧却必须涉及人的内外两个世界的交融和对话……正因为如此，艺术对提高人的智慧是举足轻重的，因为艺术不仅涉及人的智力和智能，还涉及人在生活和斗争中积累的情感体验、思想观念等。"③正是艺术的生态特性，使其成为人类获得智慧的桥梁，形成文化人格的必要条件。

课程实施的过程是智慧创生的过程。根据哈佛大学零点中心对人类智能的研究，只有当人类的语言智能、数学逻辑智能、空间智能、音乐智能、身体运动智能、人际关系智能、自我认识智能与环境协调智能八种智能有机会相互交叉、对话和融合时，才有可能产生特有的智慧，并培养出具有高级素质和品格的人。智慧是多种知识相互联系、相互对话、相互交融与自我心理深层碰撞而产生的明丽火花。

瑞士心理学家卡尔·G. 荣格（Carl G. Jung）以其研究证明，人的心理存在

---

① 滕守尧. 回归生态的艺术教育[M]. 南京：南京出版社，2008：40.
② 同①80.
③ 同①80.

着一种反向力量，正如道家太极图像所显示的那样，两种反向力量包含了对立两极的相互作用与对话，也包含了这种相互作用与对话后所获得的新生。这正是《道德经》中所阐释的"有无相生、难易相成、长短相形、高下相倾、音声相合、前后相随"①之道。这种"道"不仅体现了自然规律，也反映了人类心理深层的最基本的生态模式。

因此，"生态教育是一种既符合人类深层无意识二元对话的生态模式，又符合整个自然的二元对话模式的教育……它不仅强调教师与学生、学生与学生、学生与自然、主课与副课、课内与课外、学校与社区、东方文化与西方文化等二元之间的联系和对话，还强调人文意识和科学意识、人文学科与科学学科之间的对话和相互生成。"②促成人的可持续发展，是生态教育的主旋律，是课程实施的基本要求，也是教育的最终目的。

（二）心灵风景的塑造

斯莱特里在其著作《后现代时期的课程发展》中阐述了一种整体性、可持续性的生态观。"在生命之网中所有的东西都是相互交织在一起的，从最小的量子到最大的银河系。教育者必须弄清物质、人类和自然环境之间的相互性连续地、清晰地呈现在环境中。如果没有这种意识，学生就不会为了生态可持续发展而采取进一步的伦理行动。"③

整体性生态观体现在具体的课程实施策略方面，斯莱特里认为首要问题是课堂教学关系的转变，这些转变了的关系又促进了生态学观点和全球性观点的产生。"反思性对话、自传性日志、非对抗性辩论、合作研究以及探究性问题，所有这些都是课堂体验的重点……当学生在整体性环境中得到信任并拥有权力的时候，他们所学习到的知识的数量和质量会呈指数倍增长。"④

教育是深受环境意识和内心体验意识影响的人类活动，如大卫 W. 奥尔

①　王弼，注；楼宇烈，校释. 老子道德经注校释[M]. 北京：中华书局，2011：7.

②　滕守尧. 回归生态的艺术教育[M]. 南京：南京出版社，2008：59.

③　斯莱特里. 后现代时期的课程发展[M]. 徐文彬，等译. 桂林：广西师范大学出版社，2007：212.

④　同③223.

(David W. Orr)所言,"自然风景塑造着心灵风景"①,因此学习环境具有重要的意义,它包括大范围的教育环境和具体的课程实施环境。从教育环境来讲,学校建筑、授课环境、自然环境以及师生心理等构成因素必须受到重视。课程实施的具体环境的营造是实现整体性生态教育的重要途径。斯莱特里将课程实施的环境设置成圆形的形式,打破了桌椅一排排陈列体现着现代意识形态的传统课堂的物理结构。圆形课堂呈现了整体性的生态氛围,是一种多元一体的开放模式,个体与课程的交互性、关联性、整体性得以促进,有利于课程的开放性和系统的动态平衡。

斯莱特里认为杜威与怀特海的过程性思想,在整体性后现代课程中仍然具有非常重要的价值。他指出教师应对学习经验的设计深思熟虑,以使经验的选择具有整体性、关联性,生态性课程应打破外部社区和教室之间的人为界限,使知识、学习经验、国际化社区、自然世界以及生活本身成为课程中相互关联的内容,使教育过程体现动态性、相互依赖性以及循环性,课程即舞蹈,"课程就是一次永不停止的旅程"②。个体在与情境的交互中将自我融入世界,融入普遍联系的动态网络中。

小　结

中国当今设计学学科本科教育课程实施的变革首先体现为价值取向的变革,课程实施超越忠实取向、相互适应取向而选择课程创生取向,是对时代精神的响应。创生取向的课程实施是教师和学习者与具体的教育情境发生交互作用而创生新的教育经验的过程,是人格成长的过程;创生取向的课程实施最大限度地弘扬主体性与主体间性,使其创造一种双向的、能动的社会建构;课程实施

---

① 斯莱特里. 后现代时期的课程发展[M]. 徐文彬,等译. 桂林:广西师范大学出版社,2007:225.

② 同①230.

强调过程性，使课程主体以问题为导向展开探究与反思的学习过程，从而促进其自身经验的生长；课程实施步出预设的、线性的、机械的知识传输计划的现代主义课程范式，而迈向非线性的、复杂性的孕育着自组织的创造性宇宙的课程模体；课程实施是开放性的系统，课程主体以学科知识、个体经验和开放性的问题为相对起点而进行社会建构、自我建构和意义建构，这是一个动态的无限发展的过程，只有相对终点，没有绝对终点；课程实施需要保持整体性、系统性特质，使学习者在课程诸要素的合和共生中形成可持续发展的生态性人格。

设计学学科本科教育的课程实施以创生取向为基本的价值取向，并不是对忠实取向和相互适应取向的全然否定，而应根据现实的教育活动使之发挥应有的价值。但课程创生取向是当今与未来课程实施发展的方向，课程不是静态的跑道，不是线性的行进过程，而是课程主体智慧创生、意义建构与人格成长的探索之旅。

第八章 结 论

文化转型与课程变革之间存在着内在的联系。当今世界文化转型所弘扬的时代精神为课程设计的变革提供了思想基础与价值依据。

第一节 文化转型与课程变革之间存在着内在的联系

文化与人类共存共生，文化转型标志着人类文明的进程，它是一个生生不息的过程，一波未平，一波又起。当一种文化形态居于主导地位，新的文化形态便孕育其中并逐渐生长，它通过对旧的文化形态的审视、反思与批判而促进人类世界观、价值观为核心的思维方式、伦理道德、制度规范、心理状态、风俗习惯等社会精神生活领域的变革，以物质资料生产方式为基础的社会现实图景的变革和人类建立在认识世界、改造世界等社会实践基础之上而创造的知识领域的变革，最终扬弃旧的文化形态而占据主导地位。新的文化形态总是诞生于旧的文化形态的母腹中，因此，文化转型的发生发展是新旧文化形态之间的交错更替，而不是两种文化形态之间发生的断裂。它是一个否定之否定的永无止境的进化过程，所以文化转型需要时间之河的砥砺，文化转型的周期因其性质和涉及的范围而异。世界文化转型波及具体的国家而引起该国发生同样性质的文化转型的情况与具体国家的国情具有密切的关系，一般而言，发达国家对世界文化变革的影响反应较为敏感，回应较为迅速，因为它们更加接近世界文化转型发生的中心；而欠发达国家对世界文化转型的影响反应较为迟钝、缓慢，因为它们往往处于世界文化转型的边缘。具体国家的文化转型基于不同的国情会形成特殊性的发展轨迹，所以，不同的国家对世界文化转型的回应在一定的历史时期内呈现着不同步的现象，但是任何国家都不可能永远孤立于世界文化转型之外，世界文化转型对某一具体国家文化发展的影响是必然的。尤其是当今时期，在全球化的浪潮中，世界某一地区所发生的事件、所作出的决策以及所进行的活动，都会较为快速地对于遥远世界的其他地区的个人和团体产生具有重大意义的影响，所以，世界各国对世界文化转型的波及会作出迅速的反应，而且其性质与时间差异逐渐缩小。

20 世纪以来世界文化形态发生了重大的变革。首先，在精神生活领域，由于量子力学、相对论、耗散结构理论、混沌理论、生命科学、信息科学等新的科学研究成果揭示了世界的开放性、创造性、多元性、相对性、联系性、自发性、运动性的本质特征，是对牛顿机械主义将世界理解为封闭的、僵化的、单一的、绝对的、孤立的、被动的、静止的现代世界观的否定和超越。其次，在社会生活领域，随着生产力与科学技术的长足发展，后工业文明打破了以现代世界观为核心而形成的标准化、专门化、同步化、集中化、极大化、集权化等社会规范原则，改变了以大工业生产为基础的机械文化所建构的现代社会生活现实图景而呈现了多元化、弹性化、开放性、无穷变化和普遍联系的生活形态；在知识领域，具有多样性、境遇性、个体性、相对性特征的后现代知识型动摇了以标准性、客观性、普遍性、确定性为特征的科学知识型的霸权地位，而逐渐成长为当今时代的主导知识范式，它是一种更为民主、开放的知识型。

20 世纪以来发生的文化转型正在进行，它不仅反映了世界文化发展的趋势，而且彰显了由开放性、创造性、多元性、整体性、联系性、相对性、运动性等文化品格所共塑的时代精神，这种精神为当今与未来政治、经济、科学、教育等人类社会各领域的发展提供了思想基础与价值依据。

文化孕育了课程，但课程不仅传承文化，而且创造文化。文化与课程之间存在着双向互动的关系。课程既是文化的因变量，又是文化的自变量。作为文化的因变量，课程必然地对文化转型作出相应的反应；作为文化的自变量，课程以自身的创造性为动力而推动着文化的变革和自身的发展。文化转型对课程的影响反映在由于人类世界观、价值观的变革而引起教育观、课程观的变革；由于知识领域内部的变革如知识型、知识性质、知识类型、学科内容与体系的变革而引起课程内容体系、课程组织形式、课程实施方法的变革；以生产力的发展为基础的社会生产方式的变革所产生的社会对人才培养、技术创新、知识发展、制度建设等方面的需求的变化，从而引起教育目标的变革以及相应的课程体系的变革。反之，课程的变革对文化的发展具有积极的推动作用。发生于某一国家的课程变革受到本国文化转型与世界文化转型的双重影响。课程变革与本国文化转型之间存在着较为密切的因应关系，自变量的变化在较短的时间内引起因变量的变化。从近现代文化转型与课程发展之间的关系来看，二者的呼与应之间存在着较长的时间间隔，有可能是数年、数十年甚至上百年不等。世界文化转型是通过作用于具体国家的文化发展而引起其转型进而对课程产生影响的，与发达国家和欠发达国家对世界文化转型的回应一脉相承，发达国家的课程发展对世界文化转型所产生的影响反应较为迅速，欠发达国家的课程发展对世界文化转型所产生的影响反应较为迟缓。20 世纪美国课程的变革与中国设计教育课程的变革反映了这一特点。

在世界文化转型与国内文化转型的双重影响下，美国课程发生了数次重大的变革，成为现代课程与后现代课程的发祥地。尽管量子力学与相对论诞生于20 世纪初，但它们并没有迅速地对世界文化转型产生影响，由于 19 世纪科学技术的大发展而大大促进了人类文明的进程，所以 20 世纪上半叶是科学主义盛行、科学知识型居于霸权地位和工业文明发展至鼎盛的时期。由此可见新旧文化形态在文化转型时期的交错更替现象。美国受世界文化发展大趋势的影响，于 20 世纪初兴起社会效率运动并促进了科学管理方法的诞生。博比特受泰罗主义和桑代克实验心理学的影响将工业科学管理的原则运用到学校教育，继而推衍到课程研究领域，首创了科学化课程的开发方法，现代课程范式初步形成。为了解决 20 世纪 30 年代经济大萧条时期高中学生的学习需要和中学与大学教育的衔接问题，泰勒参与了美国"进步教育协会"对全美 30 所中学展开的一场综合性的"八年研究"。他运用实验、实证的方法进行课程开发，于 1949 年出版《课程与教学的基本原理》一书，提出了课程开发的一般程序和基本原理，即"泰勒原理"。"泰勒原理"确立了一种具有普世意义的课程开发模式，成为现代课程范式的典范。20 世纪 50 年代末至 60 年代是科学发展迅速、知识急剧增多的时代，在科学研究中如何寻求一种恰当的方式来处理无限增多的知识这一问题成为当时面临的课题。在苏联卫星上天事件的触动下，美国发起了一场指向教育内容现代化、科学化的课程改革运动，被称为"学科结构运动"。布鲁纳认为掌握学科的基本结构是掌握课程知识并使知识范围得以拓展的基础。学科结构课程开发理论与以往课程研究相比，由对社会效率、开发技术的追求转向对学科自身的研究，以学科结构为核心的课程体系使知识得以简化、统整和完善，有利于提高学习者在知识激增时代处理信息的能力，但学科结构研究者们人为地将不同的学科理解为彼此独立、互不联系的知识体系，是违背知识发展的科学规律的，是机械主义思想在课程研究中的体现。学科结构运动再次将工具理性的现代课程范式推动至一个新的阶段。

现代课程范式深深地镌刻着它所处的那个时代盛行的科学主义思想，但其中孕育着变革的种子。

20 世纪中期，科学的发展在两种相向的维度上影响着人们的世界观。一方面，科学主义在科技繁荣、物质丰富的前提下成为时代的思想霸权；另一方面，量子力学、相对论、热力学、混沌理论、生命科学、信息科学等科学研究的新发展动摇了人们的牛顿机械主义世界观，新的世界观逐渐形成。人本主义心理学、西方存在主义哲学、现象学、精神分析理论、法兰克福学派、哲学诠释学、知识社会学等理论研究成果传达的思想，揭示了人作为活生生的个体的生动性、能动性、丰富性、创造性等主体性特征，其非理性人本主义思想是对现代主义价值观的超越，它们作为时代精神的精华为课程范式的变革提供了思想动力。20 世纪 60 年代是美国社会大动荡的时期，社会运动此起彼伏，社会意识形态与社会现实的变革冲击着课程领域。在课程领域内部，工具理性膨胀，价值理性衰微，"学科结构运动"不但没有解决现实问题，反而导致了课程领域走向衰亡。受人本主义心理学的影响，课程研究发生了由科学主义取向向人文主义取向的转向。60年代末，施瓦布的实践性课程研究根植于具体的课程情境，对课程研究由课程开发范式向课程理解范式的转变发挥了积极的推动作用。70年代，美国课程领域兴起了概念重建主义运动，分为两个理论流派，一派称为"现象学课程理论"，它以现象学、存在主义哲学、精神分析理论为理论基础，强调课程研究应注重个体的自我意识提升与存在经验；另一派称为"批判课程理论"，它以法兰克福学派、哲学诠释学、知识社会学为理论基础，强调课程理论研究应注重对社会意识形态的批判与社会公正的建立。概念重建主义课程研究以当代非理性哲学为理论依据，追求对被研究者在生活经历、课程情境与周遭环境的交互作用中所产生的真实意义的理解，以个体获得自主性、独立性的主体性回归，最终获得自由解放为价值取向，因此，概念重建主义课程研究实现了"课程开发范式"向"课程理解范式"的变革。20世纪80年代美国兴起了后现代主义课程研究，它吸收了诠释学、现象学、批判理论、美学、心理分析理论、后结构主义、建设性后现代主义、生态后现代主义、后现代女性主义、种族研究、性别研究等理论精华作为课程研究的哲学基础，为课程研究打开了更为广阔的、多元的、复杂的视域。后现代课程研究将课程置于广泛的社会、政治、经济、文化、种族等关联性的背景中来理解学习者的精神世界、生活体验，课程研究的价值取向指向了学习者的个体成长和全面解放。

由现代课程范式、实践课程范式、概念重建主义课程范式到后现代课程范式，课程研究的价值取向经历了由追求"技术兴趣"逐渐转向"实践兴趣"，最终指向"解放兴趣"；课程研究的基本课题由"课程开发"逐渐转向"课程理解"。

由此可见，美国的文化转型和课程变革与世界文化转型之间存在着较为密切的呼应关系，但由于国情的差异，中国文化转型和课程变革经历了与美国不同的发展轨迹。

由于历史的原因、战争的影响和体制的原因，在20世纪大部分时间里，中国的文化转型并没有与世界文化转型形成较为密切的呼应关系，而是经历了较为独特的文化转型路径，课程研究没有形成较为系统的理论体系，从其理论依据、研究方法和价值取向来看，基本属于现代课程范式。本研究着重针对设计教育一个多世纪以来的发展历程，探讨不同历史时期的教育价值观对课程设计的影响。从研究的内容来看与美国课程的理论研究及其范式的发展并不对应，但由于本书主要针对文化转型对教育价值观的影响以及相应的课程变革进行研究，所以在两国课程发展之间存在着可以比较的因素。

晚清时期，工艺教育作为振兴实业、国富民强的根本诞生于中华民族救亡图存的危难之中，因此，就教育价值观而言，在设计教育的孕育之初就具备了较为浓郁的实利主义和工具主义思想。民国初期，蔡元培"五育并举""兼容并包"的教育思想促进中国冲破了封建的"教化思想"和"中体西用"旧思想的束缚，五四新文化运动对民主与科学精神的广泛传播，在很大程度上改变了中国人民的世界观，倡导学习西方，实行教育改革成为这一时期的潮流。杜威的实用主义教育思想传入中国并得到广泛传播。设计教育受到日、法、美等国教育思想的影响。因此，此时期中国的设计教育形成了多元文化影响下追求素质教育和专业教育并举的以促进学习者全面发展的教育价值观。而此时期正是美国现代课程范式形成并迅速发展的时期，其课程思想并没有对中国的课程领域产生影响，主要在于以下原因：就世界观而言，此时期正是现代科学世界观在西方世界占据统治地位的时期，但在中国却是现代科学思想刚刚传入的时期，人们的现代科学世界观刚刚开始形成；就社会形态而言，此时期是西方国家现代工业发展迅速的时期，而中国刚刚结束半殖民地半封建社会，民族资本主义工业刚刚起步；就知识型而言，此时期科学知识型在西方已占据霸权地位，而中国知识分子阶层对科学知识型刚刚开始认可。应当说民国前期中国文化转型受到了世界文化的影响，但并不是同一性质的文化转型之间的呼应关系，这一时期中国的文化转型与世界文化转型、美国文化转型是不同步的，两国文化形态对课程所产生的影响也存在着很大的差异。新中国成立初期，教育再一次成为实现国家目标的工具。围绕着迅速实现工业化、建设强大国防的现实需要，20 世纪50 年代初，国家依据苏联模式进行"院系调整"，实行"专才教育"。1958 年至

1960 年期间，教育被卷入"大跃进"运动，确立了"教育为政治服务""教育与生产劳动相结合"的教育宗旨，体现了教育发展与计划经济体制相适应的国家主义性格。反映在设计教育的课程设计中，主要体现了以下几个方面的特征：第一，在工艺美术学科之下形成了与社会生产分工相适应的专业设置；第二，劳动实践课程作为重要的内容加入到专业教学中；第三，课程内容体现了专业细分的趋势；第四，能够培养学习者全面发展的通识课程不复存在。虽然此时期中国的教育思想受到本国国情和苏联的影响，但工具主义的教育价值观和专门化人才培养目标与西方国家遥相呼应。60 年代初期，国家教育部门在反思 50 年代"左倾"教育思想的前提下，对教育的各项指标进行了调整。工艺美术教育的培养目标和课程设计体现了由专业教育向素质教育的回归。但由于文化大革命的影响这种教育思想未能进一步得到深化。20 世纪 60 年代至 70 年代末一段时间里，中国由于闭关锁国政策而孤立于世界文化转型之外，西方课程范式的变革未能对中国产生影响。改革开放以后，中国社会发生了急剧的变革，物质文明和精神文明在市场经济体制下和对外开放政策的促进下得到长足的发展，人的主体性获得前所未有的解放。教育的本质需要在新的历史时期进行新的探索，教育不仅仅是社会的上层建筑，还应当担负起促进经济发展的功能。教育界进一步认识和反思教育与人的发展关系，促进人的全面发展应当成为教育的根本目的。随着工业化进程的加速和中外文化的交融互动，西方现代设计思想和现代设计教育思想传入国内，促进了工艺美术学科性质的变化，工艺美术逐渐超越传统手工业-手工艺的范畴而与科学技术相结合。工艺美术教育逐渐向现代设计教育转型。这一时期中国高等学校的工艺美术教育依然秉承着社会中心的教育价值观、专业化人才培养目标观，专业技能性课程构成课程体系的主要内容。但工业设计专业的课程设计体现了交叉学科的特征。20 世纪 90 年代以后，中国计算机产业迅速发展，计算机技术成为一种新兴的设计媒介，工艺美术学科在新的文化转型中进一步发生转变，这种变化引起了人才培养规格和课程内容设计的变化。人才培养规格由专门化人才向复合型人才转变，新技术条件下诞生的新专业、新课程促进着课程内容设计的吐故纳新。1998 年，新修订的《普通高等学校本科专业目录》的颁布，标志着工艺美术教育转变为艺术设计教育，中国的设计教育发展到一个新的阶段。

在 20 世纪百年的时间里，民国前期的设计教育在蔡元培"五育并举""兼容并包"教育思想和世界多元化教育思想的影响下，追求以促进学习者全面发展为目的的素质教育，20 世纪 60 年代初期的国家教育方针也体现了回归素质教育的倾向，但素质教育并没有成为设计教育的主导方向。在其余的大部分时间里，中国设计教育秉持着工具主义的教育价值观、社会中心的教育价值取向和技能本位的人才培养目标观，由此形成了与之一脉相承的课程设计，这种状况至今犹存。虽然这一时期中美两国的文化转型与课程发展受世界文化转型的影响程度不同，各自经历了独特的发展轨迹，但两国对工具理性价值观的追求却遥相呼应，由此体现了课程发展的时代特征。

虽然中美两国对 20 世纪以来世界文化转型所产生影响的回应是不同步的，课程变革也经历了不同的发展路径，但 20 世纪末 21 世纪初，在改革开放政策的推动和经济文化全球化的影响下，中国社会突破了内在的发展逻辑而同时经历着农业经济向工业经济转化、工业经济向知识经济置换、民族经济向全球经济过渡的多重变革，中国文化以跃进式的发展态势追赶着世界文明的进程，在 21 世纪与世界各国共享信息社会的文明。21 世纪世界文化的变革将会在较短的时间内对世界各国的文化发展产生广泛而深刻的影响，国际之间的文化交流与对话将更加频繁，不同国家对世界文化转型所产生影响的性质的差异和时间的差异将日益缩小。21 世纪初美国后现代课程的研究成果传入中国，促进着中国课程思想、理论研究与教学实践的变革。

第二节　世界文化转型对中国当今设计学学科本科教育课程设计变革的影响

在当今世界文化转型的影响下，中国正经历着多重文化转型。在农业经济向工业经济、工业经济向知识经济、民族经济向全球经济努力转变的过程中，经济文化全球化和知识经济时代的来临既是影响中国文化转型的主要因素，又是社会现实的主要内容。中国与世界其他国家在经历世界观的变革、社会现实的变革和知识型的变革的同时，开启了新的文明旅程。教育既是文化的因变量，也是文化的自变量，在这场文明之旅中，教育不应当是追随者，而应当是开拓者。

在文化转型所开辟的新的历史时期，我们有必要进一步探讨教育与社会发展的关系，教育与人的发展的关系。长期以来，中国教育在与社会发展的关系中一直处于被动适应和从属的地位，而没能确立起主体性、先导性地位，致使教育发展滞后，教育不能充分发挥促进社会政治、经济、文化发展的功能。随着当今世界文化的转型，知识生产与文化创新成为社会发展的动力，教育与社会发展的关系正在发生转变，正如联合国教科文组织的报告书《学会生存：教育世界的今天和明天》所指出的那样，教育的功能不仅应当是当代社会和现有社会关系的再现，也不仅应当是形成未来社会的一个因素，而应当是创造一个崭新的未来。教育部在《国家中长期教育改革和发展规划纲要（2010—2020 年）》中提出"优先发展，育人为本，改革创新，促进公平，提高质量"的教育工作方针，已经明确了教育在当今与未来的优先发展地位，弘扬教育的主体性是当今时代发展的要求。

中国当今设计学学科本科教育课程设计的变革，既是时代精神的呼唤，又是中国当今社会发展、学科发展与学习者发展的共同需要。世界文化转型为课程设计的变革提供了动力源泉和价值依据。

中国当今设计学学科本科教育课程设计的变革是构成课程体系的培养目标设计的变革以及相应的课程体系的变革，包括课程内容设计的变革、课程结构设计的变革和课程实施的变革。

培养目标设计的变革首先是培养目标观的变革，需要实现以下几个方面观念的转变：在教育与社会发展的关系方面，由教育适应转向教育现行；在价值取向方面，由社会中心转向学习者中心；在学习者素质培养方面，由技能本位转向能力本位；在教育的效益追求方面，由短期绩效的追求转向坚持终身教育的原则；在民族性与国际性的关系方面，坚持民族性与国际性的统一。培养目标的设计由同质化向多样性转变，多样性培养目标的设计是教育目的的共性要求与高等学校人才培养目标特殊定位的统一，是学习者全面发展与个性成长的统一。

课程内容的设计的变革是对技能本位的课程内容设计的超越，是关于设计与人文、设计与科学、设计与艺术、设计与社会、设计与生活、素养与视野、知识与能力、情感与态度、价值与理想等能够促进学习者全面发展与个性成长的"最有价值的知识"的选择，以培养学习者拥有民胞物与的胸襟，养成深思好学的态度，拓展通达宽广的视野，具备求实创新的能力，蕴化广博丰厚的素养，最终形成开放的、可持续发展的生态人格。

课程结构设计的变革是以联系的、整体的观点对设计学学科本科教育课程结构设计所存在的基于机械的、孤立的观点而形成的非逻辑性的、非联系性的课程结构设计的超越，将教育目的、培养目标、学科范畴、专业领域、知识体系、课程内容等多层次、多维度的课程因素整合为一个有机的整体，以培养学习者形成多元化、立体化的知识结构。

课程实施的变革首先是价值取向的变革，创生取向的课程实施是对知识的传输计划中作为封闭性、机械性系统的课程实施的否定，是教师和学习者在与具体的课程情境的交互作用中经验创生的过程，是静态性与动态性、确定性与不确定性的统一。它是一个复杂性、创造性、开放性、生态性的动态系统，在此系统中课程主体的主体性得以弘扬，知识得以转化，意义得以建构。

当今世界文化转型所体现的开放性、创造性、多元性、相对性、联系性、自发性、运动性等时代精神的特征，已作为中国当今设计学学科本科教育课程设计变革的价值追求融入到教育价值观、培养目标观以及课程体系各环节的设计当中。

参 考 文 献

中文参考资料

[1] 奥班恩. 艺术的涵义[M]. 孙浩良,等译. 上海:学林出版社,1985.

[2] 普里戈金,等. 从混沌到有序:人与自然的新对话[M]. 曾庆宏,等译. 上海:上海译文出版社,1987.

[3] 伊·普里戈金. 确定性的终结:时间、混沌与新自然法则[M]. 湛敏,译. 上海:上海科技教育出版社,2009.

[4] 伽达默尔. 真理与方法[M]. 洪汉鼎,译. 上海:上海译文出版社,2004.

[5] 叔本华. 作为意志和表象的世界[M]. 石冲白,译. 北京:商务印书馆,1982.

[6] 曼海姆. 意识形态与乌托邦[M]. 黎鸣,等译. 上海:上海三联书店,2011.

[7] 舍勒. 哲学与世界观[M]. 曹卫东,译. 上海:上海人民出版社,2003.

[8] 杜夫海纳. 美学与哲学[M]. 孙非,译. 北京:中国社会科学出版社,1985.

[9] 福柯. 权力的眼睛:福柯访谈录[M]. 严锋,译. 上海:上海人民出版社,1997.

[10] 柏格森. 创造进化论[M]. 肖聿,译. 北京:华夏出版社,2000.

[11] 第亚尼. 非物质社会:后工业世界的设计、文化与技术[M]. 滕守尧,译. 成都:四川人民出版社,2006.

[12] 福柯. 知识考古学[M]. 谢强,等译. 北京:生活·读书·新知三联书店,2008.

[13] 史密斯. 全球化与后现代教育学[M]. 郭洋生,译. 北京:教育科学出版社,2001.

[14] 布鲁纳. 教育过程[M]. 邵瑞珍,译. 北京:文化教育出版社,1982.

[15] 拉塞尔. 现代艺术的意义[M]. 常宁生,译. 南京:江苏美术出版社,1992.

[16] 泰勒. 课程与教学的基本原理[M]. 施良方,译. 北京:人民教育出版

社，1994.

[17] 杜威. 学校与社会·明日之学校[M]. 赵祥麟，等译. 北京：人民教育出版社，1994.

[18] 格里芬. 后现代科学：科学魅力的再现[M]. 马季方，译. 北京：中央编译出版社，1998.

[19] 里斯本小组. 竞争的极限：经济全球化与人类的未来[M]. 张世鹏，译. 北京：中央编译出版社，2000.

[20] 阿普尔. 意识形态与课程[M]. 黄忠敬，译. 上海：华东师范大学出版社，2001.

[21] 库恩. 科学革命的结构[M]. 金吾伦，等译. 北京：北京大学出版社，2003.

[22] 多尔. 后现代课程观[M]. 王红宇，译. 北京：教育科学出版社，2004.

[23] 杜威. 确定性的追求：关于知行关系的研究[M]. 傅统先，译. 上海：上海人民出版社，2005.

[24] 托夫勒. 第三次浪潮[M]. 黄明坚，译. 北京：中信出版社，2006.

[25] 巴雷特. 非理性的人：存在主义哲学研究[M]. 段德智，译. 上海：上海译文出版社，2007.

[26] 柏林特. 环境与艺术[M]. 刘悦迪，等译. 重庆：重庆出版社，2007.

[27] 法伊尔阿本德. 反对方法：无政府主义知识论纲要[M]. 周昌忠，译. 上海：上海译文出版社，2007.

[28] 斯莱特里. 后现代时期的课程发展[M]. 徐文彬，等译. 桂林：广西师范大学出版社，2007.

[29] 艾斯纳. 教育想象[M]. 李雁冰，主译. 北京：教育科学出版社，2008.

[30] 爱因斯坦. 爱因斯坦文集：第一卷[M]. 许良英，等译. 北京：商务印书馆，2009.

[31] 爱因斯坦. 爱因斯坦全集：第六卷[M]. 范岱年，主译. 长沙：湖南科学技术出版社，2009.

[32] 杜威. 民主主义与教育[M]. 王承绪，译. 北京：人民教育出版社，2010.

[33] 杜威. 我们如何思维[M]. 伍中友，译. 北京：新华出版社，2010.

[34] 哈佛委员会. 哈佛通识教育红皮书[M]. 李曼丽，译. 北京：北京大学出版社，2011.

[35] 皮亚杰. 发生认识论原理[M]. 王宪钿，等译. 北京：商务印书馆，1997.

[36] 怀特海. 过程与实在：卷一[M]. 周帮宪，译. 贵阳：贵州人民出版社，2006.

[37] 波普尔. 走向进化的知识论：续集[M]. 李本正，等译. 杭州：中国美术学院出版社，2001.

[38] 陈瑞林. 20世纪中国美术教育历史研究[M]. 北京：清华大学出版社，2006.

[39] 陈侠. 课程论[M]. 北京：人民教育出版社，1989.

[40] 陈晓华. 工艺与设计之间：20世纪中国艺术设计的现代性历程[M]. 重庆：重庆大学出版社，2007.

[41] 陈学恂. 中国近代参考资料：上册[M]. 北京：人民教育出版社，1986.

[42] 潘鲁生. 创意与实践：全国艺术与设计类专业实践教学研讨会文集：下册[C]. 济南：山东美术出版社，2009.

[43] 丁钢. 全球化视野中的中国教育传统研究[M]. 桂林：广西师范大学出版社，2009.

[44] 董宝良. 中国近现代高等教育史[M]. 武汉：华中科技大学出版社，2007.

[45] 高平叔. 蔡元培全集：第六卷[M]. 北京：中华书局，1989.

[46] 高时良，等. 中国近代教育史资料汇编·洋务运动时期教育[G]. 上海：上海教育出版社，1992.

[47] 国家教育部高教司. 普通高等学校本科专业目录和专业介绍[M]. 北京：高等教育出版社，1998.

[48] 葛丽君，等. "中国近代史纲要"课案例式专题教学教师用书[M]. 北京：中国人民大学出版社，2008.

[49] 巩淼森. 跨学科：论设计高等教育的新趋势[J]. 创意设计，2010(2)：34.

[50] 广东、广西、湖南、河南辞源修订组，商务印书馆编辑部. 辞源：上卷[M]. 北京：商务印书馆，2010.

[51] 黄俊杰. 全球化时代的大学通识教育[M]. 北京：北京大学出版社，2006.

[52] 花建. 区域文化产业发展[M]. 长沙：湖南文艺出版社，2008.

[53] 韩俊伟，等. 文化产业概论[M]. 广州：中山大学出版社，2009.

[54] 江山野. 简明国际教育百科全书·课程[M]. 北京：教育科学出版社，1991.

[55] 经济合作与发展组织(OECD). 以知识为基础的经济[M]. 杨宏进，等译. 北京：机械工业出版社，1997.

[56] 靳玉乐，等. 中国新时期教学论的进展[M]. 重庆：重庆出版社，2001.

[57] 靳玉乐，等. 后现代主义课程论[M]. 北京：人民教育出版社，2005.

［58］江泽民．加强人力资源能力建设　共促亚太地区发展繁荣［EB/OL］．［2007-01-10］．http：//www. people. com. cn/GB/jinji/31/179/20010515/465404. html.

［59］联合国教科文组织国际教育发展委员会．学会生存：教育世界的今天和明天［M］．华东师范大学比较教育研究所，译．北京：教育科学出版社，2009.

［60］李砚祖．回忆·限度·思索：工艺美术三题［J］．装饰，1988(3)：36.

［61］李定仁，等．课程研究二十年［M］．北京：人民教育出版社，2004.

［62］刘剑虹．具象研究：从因素分析到形式表现的素描研习［M］．北京：中国人民大学出版社，2004.

［63］林成滔．科学的发展史［M］．西安：陕西师范大学出版社，2009.

［64］梅贻琦．大学一解［J］．清华学报，1947，13(1)：7.

［65］毛泽东．毛泽东选集：第五卷［M］．北京：人民教育出版社，1977.

［66］美国不列颠百科全书公司．不列颠百科全书［M］.5版，修订版．中国大百科全书出版社《不列颠百科全书》国际中文版编辑部，编译．北京：中国大百科全书出版社，2007.

［67］王阳明．传习录［M］．北京：中国画报出版社，2012.

［68］欧阳文．大学课程的建构性研究［M］．长沙：湖南师范大学出版社，2007.

［69］庞薰琹．庞薰琹工艺美术文集［M］．北京：中国轻工业出版社，1986.

［70］潘懋元．新编高等教育学［M］．北京：北京师范大学出版社，2006.

［71］潘懋元，等．高等教育学［M］．福州：福建教育出版社，2011.

［72］皮连生．教育心理学［M］．上海：上海教育出版社，2011.

［73］佚名．中共中央关于教育体制改革的决定［N］．人民日报，1985-05-29.

［74］施良方．课程理论：课程的基础、原理与问题［M］．北京：教育科学出版社，2007.

［75］石中英．知识转型与教育改革［M］．北京：教育科学出版社，2007.

［76］沈小峰．混沌初开：自组织理论的哲学探索［M］．北京：北京师范大学出版社，2008.

［77］汤权友，等．简明群众文化词典［M］．长沙：湖南大学出版社，1988.

［78］滕守尧．回归生态的艺术教育［M］．南京：南京出版社，2008.

［79］吴季松.21世纪社会的新趋势：知识经济［M］．北京：北京科学技术出版社，1998.

［80］王颖．混沌状态的清晰思考［M］．北京：中国青年出版社，1999.

［81］武书连. 再探大学分类［J］. 科学学与科学技术管理，2002（10）：26-27.

［82］王中明. 混沌分形及孤子［M］. 武汉：武汉出版社，2004.

［83］王弼，注；楼宇烈，校释. 老子道德经注校释［M］. 北京：中华书局，2011.

［84］邬烈炎. 材料表现［M］. 杭州：中国美术学院出版社，2012.

［85］夏征农. 辞海：教育学·心理学分册［M］. 上海：上海辞书出版社，1987.

［86］谢安邦. 高等教育学［M］. 北京：高等教育出版社，1999.

［87］薛天祥. 高等教育学［M］. 桂林：广西师范大学出版社，2001.

［88］夏燕靖. 对我国高校艺术设计本科专业课程结构的探讨［D］. 南京：南京艺术学院，2007.

［89］徐岱. 什么是好艺术：后现代美学基本问题［M］. 杭州：浙江工商大学出版社，2009.

［90］熊思东，等. 通识教育与大学：中国的探索［M］. 北京：科学出版社，2010.

［91］严复. 严复集：第五册［M］. 北京：中华书局，1986.

［92］杨东平. 教育：我们有话要说［M］. 北京：中国社会科学出版社，1999.

［93］杨东平. 艰难的日出：中国现代教育的20世纪［M］. 上海：文汇出版社，2003.

［94］袁熙旸. 中国艺术设计教育发展历程研究［M］. 北京：北京理工大学出版社，2003.

［95］于海. 西方社会思想史［M］. 上海：复旦大学出版社，2008.

［96］中央教育科学研究所. 中华人民共和国教育大事记（1949—1982）［M］. 北京：教育科学出版社，1983.

［97］张道一. 工艺美术论集［C］. 西安：陕西人民出版社，1986.

［98］张道一. 辫子股的启示［J］. 装饰，1988（3）：39.

［99］中国大百科全书出版社上海分社辞书编辑部. 百科知识辞典［M］. 上海：中国大百科全书出版社，1989.

［100］朱有献. 中国近代学制史料：第三辑 下册［M］. 上海：华东师范大学出版社，1990.

［101］左丘明撰，焦杰校点. 国语［M］. 沈阳：辽宁教育出版社，1997.

［102］中国近现代艺术教育法规汇编（1940—1949）［G］. 北京：教育科学出版社，1997.

［103］钟启泉. 课程设计基础［M］. 济南：山东教育出版社，1998.

［104］周佩仪. 从社会批判到后现代［M］. 台北：台湾师大书苑有限公司，1999.

［105］张华，等．课程流派研究［M］．济南：山东教育出版社，2000．

［106］张廷凯．新课程设计的变革［M］．北京：人民教育出版社，2003．

［107］张祖全．混沌、分形及孤子［M］．武汉：武汉出版社，2004．

［108］钟启泉．对话教育：国际视野与本土行动［M］．上海：华东师范大学出版
社，2006．

［109］钟启泉．现代课程论［M］．上海：上海教育出版社，2006．

［110］张华．课程与教学论［M］．上海：上海教育出版社，2008．

［111］赵海英．主体性：与历史同行［M］．北京：首都师范大学出版社，2008．

［112］中华人民共和国中央人民政府．国家中长期教育改革和发展规划纲要（2010—
2020 年）［EB/OL］．2010-07-29［2011-12-10］．http://www. moe. edu. cn.

［113］周至禹．其土石出：中央美术学院基础教学作品集［M］．北京：中国青年出版
社，2011．

［114］中华人民共和国教育部高等教育司．普通高等学校本科专业目录和专业介绍
（2012）［M］．北京：高等教育出版社，2012．

外文参考资料

［1］BOBBITT F. The supervision of city schools［M］//Twelfth Yearbook of The National
Society for The Study of Education，Part Ⅰ［M］. Chicago：University of Chicago Press，
1913.

［2］BOBBITT F. How to make a curriculum［M］. Boston：Honghton Miffin，1924.

［3］CHERRYHOLMS C H. Power and criticism：poststructural investigations in education
［M］. Columbia：Teachers College Press，1988.

［4］DOLL W E. Curriculum possibilities in a "post"-future. In：Journal of Curriculum and
Supervision［M］. 1993.

［5］GIROUX H A，PENNA A N，PINAR W F. Curriculum & instruction［M］. Berkeley：
McCutchan，1981.

［6］TABA H. Curriculum development：theory and practice［M］. New York：Harcourt，
Brace & World，1962.

［7］POPPER K. Conjectures and refutations［M］. London and Henley：Routledge and Kegan
Paul，1963.

［8］ROSOVSKY H. The universty：an owener's manual［M］. New York：W. W. Norton &

Company, 1990.

[9] SCHUBERT W H. Curriculum: perspective, paradigm, and possibility [M]. New York: Macmillan Publishing Company, 1986.

[10] CHERRYHOLMS C H. Power and criticsm: poststructural investigations in education [M]. Columbia: Teachers College Press, 1988: 145-146.

[11] WHITEHEAD A N. The aims of education and other essays[M]. London: Williams & Norgate Ltd. , 1947.

附录 A   调查的用人单位及访谈人员名单

访谈的用人单位及人员名单

用人单位名称	访谈人员	时任职务	访谈时间
北京美亚联合地产营销机构	王鑫	总经理	2008 年 12 月—2012 年 12 月
广州龙浩置业咨询有限公司	朱晶玲	副总经理	2010 年 11 月—2012 年 4 月
扬·罗必凯广告公司	王欣	副总经理	2011 年 4 月 23 日
北京东道设计公司	解建军	董事长	2011 年 8 月 27 日
	费斌	国际事务部总裁	2011 年 8 月 27 日
	李前承	品牌部设计师	2011 年 8 月 27 日
济南干将莫邪设计公司	时海滨	创意总监	2011 年 9 月 7 日
上海龙旗控股集团	马志千	市场部经理	2011 年 9 月 14 日
上海本然研创公司	刘方	总经理	2011 年 9 月 15 日
北京朝阳大地房地产开发有限公司	董雪竹	设计师	2011 年 11 月 7 日
北京亮彩一品广告有限公司	韩月朝	设计师	2011 年 11 月 7 日
北京北绘整合传播机构	赵小超	高级设计师	2011 年 11 月 7 日
西安美灵机构	杨超	总经理	2011 年 11 月 10 日
中兴通讯股份有限公司南京分公司	黄春	结构规划系统部设计总监	2011 年 11 月 17 日
南京金城机械有限公司	方纾	商品计划处处长	2011 年 11 月 17 日
广东黑马广告有限公司	张小平	董事长兼创意总监	2011 年 11 月 27 日

续表

用人单位名称	访谈人员	时任职务	访谈时间
毕学锋设计顾问机构 深圳市言文设计有限公司	毕学锋	创作总监	2011 年 11 月 27 日
深圳嘉兰图产品设计有限公司	刘斌	设计事业部总经理	2011 年 11 月 27 日
苏州盛世辉煌广告有限公司	盖欣	业务经理	2016 年 4 月 7 日
	郑智勇	副总经理	2016 年 4 月 7 日
扬狮网帆（上海）信息传输有限公司	朱慧琳	艺术副总监	2016 年 4 月 8 日
	蔡文超	美术指导	2016 年 4 月 8 日
上海麦肯光明广告有限公司	蒋晓冰	资深创意总监	2016 年 4 月 8 日
上海奥美广告公司	陶文权	创意总监	2016 年 4 月 8 日
杭州天音计算机系统有限公司	刘溯	幼儿事业部总监产品总监	2016 年 4 月 10 日

问卷调查涉及的用人单位

问卷调查涉及用人单位	时　　间
西安明道广告	2011 年 5 月 10 日
湖南株洲三圆广告公司	2011 年 8 月 28 日
湖南天地人广告有限公司	2011 年 8 月 28 日
武汉星光工业设计有限公司	2011 年 9 月 2 日
山西铭基房地产公司	2011 年 9 月 12 日
重庆东禾广告有限公司	2011 年 9 月 15 日
重庆久上广告有限公司	2011 年 9 月 15 日
成都龙凯科技	2011 年 11 月 17 日
河南省瑞光印务	2011 年 11 月 17 日
湖南清兰工业设计有限公司	2011 年 11 月 17 日
恒天（江西）纺织设计院	2011 年 11 月 17 日
山东新之航文化传播有限公司	2011 年 11 月 28 日
浙江台州恒峰广告	2011 年 11 月 28 日
浙江九鼎空间装饰	2011 年 11 月 28 日
江西上饶市三清周氏文化产业	2011 年 11 月 28 日

附录 B 对社会用人单位的调查问卷

发放问卷：287 份　回收问卷：252 份　有效问卷：176 份　有效率：69.8%

您好！这里是山东工艺美术学院课题组，现在针对社会对设计学科本科人才需求状况进行调查，请您对下列问题做出选择，对最佳答案画"√"，非常感谢您的合作。

1. 请您对设计师的素质要求表态打"√"

		5 非常重要	4 比较重要	3 无所谓	2 不太重要	1 非常不重要
1.1	设计师的"综合素养"	67.0%（118）	30.1%（53）	2.3%（4）	0.6%（1）	0(0)
1.2	设计师的"人文素养"	26.1%（46）	50.0%（88）	18.8%（33）	5.1%（9）	0(0)
1.3	设计师应具有"开放的视野"	52.8%（93）	34.1%（60）	6.3%（11）	5.1%（9）	1.7%（3）
1.4	设计师应具有良好的"艺术素养"	63.1%（111）	29.0%（51）	5.1%（9）	2.3%（4）	0.6%（1）
1.5	设计师应具有较强的"研究能力"	18.8%（33）	52.3%（92）	11.9%（21）	10.2%（18）	6.8%（12）
1.6	设计师的"专业技能"（主要包括设计能力与软件应用能力）					
		35.8%（63）	47.2%（83）	11.9%（21）	4.0%（7）	1.1%（2）
1.7	设计师的"专业能力"（解决专业问题的综合能力）					
		50.0%（88）	27.8%（49）	11.4%（20）	6.3%（11）	4.5%（8）
1.8	设计师的"语言表达能力"	46.0%（81）	31.3%（55）	15.9%（28）	5.1%（9）	1.7%（3）
1.9	设计师的"逻辑思维能力"	46.0%（81）	25.0%（44）	15.9%（28）	10.2%（18）	2.8%（5）
1.10	设计师的"创造性"	51.1%（90）	35.8%（63）	10.2%（18）	2.8%（5）	0(0)
1.11	设计师的"沟通协调能力"	58.0%（102）	29.0%（51）	11.4%（20）	1.7%（3）	0(0)
1.12	设计师的"团队精神"	79.0%（139）	11.9%（21）	8.0%（14）	1.1%（2）	0(0)
1.13	设计师应具有"个性"这一点	2.8%（5）	15.9%（28）	6.3%（11）	71.0%（125）	4.0%（7）
1.14	设计师的"社会经验"	22.7%（40）	56.3%（99）	14.8%（26）	2.8%（5）	3.4%（6）
1.15	设计师的"学习能力"	45.4%（80）	47.2%（83）	7.4%（13）	0(0)	0(0)
1.16	设计师的"可持续发展能力"	37.5%（66）	44.3%（78）	18.2%（32）	0(0)	0(0)

2. 请对贵单位设计师具备以下素质的实际情况表态打"√"

	5 非常好	4 比较好	3 一般	2 比较差	1 非常差
2.1 设计师的"综合素养"	8.0%(14)	18.8%(33)	26.1%(46)	42.0%(74)	5.1%(9)
2.2 设计师的"人文素养"	10.2%(18)	15.9%(28)	26.1%(46)	41.5%(73)	6.3%(11)
2.3 设计师的"开放的视野"	31.8%(56)	38.1%(67)	18.8%(33)	6.8%(12)	4.5%(8)
2.4 设计师的"艺术素养"	8.5%(15)	15.9%(28)	21.0%(37)	44.9%(79)	9.7%(17)
2.5 设计师的"研究能力"	6.8%(12)	11.9%(21)	43.8%(77)	23.9%(42)	13.6%(24)
2.6 设计师的"专业技能"	25.0%(44)	46.0%(81)	15.9%(28)	6.8%(12)	6.3%(11)
2.7 设计师的"专业能力"	10.2%(18)	22.7%(40)	47.2%(83)	18.2%(32)	1.7%(3)
2.8 设计师的"语言表达能力"	14.8%(26)	26.1%(46)	41.5%(73)	14.2%(25)	3.4%(6)
2.9 设计师的"逻辑思维能力"	10.2%(18)	19.9%(35)	43.2%(76)	18.2%(32)	8.5%(15)
2.10 设计师的"创造性"	15.9%(28)	21.0%(37)	46.0%(81)	11.9%(21)	5.1%(9)
2.11 设计师的"沟通协调能力"	13.1%(23)	19.9%(35)	41.5%(73)	15.9%(28)	9.7%(17)
2.12 设计师的"团队精神"	15.9%(28)	43.8%(77)	25.0%(44)	10.2%(18)	5.1%(9)
2.13 设计师应具有"个性"这一点	22.7%(40)	15.9%(28)	44.9%(79)	10.2%(18)	6.3%(11)
2.14 设计师的"社会经验"	6.3%(11)	18.8%(33)	15.9%(28)	51.1%(90)	8.0%(14)
2.15 设计师"学习能力"	12.5%(22)	23.9%(42)	22.2%(39)	33.0%(58)	8.5%(15)
2.16 设计师的"可持续发展的能力"	11.9%(21)	21.0%(37)	40.9%(72)	19.9%(35)	6.3%(11)

3. 本科毕业生在贵单位能够胜任工作的时间一般需要：

(1) 3 个月—6 个月21.0%(37) (2) 6 个月—1 年64.8%(114) (3) 1 年—1.5 年11.4%(20) (4) 1.5 年—2 年2.3% (4) (5) 2 年—3 年1.1%(2) (6) 您的意见_____

4. 您本人作为本科毕业生对学校课程与就业后的设计实践之间的情况，请表态打"√"

5 差距非常小	4 差距比较小	3 一般	2 差距较大	1 差距非常大
5.7%(10)	30.7%(54)	19.3%(34)	33.5%(59)	10.8%(19)

5. 您本人作为本科毕业生对学校教育的情况，请表态打"√"

5 非常满意	4 比较满意	3 还可以	2 比较不满意	1 非常不满
18.8%(33)	46.0%(81)	24.4%(43)	8.0%(14)	2.8%(5)

6. 根据您就业后的亲身感受，您认为学校课程的不足是：

_____

7. 您认为学校课程怎样调整才能满足个人发展和社会需要？请提出宝贵的意见。

_____

8. 您认为在大学生活和学习中还有哪些愿望没能实现?

_____

9. 除以上谈到的,您个人认为当前还需要什么类型的设计师?

_____

请谈一谈您自己吧:

1. 您在单位的职位是:(1)高层管理人员_____(2)创意总监_____(3)资深设计师_____(4)年轻设计师_____(5)美术编辑_____(6)策划_____(7)其他_____

2. 您的工龄:(1)20年以上_____(2)15-19年_____(3)10-14年_____(4)5-9年_____(5)1-4年_____

3. 您的单位属于:(1)品牌策划公司(2)广告公司_____(3)电视台_____(4)出版社_____(5)企业的设计部门_____(6)房地产公司_____(7)其他_____

4. 您所从事的主要专业:(1)平面_____(2)产品_____(3)服装_____(4)环艺_____(5)数字影像_____(6)其他_____

5. 所在的城市:_____

附录 C 重点调查的中国高等学校及访谈人员名单

调研学校	访谈人员	时任职务	访谈时间
山东轻工业学院	刘木森	艺术学院副院长	2008 年 11 月 28 日—2016 年 3 月
山东艺术学院	曹璇	美术学院美术教育系教师	2008 年 12 月—2015 年 10 月
山东女子学院	郑蕾	艺术学院装潢艺术设计教研室主任	2008 年 12 月——2015 年 10 月
	赵月	艺术学院装潢艺术设计专业教师	2009 年 3 月—2015 年 11 月
山东工艺美术学院	董占军	教务处处长	2008 年 11 月 10 日
山东菏泽学院	徐晓伟	艺术系油画教研室主任	2010 年 7 月 6 日
江苏师范大学	陈芳	美术学院教师	2010 年 11 月 10 日
上海大学	汪珍琦	美术学院教务办公室主任	2011 年 9 月 14 日
上海理工大学	于君	出版印刷与艺术设计学院艺术设计系教师	2011 年 9 月 14 日
	赵培生	艺术学院数码动画设计系主任	2011 年 9 月 16 日
华东师范大学	毛溪	设计学院院长助理	2011 年 9 月 15 日
上海交通大学	傅炯	人文与传媒学院工业设计系副主任	2011 年 9 月 16 日
西安美术学院	贺丹	教务处处长	2011 年 11 月 10 日
	彭程	视觉传达设计系主任	2011 年 11 月 10 日
	周维娜	视觉传达设计系副主任	2011 年 11 月 10 日

续表

调研学校	访谈人员	时任职务	访谈时间
西安建筑科技大学	蔺宝钢	艺术学院副院长	2011 年 11 月 11 日
	汤雅莉	艺术学院教授	2011 年 11 月 11 日
江南大学	张凌浩	设计学院副院长	2011 年 11 月 16 日
	邓嵘	设计学院工业设计系主任	2011 年 11 月 16 日
	陈新华	设计学院视觉传达设计系教授	2011 年 11 月 16 日
	王安霞	设计学院视觉传达设计系教授	2011 年 11 月 16 日
	过宏雷	设计学院视觉传达设计系副教授	2011 年 11 月 16 日
南京理工大学	段齐骏	设计艺术系主任	2012 年 11 月 17 日
	王辉	设计艺术系副主任	2011 年 11 月 17 日
南京艺术学院	莊元	教务处处长	2011 年 11 月 18 日
	邬烈炎	设计学院院长	2011 年 11 月 18 日
	詹和平	设计学院副院长	2011 年 11 月 18 日
鲁迅美术学院	孙明	副院长	2011 年 11 月 26 日
广州美术学院	陈江	工业设计学院副院长	2011 年 11 月 26 日
	曹雪	视觉与动漫设计学院副院长	2011 年 11 月 26 日
	王绍强	视觉与动漫设计学院副院长	2011 年 11 月 28 日
	杨岩	建筑与环境艺术设计学院副院长	2011 年 11 月 28 日
清华大学	赵健	美术学院视觉传达设计系主任	2012 年 12 月 7 日
	郑曙旸	美术学院教授	2012 年 12 月 11 日
	刘振生	美术学院工业设计系主任	2012 年 12 月 11 日
	董素学	美术学院教务办公室主任	2012 年 12 月 12 日
中央美术学院	王子源	视觉传达设计教研室主任	2008 年 6 月 7 日
	宋协伟	设计学院副院长	2012 年 12 月 11 日
	曹田泉	城市设计学院动画系负责人	2016 年 4 月 20 日
武汉工程大学	宋奕勤	艺术设计学院副院长	2012 年 12 月 24 日
	郭立群	艺术设计学院副院长	2012 年 12 月 25 日
湖北大学	胡智勇	艺术学院副院长	2012 年 12 月 24 日
	刘曼	艺术学院视觉传达设计系副教授	2012 年 12 月 24 日
	王红	艺术学院视觉传达设计系教师	2012 年 12 月 24 日

续表

调研学校	访谈人员	时任职务	访谈时间
武汉理工大学	杨先艺	艺术与设计学院艺术设计学系主任	2012 年 12 月 25 日
	王艳	艺术与设计学院环境艺术专业教授	2012 年 12 月 25 日
	陈汗青	艺术与设计学院工业设计专业教授	2012 年 12 月 29 日
同济大学	范圣玺	设计创意学院副院长	2012 年 12 月 26 日
	娄永琪	设计创意学院副院长	2012 年 12 月 26 日
	林家阳	设计创意学院博士生导师	2015 年 12 月 30 日
中国美术学院	王昀	设计艺术学院副院长	2012 年 12 月 27 日
	俞佳迪	设计艺术学院视觉传达设计系书记、副主任	2012 年 12 月 27 日
	吴晓淇	建筑艺术学院教授	2012 年 12 月 27 日
	翁震宇	教务处处长	2012 年 12 月 28 日

附录 D 对中国高等学校教师问卷 调查的统计

发放问卷：319 份 回收问卷：291 份 有效问卷：162 份 有效率 55.6%

您好！这里是山东工艺美术学院课题组，针对全国设计学科本科教育的课程情况进行调查，希望能得到大家的支持，您可根据自己教学的情况如实填写，谢谢支持！

1. 请对贵校的课程画"√"表示您的看法：

5 很充分	4 比较充分	3 一般情况	2 不够充分	1 很不充分

1.1 能够培养学生的"综合素养"的课程：

| 5.6%（9） | 11.1%（18） | 15.4%（25） | 21.6%（35） | 46.3%（75） |

1.2 能够培养学生的"人文素养"的课程：

| 9.3%（15） | 19.8%（32） | 51.2%（83） | 16.0%（26） | 3.7%（6） |

1.3 能够培养学生的"开放的视野"的课程：

| 8.6%（14） | 18.5%（30） | 53.1%（86） | 14.8%（24） | 4.9%（8） |

1.4 能够培养学生的"艺术素养"的课程：

| 18.5%（30） | 19.8%（32） | 38.9%（63） | 13.0%（21） | 9.9%（16） |

1.5 能够培养学生的"研究能力"的课程：

| 12.3%（20） | 17.3%（28） | 22.8%（37） | 35.8%（58） | 11.7%（19） |

1.6 能够培养学生的"专业技能"的课程：

| 37.0%（60） | 36.4%（59） | 14.8%（24） | 9.9%（16） | 1.9%（3） |

1.7 能够培养学生的"专业能力"（解决专业问题的综合能力）的课程：

| 9.3%（15） | 16.7%（27） | 24.7%（40） | 42.6%（69） | 6.8%（11） |

1.8 能够培养学生"语言表达能力"的课程：

| 17.3%（28） | 22.2%（36） | 38.9%（63） | 12.3%（20） | 9.3%（15） |

1.9　能够培养学生"逻辑思维能力"的课程：

<u>14.2%（23）</u>　　<u>17.3%（28）</u>　　<u>35.2%（57）</u>　　<u>17.3%（28）</u>　　<u>19.8%（32）</u>

1.10　能够培养学生"创造能力"的课程：

<u>22.2%（36）</u>　　<u>38.3%（62）</u>　　<u>19.1%（31）</u>　　<u>10.5%（17）</u>　　<u>9.9%（16）</u>

1.11　能够培养学生"沟通协调能力"的课程：

<u>9.3%（15）</u>　　<u>11.1%（18）</u>　　<u>21.6%（35）</u>　　<u>38.3%（62）</u>　　<u>19.8%（32）</u>

1.12　能够培养学生"团队精神"的课程：

<u>13.6%（22）</u>　　<u>22.2%（36）</u>　　<u>38.3%（62）</u>　　<u>13.6%（22）</u>　　<u>12.3%（20）</u>

1.13　能够培养学生"个性"的课程：

<u>14.8%（24）</u>　　<u>35.8%（58）</u>　　<u>21.0%（34）</u>　　<u>15.4%（25）</u>　　<u>13.0%（21）</u>

1.14　能够培养学生"社会经验"的课程：

<u>8.0%（13）</u>　　<u>11.1%（18）</u>　　<u>34.0%（55）</u>　　<u>28.4%（46）</u>　　<u>18.5%（30）</u>

1.15　能够培养学生"学习能力"的课程：

<u>9.3%（15）</u>　　<u>21.0%（34）</u>　　<u>43.8%（71）</u>　　<u>16.7%（27）</u>　　<u>9.3%（15）</u>

1.16　能够培养学生"可持续发展能力"的课程：

<u>6.2%（10）</u>　　<u>12.3%（20）</u>　　<u>26.5%（43）</u>　　<u>35.8%（58）</u>　　<u>19.1%（31）</u>

2.　请谈一下您自己吧：

2.1　您所在的院校是：（1）综合类学校＿＿＿＿（2）理工类学校＿＿＿＿（3）文学类学校＿＿＿＿（4）艺术类学校＿＿＿＿

2.2　您教授的专业是：（1）视觉传达设计＿＿＿＿（2）工业设计＿＿＿＿（3）建筑与景观设计＿＿＿＿（4）服装设计＿＿＿＿（5）数字艺术与传媒＿＿＿＿（6）艺术理论＿＿＿＿（7）手工艺术＿＿＿＿

2.3　您的学校属于：（1）研究型院校＿＿＿＿（2）研究教学型院校＿＿＿＿（3）教学型研究型＿＿＿＿（4）教学型＿＿＿＿

2.4　您所在的地区：＿＿＿＿省（市）

附录 E 调查的美国高等学校及访谈人员名单

学校名称	访谈人员	时任职务	访谈时间
美国东北大学 Northeastern University	安·麦克唐娜 Ann McDonald	艺术、媒体与设计学院艺术设计系副教授	2012 年 1 月—6 月
	罗素·蓬希尔 Russell Pensyl	艺术、媒体与设计学院艺术设计系教授	2012 年 1 月—2 月
	约翰·卡恩 John Kane	艺术、媒体与设计学院艺术设计系教师	2012 年 3 月—5 月
	玛格丽特·巴里奥斯 Margarita Barrios	艺术、媒体与设计学院艺术设计系兼职教师	2012 年 2 月—4 月
	道格拉斯·斯考特 Douglass Scott	艺术、媒体与设计学院艺术设计系兼职教师	2012 年 2 月—4 月
	索菲亚·艾恩斯蕾 Sophia Ainslie	艺术、媒体与设计学院艺术设计系副教授	2012 年 2 月—4 月
	朱莉·库尔提斯 Julie Curtis	艺术、媒体与设计学院艺术设计系教授	2012 年 2 月—4 月
	于闯	艺术、媒体与设计学院2011 级艺术设计系本科生	2012 年 2 月—3 月
艺术中心设计学院 Art Center College of Design	杰夫·瓦德尔 Geoff Wardle	交通工具专业主任	2012 年 4 月 18 日
	李晓宾	2011 级工业设计专业本科生	2012 年 4 月 18 日
斯坦福大学设计学院 D. School of Stanford	乔治·凯姆贝尔 George Kembel	执行主任	2012 年 4 月 23 日
	纳斯安·F. 孟 Nathan F. Meng	斯坦福大学医学中心博士生，设计学院兼职教师	2012 年 4 月 23 日

续表

学校名称	访谈人员	时任职务	访谈时间
加州艺术学院 California College of the Arts	马克·布雷藤伯格 Mark Breitenberg	教务长	2012 年 4 月 24 日
	托马斯 Tomas	2009 级室内设计专业本科生	2012 年 4 月 24 日
	斯蒂伏·桑车兹 Steve Sanchez	2009 级家具专业本科生	2012 年 4 月 24 日
	罗雅龄 Alingo Loh	2011 级平面设计专业美术硕士	2012 年 4 月 24 日
	杰夫·凯普兰 Geoff Kaplan	平面设计与媒介项目设计师，平面设计专业教师	2012 年 4 月 24 日
伊利诺斯大学芝加哥分校 Univerity of Illinois at Chicago	麦绪·盖依诺尔 Matthew Gaynor	建筑与艺术学院副院长	2012 年 5 月 3 日
	冯立昕	2012 级平面设计专业美术硕士	2012 年 5 月 3 日—5 日
	林青美	2012 级平面设计专业美术硕士	2012 年 5 月 3 日—5 日
芝加哥艺术学院 School of the Art Institute of Chicago	约翰·鲍威尔斯 John Bowers	视觉传达设计系主任	2012 年 5 月 5 日
	G. 阿兰·鲁德斯 G. Alan Rhodes	视觉传达设计系副教授	2012 年 5 月 5 日
	艾德尔·库阿特龙 Adele Cuartelon	2011 级室内与建筑设计系美术硕士	2012 年 5 月 5 日
	艾琳·韩 Arin Han	2011 级视觉传达设计系美术硕士	2012 年 5 月 3 日
伊利诺斯工学院 Illinois Institute of Technology	凯伊奇·萨托 Keiichi Sato	设计学院教授，博士生导师	2012 年 5 月 4 日
耶鲁大学 Yale University	席拉·德·布雷特维尔 Sheila L. de Bretteville	艺术学院平面设计系主任	2012 年 5 月 10 日
	汉克·凡·艾森 Henk Van Assen	艺术学院平面设计系兼职教师	2012 年 5 月 10 日
罗德岛设计学院 Rhode Island School of Design	南希·斯考罗斯 Nancy Skolos	平面设计系主任	2012 年 5 月 29 日

续表

学校名称	访谈人员	时任职务	访谈时间
麻省艺术学院 Massachusetts College of Art and Design	珍尼弗·芮希 Jennifer Ricci	2008 级平面设计系本科生	2012 年 5 月 7 日
	康妮·王 Connie Wang	2008 级平面设计系本科生	2012 年 5 月 7 日
	艾米丽·考蒂 Emily Cody	2008 级平面设计系本科生	2012 年 5 月 7 日
	艾利克斯·伊丽莎白·尼梅尔 Alex Elizabeth Niemeyer	2008 级平面设计系本科生	2012 年 5 月 7 日
	丽娜·孔 Lina Kong	2008 级平面设计系本科生	2012 年 5 月 7 日
	克里斯多夫·车尼 Christopher Cheney	2008 级工业设计系本科生	2012 年 5 月 14 日
	米加·郎 Micah Lang	2008 级工业设计系本科生	2012 年 5 月 14 日
	艾森·胡威尔 Ethan hoover	2011 级摄影专业美术硕士	2012 年 6 月 3 日
	伊丽莎白·蕾丝尼克 Elizabeth Resnick	平面设计系主任	2012 年 6 月 11 日
芝加哥哥伦比亚学院 Columbia College at Chicago	詹姆斯·T. 斯奇米特 James T. Schmidt	2008 级工业设计系本科生	2012 年 5 月 3—5 日
纽约视觉艺术学院 School of Visual Arts	奥雷·克雷芬 Ori Kleiven	视觉传达设计系教师	2012 年 6 月 9 日

附录 F 对美国高等学校教师问卷调查的统计

SURVEY FOR TEACHERS

发放问卷：86 份　回收问卷：83 份　有效问卷：61 份　有效率73.4%

Hello! It is a survey designed by the Shandong University of Art and Design research group, which is in allusion to the curricular information of national design disciplines undergraduate education. Hope to get your support. You could truthfully fill it according to your teaching. Thank you for your support!

1. Please express your views on your school's curriculum with "√":

    5 very sufficient 4 sufficient 3 general 2 relatively insufficient 1 very insufficient

1.1 Courses that can cultivate students' "comprehensive qualities":

    21.3% (13) 55.7% (34) 21.3% (13) 1.6 % (1) 0(0)

1.2 Courses that can cultivate students' "humanistic quality":

    18.0% (11) 31.1% (19) 27.9% (17) 2.3% (13) 2% (1)

1.3 Courses that can cultivate students' "open horizon/mind":

    23.0% (14) 36.1% (22) 32.8% (20) 8.2% (5) 0(0)

1.4 Courses that can cultivate students' "artistic accomplishment":

    16.4% (10) 37.7% (23) 27.9% (17) 18.0% (11) 0(0)

1.5 Courses that can cultivate students' "research capabilities":

    18.0% (11) 19.7% (12) 23.0% (14) 24.6% (15) 14.8% (9)

1.6 Courses that can cultivate students' "professional skills":

    26.2% (16) 39.3% (24) 29.5% (18) 4.9% (3) 0(0)

1.7 Courses that can cultivate students' "professional competence" (comprehensive ability to solve professional problems):

    14.8% (9) 24.6% (15) 31.1% (19) 26.2% (16) 3.3% (2)

1.8　Courses that can cultivate students' "language competence":

<u>42.6%(26)</u>　　<u>52.5%(32)</u>　　<u>4.9%(3)</u>　　<u>0(0)</u>　　　　　<u>0(0)</u>

1.9　Courses that can cultivate students' "logical thinking ability":

<u>23.0%(14)</u>　　<u>34.4%(21)</u>　　<u>27.9%(17)</u>　　<u>14.8%(9)</u>　　　<u>0(0)</u>

1.10　Courses that can cultivate students' "creative ability":

<u>26.2%(16)</u>　　<u>41.0%(25)</u>　　<u>23.0%(14)</u>　　<u>8.2%(5)</u>　　　<u>1.6%(1)</u>

1.11　Courses that can cultivate students' "communication and coordination abilities":

<u>29.5%(18)</u>　　<u>31.1%(19)</u>　　<u>23.0%(14)</u>　　<u>16.4%(10)</u>　　<u>0(0)</u>

1.12　Courses that can cultivate students' "team spirit":

<u>23.0%(14)</u>　　<u>34.4%(21)</u>　　<u>32.8%(20)</u>　　<u>6.6%(4)</u>　　　<u>3.3%(2)</u>

1.13　Courses that can cultivate students' "personality":

<u>23.0%(14)</u>　　<u>32.8%(20)</u>　　<u>37.7%(23)</u>　　<u>4.9%(3)</u>　　　<u>1.6%(1)</u>

1.14　Courses that can cultivate students' "social experience":

<u>29.5%(18)</u>　　<u>49.2%(30)</u>　　<u>21.3%(13)</u>　　<u>0(0)</u>　　　　<u>0(0)</u>

1.15　Courses that can cultivate students' "learning ability":

<u>24.6%(15)</u>　　<u>31.1%(19)</u>　　<u>21.3%(13)</u>　　<u>16.4%(10)</u>　　<u>6.6%(4)</u>

1.16　Courses that can cultivate students' "Capacity for sustainable development":

<u>31.1%(19)</u>　　<u>16.4%(10)</u>　　<u>26.2%(16)</u>　　<u>21.3%(13)</u>　　<u>4.9%(3)</u>

2. Please tell something about yourself:

2.1　Your institution/academy: (1)Comprehensive university _____ (2)College of science and engineering _____ (3)Normal school _____ (4)Art academy _____

2.2　You're majoring in: (1)Visual communication design _____ (2)Architecture and landscape design _____ (3)Costume designing _____ (4)Digital art and media _____ (5)Theory of art _____ (6)Industrial design _____ (7)Handicraft _____

2.3　Your school belongs to: (1)Research-based institutions _____ (2)Research-teaching based institutions _____ (3)Teaching-research based _____ (4)Teaching-based _____

2.4　Your locality _____ province(city)

附录 G　中美高等学校教师问卷调查态度指数的比较

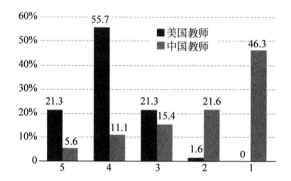

1. 能够培养学生的"综合素养"的课程

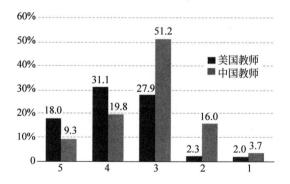

2. 能够培养学生的"人文素养"的课程

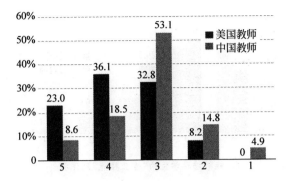

3. 能够培养学生的"开放的视野"的课程

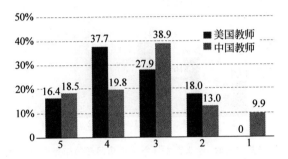

4. 能够培养学生的"艺术素养"的课程

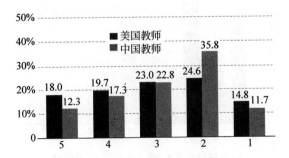

5. 能够培养学生的"研究能力"的课程

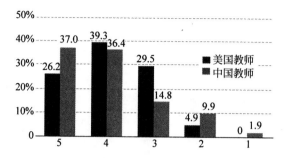

6. 能够培养学生的"专业技能"的课程

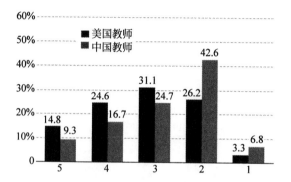

7. 能够培养学生的"专业能力"（解决专业问题的综合能力）的课程

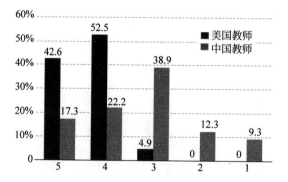

8. 能够培养学生"语言表达能力"的课程

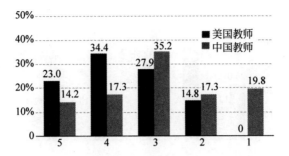

9. 能够培养学生"逻辑思维能力"的课程

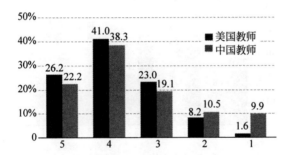

10. 能够培养学生"创造能力"的课程

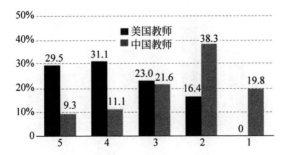

11. 能够培养学生"沟通协调能力"的课程

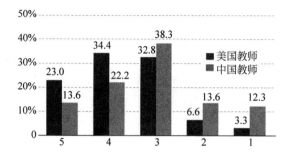

12. 能够培养学生"团队精神"的课程

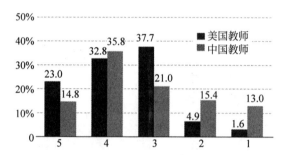

13. 能够培养学生"个性"的课程

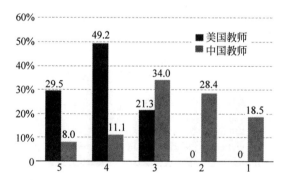

14. 能够培养学生"社会经验"的课程

附录 H　对中国高等学校学生的问卷调查

发放问卷：3816 份　回收问卷：3266 份　有效问卷：1852 份　有效率：56.7%

你好！这里是山东工艺美术学院课题组，针对全国设计学学科本科教育的课程情况进行调查，希望能得到大家的支持，谢谢！

1. 在你的学习过程中，请对老师的授课方法表示一下你的看法，在恰当的_____上打"√"

	5 非常多	4 比较多	3 适中	2 比较少	1 非常少

1.1　知识的传输式，老师讲，学生听

　　　53.8%(996)　27.5%(509)　11.6%(215)　5.8%(107)　1.3%(24)

1.2　教学过程中师生就某一问题进行讨论的情况

　　　5.4%(100)　19.8%(367)　48.5%(898)　14.8%(274)　11.5%(213)

1.3　老师有意识地启发学生创造性思维与情感的情况

　　　6.9%(128)　19.5%(361)　56.3%(1043)　11.9%(220)　5.4%(100)

1.4　老师尊重学生的个性，做到因材施教

　　　7.1%(131)　11.7%(217)　9.8%(181)　20.8%(385)　50.6%(938)

1.5　同学之间相互讨论、相互激发的情况

　　　4.0%(74)　10.9%(202)　20.7%(387)　48.6%(900)　15.6%(289)

1.6　专业课程中针对某一问题进行调查探究的情况

　　　12.4%(230)　16.8%(311)　18.7%(346)　30.5%(565)　21.6%(400)

1.7　本科学习阶段能够接触到真实的设计项目的情况（和第一个问题的第三个选项有关）

　　　3.8%(70)　3.2%(59)　7.9%(146)　14.6%(270)　70.6%(1307)

1.8　课程中学生展示、表达自己的情况

　　　2.6%(48)　10.5%(194)　72.5%(1343)　9.8%(181)　4.6%(86)

1.9 课程的过程丰富、生动、充实

　　　　　　6.0%（111）　12.2%（226）　24.3%（450）　45.7%（846）　11.8%（219）

1.10 课程过程中知识能够得到很好的巩固

　　　　　　10.7%（198）　18.5%（343）　19.2%（356）　15.8%（293）　35.7%（662）

2. 通过大学的学习，你的收获是什么，请表态打"√"

　　　　　5 非常同意　　4 比较同意　　3 说不清　　2 不太同意　　1 非常不同意

2.1 专业技能得到了提高

　　　　　52.4%（970）　30.5%（565）　9.8%（181）　5.3%（98）　2.1%（38）

2.2 研究能力得到了提高

　　　　　3.8%（70）　5.6%（104）　27.9%（517）　35.6%（659）　27.1%（502）

2.3 沟通、表达的能力得到提高

　　　　　20.9%（387）　21.6%（400）　33.5%（620）　16.8%（311）　7.2%（134）

2.4 创造性得到了提高

　　　　　25.6%（474）　19.8%（367）　30.6%（567）　15.6%（289）　8.4%（155）

2.5 开阔了视野，提高了人生理想的目标

　　　　　16.4%（304）　23.3%（432）　41.1%（761）　17.6%（326）　1.6%（29）

2.6 对社会知识的了解得到了提高

　　　　　10.0%（185）　26.9%（498）　35.2%（652）　14.6%（270）　13.3%（247）

2.7 分析、解决生活中的问题能力得到了提高

　　　　　9.7%（180）　20.6%（382）　16.8%（311）　51.6%（956）　1.2%（23）

2.8 人文素养、艺术素养、专业能力都得到了提高

　　　　　6.8%（126）　16.2%（300）　45.6%（845）　16.9%（313）　14.5%（268）

3. 对于老师和你们的关系（看主流），请表态打"√"

　　　　　5 非常同意　　4 比较同意　　3 说不清　　2 比较不同意　1 非常不同意

3.1 老师是知识的权威，他要求同学们听他的

　　　　　17.9%（332）　52.9%（980）　15.2%（282）　10.6%（196）　3.3%（62）

3.2 老师与同学们比较平等地探讨问题，他懂得倾听学生个人的见解

　　　　　9.5%（176）　25.6%（474）　33.6%（622）　19.8%（367）　11.5%（213）

3.3 老师与同学们既很平等又懂得引导同学们，他在师生关系中是"平等中的首席"

　　　　　9.0%（167）　11.2%（207）　23.7%（439）　36.8%（682）　19.3%（357）

3.4 同学们是知识的创造者

        2.6%(48)   14.8%(274)   13.6%(252)   23.1%(428)   45.9%(850)

3.5 同学们只是知识的被动的接受者

        19.8%(367)   15.9%(294)   42.9%(795)   17.3%(320)   4.1%(76)

4. 你们觉得大学学习中的缺憾是:

4.1 专业方面＿＿＿＿＿＿＿＿＿＿＿＿＿＿＿＿＿＿＿＿＿＿＿＿＿＿＿＿＿＿

4.2 生活方面＿＿＿＿＿＿＿＿＿＿＿＿＿＿＿＿＿＿＿＿＿＿＿＿＿＿＿＿＿＿

4.3 其他方面＿＿＿＿＿＿＿＿＿＿＿＿＿＿＿＿＿＿＿＿＿＿＿＿＿＿＿＿＿＿

4.4 你认为大学生活各方面比较理想的状况是＿＿＿＿＿＿＿＿＿＿＿＿＿＿＿＿

5. 讲一下你自己吧,请在符合自己情况处打"√"或填空

5.1 你所学的专业＿＿＿＿＿＿＿＿＿＿＿＿＿＿＿＿＿＿＿＿＿＿＿＿＿＿＿＿

5.2 你所处的年级＿＿＿＿＿＿＿＿＿＿＿＿＿＿＿＿＿＿＿＿＿＿＿＿＿＿＿＿

5.3 你所在的学校＿＿＿＿＿＿＿＿＿＿＿＿＿＿＿＿＿＿＿＿＿＿＿＿＿＿＿＿

5.4 学校所在的省份＿＿＿＿＿＿＿＿＿＿＿＿＿＿＿＿＿＿＿＿＿＿＿＿＿＿＿

附录 I　对美国高等学校学生的问卷调查

SURVEY FOR STUDENTS

发放问卷：96 份　回收问卷：91 份　有效问卷：72 份　有效率：79.1%

Hello，this is a project team from Shandong University of Art and Design. We are going to do a survey for the situation of national design curriculum in undergraduate education. Please help us to complete it. We do hope you could do the support. Thanks！

1. Please show your opinion about the teaching methods which were took by your teacher in your study process. Put a "√"at the corresponding _____ .

	5 very much	4 much	3 moderate	2 less	1 much less

1.1　As to knowledge transfer, teacher speak, students listen there.

0(0)	0(0)	23.6%(17)	22.2%(16)	54.2%(39)

1.2　The situation about discussion in the process of teaching.

56.9%(41)	31.7%(21)	13.9%(10)	0(0)	0(0)

1.3　The situation about inspiring the creative thinking and emotion which is intentional by teacher.

52.8%(38)	29.2%(21)	18.1%(13)	0(0)	0(0)

1.4　The teacher could respect students and do teach in accordance with students aptitude.

45.8%(33)	36.1%(26)	18.1%(13)	0(0)	0(0)

1.5　The situation of discussion and inspiration between students.

50.0%(36)	34.7%(25)	15.3%(11)	0(0)	0(0)

1.6　The situation about a further inquiry on a question in major course.

34.7%(25)	30.6%(22)	30.6%(22)	4.2%(3)	0(0)

1.7　The social practice situation of real design project in undergraduate education.

15.3%(11)	33.3%(24)	20.8%(15)	19.4%(14)	11.1%(8)

1.8　The situation about student's presentation and expression in a course.

$\underline{56.9\%(41)}$　$\underline{43.1\%(31)}$　$\underline{0(0)}$　$\underline{0(0)}$　$\underline{0(0)}$

1.9　The process of a course being galore, vibrant, and substantial.

$\underline{23.6\%(17)}$　$\underline{34.7\%(25)}$　$\underline{30.6\%(22)}$　$\underline{11.1\%(8)}$　$\underline{0(0)}$

1.10　The knowledge could be reinforced in the process of the class.

$\underline{33.3\%(24)}$　$\underline{23.6\%(17)}$　$\underline{22.2\%(16)}$　$\underline{15.3\%(11)}$　$\underline{5.6\%(4)}$

2.　What is your harvest through your college study, please tell us your opinion by put a "√" at corresponding place.

　　5 totally agree　　4 agree　　3 hard to say　　2 not much agree　　1 totally not agree

2.1　Made progress on professional skills

$\underline{45.8\%(33)}$　$\underline{23.6\%(17)}$　$\underline{18.1\%(13)}$　$\underline{9.7\%(7)}$　$\underline{2.8\%(2)}$

2.2　Made progress on study ability

$\underline{22.2\%(16)}$　$\underline{38.9\%(28)}$　$\underline{27.8\%(20)}$　$\underline{9.7\%(7)}$　$\underline{1.4\%(1)}$

2.3　Made progress on communication and expression ability

$\underline{34.7\%(25)}$　$\underline{36.1\%(26)}$　$\underline{22.2\%(16)}$　$\underline{6.9\%(5)}$　$\underline{0(0)}$

2.4　Made progress on creative ability

$\underline{34.7\%(25)}$　$\underline{31.9\%(23)}$　$\underline{25.0\%(18)}$　$\underline{9.7\%(7)}$　$\underline{0(0)}$

2.5　Opened a new prospect in mind and promoted the life target

$\underline{30.6\%(22)}$　$\underline{33.3\%(24)}$　$\underline{29.2\%(21)}$　$\underline{6.9\%(5)}$　$\underline{0(0)}$

2.6　Made progress on social knowledge

$\underline{31.9\%(23)}$　$\underline{36.1\%(26)}$　$\underline{22.2\%(16)}$　$\underline{6.9\%(5)}$　$\underline{2.8\%(2)}$

2.7　Made progress on ability of analysis and adjust the problem of life

$\underline{12.5\%(9)}$　$\underline{22.2\%(16)}$　$\underline{45.8\%(33)}$　$\underline{15.3\%(11)}$　$\underline{4.2\%(3)}$

2.8　Made progress on humanity cultivation, art cultivation, and professional ability

$\underline{25.0\%(18)}$　$\underline{31.9\%(23)}$　$\underline{30.6\%(22)}$　$\underline{9.7\%(7)}$　$\underline{2.8\%(2)}$

3.　What is your opinion as to the relationship between you and your teachers? (Depends on mainstream)

　　5 totally agree　　4 agree　　3 hard to say　　2 not much agree　　1 totally not agree

3.1　Teacher is authority of knowledge, he ask the students follow him

$\underline{0(0)}$　$\underline{9.7\%(7)}$　$\underline{26.4\%(19)}$　$\underline{50.0\%(36)}$　$\underline{13.9(10)}$

3.2　Teacher could discuss questions equally with students, he knows how to respect the personal views

$\underline{45.8\%(33)}$　$\underline{34.7\%(25)}$　$\underline{11.1\%(8)}$　$\underline{8.3\%(6)}$　$\underline{0(0)}$

3.3　Teacher are equal to students but he can also do the instruction, in the relationship he is a "equal chair"

$\underline{34.7\%(25)}$　$\underline{47.2\%(34)}$　$\underline{18.1\%(13)}$　$\underline{0(0)}$　$\underline{0(0)}$

3. 4　Students could create knowledge

　　　　23. 6% (17)　　　31. 9% (23)　　　36. 1% (26)　　　8. 3% (6)　　　　　0(0)

3. 5　Students could only be an accepter of knowledge

　　　　0(0)　　　　　　0(0)　　　　　23. 6% (17)　　　44. 4% (32)　　　31. 9% (23)

4.　What are the basis for evaluate student's works by teacher? Please put a "√" .

4. 1　Aesthetic Perception _____

4. 2　Creative thinking _____

4. 3　Practical significance _____

4. 4　The relationship with student _____

4. 5　Depends on different personal progress, such as one student made a great progress, his score will be high although the work is not good enough. _____

4. 6　Others _____

5.　What is the greatest regret in your college study?

5. 1　professional study _____

5. 2　the life _____

5. 3　others _____

5. 4　what is an ideal situation for college study in your opinion?

_____

6.　Your personal information, please put a "√" at the corresponding place or fill the empty.

6. 1　Gender: male _____ female _____

6. 2　Major: _____

6. 3　Class grade _____

6. 4　Your university _____

6. 5　Province _____

附录 J　美国部分高等学校设计学学科课程的设计

　　对美国高等学校的调查是以分类抽样调查的方式进行的，分类的依据主要是地域的差异和学校类型的不同。基于多元化的培养目标，美国高等学校设计学学科的课程设计形成了各自的特殊性，不同的地方经济和文化环境与学校的不同类型是其主要的影响因素。艺术中心设计学院（Art Center College of Design）、加州艺术学院（California College of the Arts）、罗德岛设计学院（Rhode Island School of Design）、麻省艺术学院（Massachusetts College of Art and Design）、芝加哥艺术学院（School of the Art Institute of Chicago）等学校类型相似，但由于地域经济与文化环境的影响，其人才培养目标与课程设计却存在着较大的区别。西部地区的艺术中心设计学院、加州艺术学院受当地发达的经济环境的影响而重视现实生活中的项目与课程的结合，强调实践性教学；东部地区的麻省艺术学院、罗德岛设计学院则强调课程的学术性，对学生审美能力与创造能力的培养贯穿课程始终。麻省艺术学院平面设计系主任伊丽莎白·蕾丝尼克（Elizabeth Resnick）认为有些商业项目并不利于教学，因为它在一定程度上破坏了课程的学术性。[①] 芝加哥艺术学院的设计教育借助于当地良好的文化、艺术、商业氛围，强调艺术与设计的融通，视觉传达设计系主任约翰·鲍威尔斯（John Bowers）说：
"设计师本身就应当是艺术家，艺术家的创作不也是一种设计吗？艺术家与设计

---

　　① 见：笔者对麻省艺术学院平面设计系主任伊丽莎白·蕾丝尼克（Elizabeth Resnick）的访谈资料，2012-6-11.

师之间不应该存在明确的界限。"①耶鲁大学(Yale University)、伊利诺斯大学芝
加哥分校(University of Illinois at Chicago)、东北大学(Northeastern University)等
综合类大学着眼于学生的全面发展和终生成长而强调其综合素养的培养，课程
设计追求学科的交叉性。伊利诺斯工学院(Illinois Institute of Technology)则倚靠
深厚的理工学科优势将设计教育定位为科学理性的研究性教育。

J. 1　伊利诺斯大学芝加哥分校

伊利诺斯大学芝加哥分校是一所综合性的多学科大学，建筑与艺术学院
(College of Architecture and the Arts)下设设计与艺术学院(School of Art and
Design)，主要专业有艺术教育(art education)、平面设计(graphic design)、工业
设计(industrial design)、电子视觉化(electronic visualization)、动态影像(moving
image)、摄影(Photography)和画室艺术(studio arts)。学生在本科阶段需要学习
三部分课程，第一部分是大学范围的课程，主要是通识教育课程；第二部分是
学院(college)的课程，主要是跨专业选修课程；第三部分是本学院(school)的课
程，主要是核心专业课程。艺术与设计学院秉承本校长期以来所坚持的跨学科
教学理念，认为将大学范畴的多学科资源与芝加哥城市的学习资源充分利用起
来会对培养学生独立的研究能力和问题解决的能力发挥积极的意义。专业教育
以工作室课程为核心课程，培养学生的创造能力和广泛的表现能力，着力培养
其审美观念和批评观念的形成，因为这种素养对学生的艺术与设计生涯至关重
要。

J. 1. 1　平面设计专业美术学士课程体系(BFA in Graphic Design)

学生完成一年的通识课程与基础课程学习之后，需要通过成绩审核和面试
才能分别选择某一专业进行学习。

---

① 笔者对芝加哥艺术学院视觉传达设计系主任约翰·鲍威尔斯(John Bowers)的访谈资
料，2012-5-5.

1. 平面设计专业的通识课程和基础课程（General Education and Foundation Courses for the Graphic Design Program）

课程 Courses[a]	学分 Hours
学术写作 1：应用于学术和公共语境的写作 ENGL 160—Writing1：Writing for Academic and Public Contexts	3
学术写作 2：应用于调查和研究的写作 ENGL 161—Academic Writing2：Writing for Inquiry and Research	3
理解过去的课程 Understanding the Past course[a]	3
分析自然世界的课程 Analyzing the Natural World course[ab]	4
探索世界文化的课程 Exploring World Cultures course[a]	3
理解美国社会的课程 Understanding U. S. Society course[a]	3
艺术史 1 AH 110—Art History1[c]	4
艺术史 2 AH 111—Art History2[c]	4
艺术选修课程 Art Elective	4
总学分——通识教育和基础课程 Total Hours—General Education and Foundation Courses	34

2. 平面设计学位必修课程（Degree Requirements—Graphic Design）

平面设计专业美术学士学位必修课程 BFA in Graphic Design Degree Requirements	学分 Hours
一年级课程 First-Year Program	24
通识课程 General Education and Foundation Courses	33
平面设计专业课程 Graphic Design Major Requirements	66
艺术与设计学院之外的选修课程 Electives outside the School of Art and Design	11
学位课程的总学分 Total Hours—BFA in Graphic Design	134

无论是设计专业还是艺术专业的新生要求在一年级完成对话讨论而获得 1 学分，在其他平面设计课程中完成 13 学分，这主要针对非英语国家的学生而提出口语表达能力的要求，而英语国家的学生只需要完成平面设计专业的 14 学分即可。

3. 大学一年级研讨会学分要求(UIC First Year Dialogue Seminar)

课程 Courses	学分 Hours
一年级对话讨论 CC 120—UIC First Year Dialogue Seminar （只对新生提出的要求） （Required of new freshmen only）	1

4. 平面设计专业课程表(Sample Course Schedule—Graphic Design)

一年级 Freshman Year	
秋季学期 Fall Semester	学分 Hours
设计专题座谈会 DES 110—Design Colloquium	1
2D 形式工作室课程 DES 120—2D Form Studio(S or F)	4
3D 形式工作室课程 DES 130—3D Form Studio(S or F)	4
设计摄影 DES 160—Design Photography(S or F)	4
学术写作 1 ENG 160—Academic Writing1	3
总学分 Total Hours	16
春季学期 Spring Semester	学分 Hours
设计素描 DES 140—Design Drawing(S or F)	4

续表

春季学期 Spring Semester	学分 Hours
数字媒体设计 1 DES 150—Digital Media Design1（S or F）	4
色彩理论 DES 170—Color Theory（S or F）	4
学术写作 2 ENG 161—Academic Writing2	3
一年级对话讨论 CC 120—UIC First Year Dialogue Seminar （只对新生提出的要求） （Required of new freshmen only）	1
总学分 Total Hours	15 ~ 16

二年级
Sophomore Year

秋季学期 Fall Semester	学分 Hours
艺术史 1 AH 110—Art History1	4
文字设计 1：形式 DES 208—Typography1：Form	4
数字媒体设计 2 DES 250—Digital Media Design2	4
形式与图像工作室课程 DES 220—Form and Image Studio	4
总学分 Total Hours	16
春季学期 Spring Semester	学分 Hours
艺术史 2 AH 111—Art History2	4
文字设计 2：系统 DES 209—Typography2：Systems	4

续表

春季学期 Spring Semester	学分 Hours
数字媒体设计 3 DES 251—Digital Media Design3	4
理解自身与社会的课程 Understanding the Individual and Society course	3
综合选修课程 General Elective	3
总学分 Total Hours	18

三年级
Junior Year

秋季学期 Fall Semester	学分 Hours
设计史 1 DES 235—History of Design1	3
文字设计 3：维度 DES 318—Typography3：Dimension	4
数字媒体设计 4 DES 350—Digital Media Design4	4
综合选修课程 General Elective	4
理解过去的课程 Understanding the Past course	3
总学分 Total Hours	18
春季学期 Spring Semester	学分 Hours
设计史 DES 236—History of Design	3
文字设计 4：表现 DES 319—Typography4：Expression	4
选修课 DES Elective	4

续表

春季学期 Spring Semester	学分 Hours
分析自然世界课程 Analyzing the Natural World course	4
综合选修课程 General Elective	3
总学分 Total Hours	18

四年级
Senior Year

秋季学期 Fall Semester	学分 Hours
四年级设计研讨会 1 DES 410—Senior Design Colloquium1	1
平面设计论文 1 DES 480—Graphic Design Thesis1	4
设计实践途径(选择下列其一) Professional Practice Track(select one)	4
专业实践项目 1 DES 420—Professional Practice Project1	
交叉学科产品开发 1 DES 430—Interdisciplinary Product Development1	
设计思维与领导力 1 DES 440—Design Thinking + Leadership1	
信息美学 1 DES 452—Informational Aesthetics1	
综合选修课程 General Elective	4
探索世界文化课程 Exploring World Cultures course	3
总学分 Total Hours	16

续表

春季学期 Spring Semester	学分 Hours
四年级设计研讨会2 DES 411—Senior Design Colloquium2	1
平面设计论文2 DES 481—Graphic Design Thesis2	4
专业实践途径(选择下列其一) Professional Practice Track(select one)	4
专业实践项目2 DES 421—Professional Practice Project2	
跨学科产品开发2 DES 431—Interdisciplinary Product Development2	
设计思维与领导力2 DES 441—Design Thinking + Leadership2	
信息美学2 DES 453—Informational Aesthetics2	
艺术选修课程 ART Elective	4
理解美国社会课程 Understanding U. S. Society course	3
总学分 Total Hours	16

J.1.2 工业设计专业美术学士课程体系(BFA in Industrial Design)

一年级课程要求与平面设计专业相同。

1. 工业设计专业学位必修课程(Degree Requirements—Industrial Design)

工业设计专业美术学士学位必修课程 BFA in Industrial Design Degree Requirements	学分 Hours
一年级项目 First-Year Program	24
通识教育必修课程 General Education Requirements	33
工业设计专业必修课程 Industrial Design Major Requirements	66

续表

工业设计专业美术学士学位必修课程 BFA in Industrial Design Degree Requirements	学分 Hours
艺术与设计学院之外的选修课程 Electives outside the School of Art and Design	11
工业设计专业美术学士总学分 Total Hours—BFA in Industrial Design	134

2. 工业设计专业课程表(Sample Course Schedule—Industrial Design)

一年级
Freshman Year

秋季学期 Fall Semester	学分 Hours
设计研讨会 DES 110—Design Colloquium	1
形式工作室课程 DES 120—2D Form Studio(S or F)	4
形式工作室课程 DES 130—3D Form Studio(S or F)	4
设计摄影 DES 160—Design Photography(S or F)	4
学术写作1：应用于学术与公共语境中的写作 ENG 160—Academic Writing1：Writing for Academic and Public Contexts	3
总学分 Total Hours	16
春季学期 Spring Semester	学分 Hours
设计素描 DES 140—Design Drawing(S or F)	4
数字媒体设计1 DES 150—Digital Media Design1(S or F)	4
色彩理论 DES 170—Color Theory(S or F)	4
学术写作2：应用于调查与研究的写作 ENG 161—Academic Writing2：Writing for Inquiry and Research	3

续表

春季学期 Spring Semester	学分 Hours
大学要求的一年级对话讨论课程 CC 120—UIC First Year Dialogue Seminar （仅对非英语国家新生的要求） （Required of new freshmen only）	1
总学分 Total Hours	15 ~ 16

秋季学期 Fall Semester	学分 Hours
设计专题座谈会 DES 110—Design Colloquium	1
2D 形式的工作室课程 DES 120—2D Form Studio（S or F）	4
3D 形式的工作室课程 DES 130—3D Form Studio（S or F）	4
设计摄影 DES 160—Design Photography（S or F）	4
学术写作 1：应用于学术和公共语境中的写作 ENG 160—Academic Writing1：Writing for Academic and Public Contexts	3
总学分 Total Hours	16

二年级
Sophomore Year

秋季学期 Fall Semester	学分 Hours
艺术史 1 AH 110—Art History1	4
工业设计 2 DES 230—Industrial Design2	4
设计中的人的体验 DES 222—Human Experience in Design	4
视觉化 1 DES 240—Visualization1	4
总学分 Total Hours	16

续表

春季学期 Spring Semester	学分 Hours
艺术史 2 AH 111—Art History2	4
工业设计 3 DES 231—Industrial Design3	4
视觉化 2 DES 241—Visualization2	4
理解自身与社会的课程 Understanding the Individual and Society course	3
选修课程 Elective	3
总学分 Total Hours	18

三年级
Junior Year

秋季学期 Fall Semester	Hours
设计史 1 DES 235—History of Design1	3
工业设计 4 DES 330—Industrial Design4	4
材料与运用方法 DES 326—Materials and Methods	4
综合选修 General Elective	3
分析自然世界 Analyzing the Natural World	4
总学分 Total Hours	18
春季学期 Spring Semester	Hours
设计史 2 DES 236—History of Design2	3
工业设计 5 DES 331—Industrial Design5	4

续表

春季学期 Spring Semester	学分 Hours
设计研究方法 DES 322—Design Research Methods	4
设计专业选修 DES Elective	4
理解过去课程 Understanding the Past course	3
总学分 Total Hours	18

四年级
Senior Year

秋季学期 Fall Semester	学分 Hours
四年级设计研讨会 1 DES 410—Senior Design Colloquium1	1
工业设计论文 1 DES 470—Industrial Design Thesis1	4
专业实践途径(选择其一) Professional Practice Track(select one)	4
专业实践项目 1 DES 420—Professional Practice Project1	
交叉学科产品开发 1 DES 430—Interdisciplinary Product Development1	
设计思维与领导力 1 DES 440—Design Think + Leadership1	
信息美学 1 DES 452—Informational Aesthetics1	
探索世界文化课程 Exploring World Cultures course	3
综合选修 General Elective	4
总学分 Total Hours	16

续表

春季学期 Spring Semester	学分 Hours
四年级设计研讨会 2 DES 411—Senior Design Colloquium2	1
工业设计论文 2 DES 471—Industrial Design Thesis2	4
专业实践途径(选择其一) Professional Practice Track(select one)	4
专业实践项目 2 DES 421—Professional Practice Project2	
交叉学科产品开发 2 DES 431—Interdisciplinary Product Development2	
设计思维与领导力 2 DES 441—Design Thinking + Leadership2	
信息美学 2 DES 453— Informational Aesthetics2	
理解美国社会课程 Understanding U. S. Society course	3
综合选修课程 General Elective	4
总学分 Total Hours	16

J.1.3　电子视觉化专业美术学士课程体系(BFA in Electronic Visualization)

一年级课程要求与平面设计专业相同。

1. 电子视觉化学位必修课程(Degree Requirements—Electronic Visualization)

电子视觉化专业美术学士学位必修课程 BFA in Electronic Visualization Degree Requirements	学分 Hours
一年级课程 First-Year Program	24
通识教育和基础课程 General Education and Foundation Courses	33
电子视觉化专业必修课程 Electronic Visualization Major Requirements	66

续表

电子视觉化专业美术学士学位必修课程 BFA in Electronic Visualization Degree Requirements	学分 Hours
艺术与设计学院之外的选修课程 Electives outside the School of Art and Design	11
电子视觉化专业美术学士总学分 Total Hours—BFA in Electronic Visualization	134

2. 艺术与设计学院之外的选修课程(Electives outside the School of Art and Design)

课程 Courses	学分 Hours
艺术与设计学院之外的选修课程的总学分 Total Hours—Electives outside the School of Art and Design	11

3. 电子视觉化专业课程表(Sample Course Schedule—Electronic Visualization)

一年级
Freshman Year

秋季学期 Fall Semester	学分 Hours
素描 I 或平面设计 1 AD 102—Drawing1 OR AD 110—Graphic Design1	4
工业设计 1 或雕塑 1 AD 120—Industrial Design1 OR AD 140—Sculpture1	4
摄影 1 或基于时间的视觉艺术 AD 160—Photography1 OR AD 170—Time-Based Visual Arts	4
学术写作 1：应用于学术和公共语境中的写作 ENGL 160—Academic Writing 1：Writing for Academic and Public Contexts	3
总学分 Total Hours	15

续表

秋季学期 Fall Semester	学分 Hours
素描 1 或平面设计 1 AD 102—Drawing1 OR AD 110—Graphic Design1	4
工业设计 1 或雕塑 1 AD 120—Industrial Design1 OR AD 140—Sculpture1	4
摄影 1 或基于时间的视觉艺术 AD 160—Photography1 OR AD 170—Time-Based Visual Arts	4
学术写作 1：应用于学术和公共语境中的写作 ENGL 160—Academic Writing1：Writing for Academic and Public Contexts	3
总学分 Total Hours	15
春季学期 Spring Semester	学分 Hours
素描 1 或平面设计 1 AD 102—Drawing1 OR AD 110—Graphic Design1	4
工业设计 1 或雕塑 1 AD 120—Industrial Design1 OR AD 140—Sculpture1	4
摄影 1 或基于时间的视觉艺术 AD 160—Photography1 OR AD 170—Time-Based Visual Arts	4
学术写作 2：应用于调查与研究的写作 ENGL 161—Academic Writing2：Writing for Inquiry and Research	3
通识教育核心课程 General Education Core course	3
总学分 Total Hours	18

续表

二年级 Sophomore Year	
秋季学期 Fall Semester	学分 Hours
计算机图形概述 AD 205—Introduction to Computer Graphics	4
艺术史 1 AH 110—Art History1	4
选修课程 AD Elective	4
综合选修核心课程 General Education Core course(recommend COMM 103)	3
选修课程 Elective(recommend CS 101)	3
总学分 Total Hours	18
春季学期 Spring Semester	学分 Hours
交互媒体计算机图形 AD 206—Intermediate Computer Graphics	4
艺术史 2 AH 111—Art History2	4
通识教育核心课程 General Education Core course(recommend MATH 180)	5
选修课程 Elective(recommend CS 102)	3
通识教育核心课程 General Education Core course	2
总学分 Total Hours	18

续表

三年级 Junior Year	
秋季学期 Fall Semester	学分 Hours
3D 模型制作：混合 AD 308—3-D Modeling：Alias	4
交互产品设计 1 或艺术与设计选修课程 AD 322—Interactive Product Design1 OR AD Elective	4
电子视觉化 1 AD 305—Electronic Visualization1	4
选修课程 Elective(recommend MCS 360)	3
综合选修课程 General Education Core course	3
总学分 Total Hours	18
春季课程 Spring Semester	学分 Hours
高级 3D 模型/动画 AD 309—Advanced 3-D Modeling/Animation	4
设计视觉化或艺术与设计选修 AD 425—Design Visualization OR AD elective	4
电子视觉化 2 AD 307—Electronic Visualization2	4
选修课程 Elective(recommend MATH 181)	5
总学分 Total Hours	17

续表

四年级 Senior Year	
秋季学期 Fall Semester	学分 Hours
智能艺术：物理计算 AD 405—Smart Art：Physical Computing	4
虚拟现实 1 AD 407—Virtual Reality1	4
专业课程 AH Major	3
选修课程 AD Elective	4
总学分 Total Hours	15
春季学期 Spring Semester	学分 Hours
虚拟现实 2 AD 408—Virtual Reality2	4
电子视觉化：四年级项目 AD 409—Electronic Visualization：Senior Project	4
设计研讨会 AD 415—Design Colloquium	4
专业课程 AH Major	3
总学分 Total Hours	15

J.2　艺术中心设计学院

　　艺术中心设计学院注重社会资源的建立和利用，使学校的教学活动与设计界的实践课题交叉融合。首先，学校与环球电影公司、现代汽车公司、索尼公司、迪士尼公司、诺基亚公司、宝马汽车制造公司、奥迪汽车制造公司等众多的国际著名企业或品牌建立了长期的合作关系，一方面将这些企业的设计项目引入到日常教学中以促进本校的实践教学，另一方面又为这些企业培养大量的设计人才；其次，该校充分利用洛杉矶良好的文化、艺术与经济资源，培养学生在城市环境中从事社会实践的能力；再者，该校将毕业生作为重要的教学资源而与之保持着密切的联系，优秀毕业生经常受邀回母校与学生交流，举办讲座、参与毕业设计作品的研讨、担任兼职教师等。这些措施为学校将办学定位确立为高端的职业教育创造了条件。该校录取的学生具备良好的专业基础，其中50%的学生已经获得学士学位，而到该校学习是进一步提高专业能力以为今后的职业生涯做准备。

　　虽然该校是专业性较强的设计学院，但为了培养学生完善的知识结构，学校在开展实践项目中通过由不同学科知识背景的成员组建项目团队而促进跨学科教学。产品设计、交通工具设计专业的项目团队常常由企业中的工程师与在校学生组成，使学生在团队合作中学习工程、结构、加工工艺、材料、动力等工学、理学知识，所以该校交通工具设计、产品设计、环境设计等专业授予本科毕业生科学学士（bachelor of science，BS）学位，而平面设计、插图、广告等专业授予艺术学士（bachelor of art，BA）学位。据交通工具设计专业主任杰夫·瓦德尔（Geoff Wardle）介绍，学习交通工具设计、产品设计、环境设计等专业的学生需要以科学思维或者科学思维与艺术思维相结合的方式来思考、解决专业问题，不应仅仅以艺术思维来思考设计表现而忽略工程技术、材料、动力、结构等科学问题，上述专业的教学应当时刻注意把握这样的方向。这也是 BS 的由来。

　　与其他学校本科教育相同专业的课程体系设计相比较，该校专业课程体系的突出特点在于对实践教学的强调。由于学生具备良好的专业基础，所以基础课程的授课时间缩短或者省略而使学生尽早地进入到专业课程的学习阶段，专业课程随时间的推进而逐渐深入和拓展，形成螺旋式课程结构，到三四年级，专业课程的深度与广度超越了其他学校的同类课程。

以下是产品设计、环境设计与交通工具设计专业的课程设计。

J.2.1 产品设计专业科学学士学位课程体系(BS in Product Design)

学期 Term	课程编号 Course Number	课程 Course	学分 Hours
第一学期 Term1	IDF-105	产品设计1：形式与空间 Product Design 1：From & Space	3
	FDN-112	设计基础1 Design Fundamentals 1	3
	IDF-102	视觉传达原理1 Viscomm Fundamentals 1	3
	IDF-103	3D 基础1 3D Fundamentals 1	3
	IDF-112	模型学习 Study Models	2
	IDF-114	事物的工作方式 Way Things Work	2
	HMN-100	工作室写作或者 Writing Studio OR	
	HMN-101	高强度工作室写作 Writing Studio Intensive	3
第二学期 Term2	IDF-151	产品设计2：功能 Product Design 2：Function	3
	FND-165	设计基础2 Design Fundamentals 2	3
	IDF-152	视觉传达基础2 Viscomm Fundamentals 2	3
	IDF-153	3D 基础2 3D Fundamentals 2	3
	PRP-201	调研的艺术 Art of Research	3
	CGR-101	数码设计 Digital Design	3

续表

学期 Term	课程编号 Course Number	课程 Course	学分 Hours
第三学期 Term3	PRD-212	产品设计 3：程序 Product Design 3：Process	3
	PRD-104	工业设计形式语言 ID From Language	3
	PRD-202	视觉传达 3 Visual Communication 3	3
	FND-201	快速原型设计 Rapid Prototyping	3
	CUL-214	工业设计史 History of Industrial Design	3
	CUL-220	现代主义概论 Intro to Modernism	3
	PRD-200	第三学期评审 3rd Term Review	0
第四学期 Term4	PRD-215	产品设计 4：概念 Product Design 4：Concept	3
	PRD-264	ID Graphics 工业设计图形	3
	PRD-252	视觉传达 4 Visual Communication 4	3
	PRD-255	固态模型制作 Solid Modeling	3
	MAT-206	材料与方法 Material & Methods	3
第五学期 Term5	PRD-253	产品设计 5：交互设计 Product Design 5：Interaction	3
	PRD-317	工业设计界面设计 ID Interface Design	3
	PRD-404	工业设计研究 Industrial Design Research	3
	PRD-302	视觉传达 5 Visual Communication 5	3
	PRD-301	实习作品集 Internship Portfolio	2
	MAT-313	可持续性设计 Design for Sustainability	3

续表

学期 Term	课程编号 Course Number	课程 Course	学分 Hours
第六学期 * Term6 *	PRD-404	产品设计6：可持续性 Product Design 6：Sustainability	3
	PRD-356	工业设计深入理解 ID Insights	3
	PRD-350	设计实务 The Business of Design	3
	HMN-202	人类因素与设计心理 Human Factors & Design Psych	3
	PRD-350	第六学期评审 6th Term Review	0
第七学期 * Term7 *	PRD-426	产品设计7：品牌 Product Design 7：Branding	3
	TDS	跨学科工作室 Transdisciplinary Studio	3
	PRP-351	职业性设计实践 The Design Professional	3
第八学期 * Term8 *	PRD-455	产品设计8：毕业设计项目 Product Design 8：Senior Projects	3
	PRD-461	工业设计领导力 ID Leadership	3
	PRD-454	作品集设计与毕业展评审 Portfolio Graduate Show Review	3

另外必要的人文学科与设计科学选修课程学分
Additional required elective units in Humanities and Design Sciences

人文学科选修课程 Human Electives	3
文化选修课程 Culture Electives	6
材料环境选修课程 Material Environment Electives	3
专业选修课程 Professional Practice Electives	3

续表

学期 Term	课程编号 Course Number	课程 Course	学分 Hours
工作室的选修课程学分 Studio Elective Units			12
必修课程总学分 Total Required Units			144

＊为满足工作室的需要工作室选修课程将加入到课程表中
＊Studio electives will be added to Schedule to meet studio requirements

关键选修：
Key Electives：
创意策略
Creative Strategies
玩具设计
Toy Design

J.2.2　环境设计专业科学学士学位课程体系（BS in Environmental Design）

学期 Term	课程编号 Course Number	课程 Course	学分 Hours
第一学期 Term1	ENV-102	环境设计 1 Environmental Design 1	3
	ENV-101	数字设计方法 1 Digital Process 1	3
	ENV-235	视觉传达 1 Visual Communication	3
	ENV-103	设计实验室课程 1 Design Lab 1	3
	ENV-104	材料与制作 Materials and Making	3
	HMN-100	写作工作室课程或者 Writing Studio OR	
	HMN-101	高强度的写作工作室课程 Writing Studio Intensive	3

续表

学期 Term	课程编号 Course Number	课程 Course	学分 Hours
第二学期 Term2	ENV-152	环境设计 2 Environmental Design 2	3
	ENV-151	数字设计方法 2 Digital Process 2	3
	ENV-265	视觉传达 2 Visual Communication 2	3
	ENV-153	设计实验室课程 2 Design Lab 2	3
	PRP-229	品牌策略 Branding Strategies	3
	PRP-201	研究的艺术或者 Art of Research OR	
	PRP-200	调研的艺术 Art of Research	3
第三学期 Term3	ENV-202	环境设计 3 Environmental Design 3	3
	ENV-201	数字设计方法 3 Digital Process 3	3
	ENV-203	设计实验室课程 3 Design Lab 3	3
	CUL-220	现代主义概论 Intro to Modernism	3
	MAT-203	照明：采光 Illumination：Lighting	3
	CUL-206	空间的历史与理论 History & Theory of Space	3

续表

学期 Term	课程编号 Course Number	课程 Course	学分 Hours
第四学期 Term4	ENV-252	环境设计 4 Environmental Design 4	3
	ENV-253	构造室内建筑 Structure Interior Arch	3
	ENV-271	设计实验室课程 4 Design Lab 4	3
	ENV-251	数字设计方法 4 Digital Process 4	3
	MAT-205	结构理论 Theory of Structure	3
	HMN-202	人类因素与设计心理 Human Factors & Design Psych	3
	ENV-250	第四学期评审 4th Term Review	0
第五学期 Term5	ENV-254	可持续发展工作室课程 Sustainability Studio	3
	ENV-302	作品集工作室课程 Portfolio Studio	3
	TDS	跨学科工作室课程 Transdisciplinary Studio	3
	MAT-313	可持续发展设计 Design for Sustainability	3
	CUL-341	空间的历史与理论 2 History & Theory of Space 2	3
	ENV-310	主题工作室课程 Topic Studio	3

续表

学期 Term	课程编号 Course Number	课程 Course	学分 Hours
第六学期* Term6 *	ENV-352	体验设计 Experience Design	3
	ENV-310	主题工作室课程 Topic Studio	3
	ENV-311	数字设计方法5 Digital Process 5	3
第七学期* Term7 *	ENV-404	毕业设计项目：项目开发 Degree Project：Development	3
	ENV-310	主题工作室课程 Topic Studio	6
	TDS	跨学科工作室课程 Transdisciplinary Studio	3
第八学期* Term8 *	ENV-453	毕业设计项目：工作室项目 Degree Project：Studio	3
	ENV-452	作品集与展示 Portfolio & Presentation	3

另外必要的人文学科与设计科学选修课程学分
Additional required elective units in Humanities and Design Sciences

人文学科选修课程 Human Electives	3
文化选修课程 Culture Electives	3
材料环境选修课程 Material Environment Electives	6
专业实践选修课程 Professional Practice Electives	3
工作室选修课程学分 Studio Elective Units	12
必须完成的总学分 Total Required Units	144
*如有需要可添加工作室选修课 * Studio electives will be added to Schedule to meet studio requirements	

J.2.3 交通工具设计专业科学学士学位课程体系（BS in Environmental Design）

学期 Term	课程编号 Course Number	课程 Course	学分 Hours
第一学期 Term1	HMN-100	写作工作室课程或者 Writing Studio OR	
	HMN-101	高强度的写作工作室课程 Writing Studio Intensive	3
	FND-112	设计原理1 Design Fundamentals 1	3
	IDF-105	设计程序1：形式 Design Process 1：Form	2
	IDF-107	设计程序1：空间 Design Process 1：Space	2
	IDF-102	视觉原理1 Visual Fundamentals 1	3
	IDF-112	学习模型制作 Study Models	3
	IDF-114	事物的工作方式 Way Things Work	1
	IDF-103	3D设计原理1 3D Fundamentals 1	3
	IDF-106	事物（汽车等）观看的方式 Way Things Look	1
第二学期 Term2	PRP-201	研究的艺术或者 Art of Research OR	3
	PRP-201	研究的艺术 Art of Research	3
	ENV-265	数字设计 Digital Design	3
	FND-165	设计原理2 Design Fundamentals 2	3
	IDF-151	设计程序2 Design Process 2	3
	IDF-152	视觉传达原理2 Visual Communication Fundamentals 2	3
	IDF-153	3D设计原理2 3D Fundamentals 2	3

学期 Term	课程编号 Course Number	课程 Course	学分 Hours
第三学期 Term3	CUR-220	现代主义概论 Intro to Modernism	3
	HMN-202	人类因素与设计心理 Human Factors & Design Psych	3
	TRN-210	汽车设计3：交通工具结构研究 Auto Design 3：Vehicle Architecture	3
	TRN-211	汽车设计3：交通工具外观设计 Auto Design 3：Exterior Design	3
	TRN-212	汽车设计3：交通工具内部设计 Auto Design 3：Interior Design	3
	TRN-213	汽车设计3：交通工具制造工艺 Auto Design 3：Vehicle Technology	3
	TRN-215	视觉原理3 Visual Fundamentals 3	3
	TRN-249	第三学期评审 3rd Term Review	0
第四学期 Term4	CUL-210	汽车设计史 Hist of Auto Design	3
	TRN-272	汽车设计4：交通工具结构研究 Auto Des 4：Vehicle Architecture	3
	TRN-270	汽车设计4：交通工具外观设计 Auto Design 4：Exterior Design	3
	TRN-271	汽车设计4：交通工具内部设计 Auto Design 4：Interior Design	3
	TRN-273	汽车设计4：交通工具制造工艺 Auto Design 4：Vehicle Technology	3
	TRN-252	视觉设计原理4 Visual Fundamentals 4	3
	TRN-320	3D物理原理4 3D Physical 4	3
	TRN-321	3D数字设计4 3D Digital 4	3

续表

学期 Term	课程编号 Course Number	课程 Course	学分 Hours
第五学期 Term5	MAT-200	汽车工程学 Auto Engineering	3
	MAT-206	材料与方法1 Materials & Methods 1	3
	TRN-306	视觉原理5 Visual Fundamentals 5	3
	TRN-354	移动性设计1 Mobility Design 1	3
	TRN-355	移动性设计2 Mobility Design 2	2
	TRN-421	3D数字设计5 3D Digital 5	3
	TRN-349	第5学期评审 5th Term Review	0
第六学期* Term 6 *	TRN-352	视觉设计原理6 Visual Fundamentals 6	3
	TRN-330	汽车设计6：交通工具内部设计 Auto Design 6：Interior Design	3
	TRN-331	汽车设计6：交通工具外观设计 Auto Design 6：Exterior Design	3
	PRP-350	设计管理1 Design Management 1	
第七学期* Term7 *	TRN-402	汽车产品计划 Auto Product Planning	3
	TRN-406	视觉设计原理7 Visual Fundamentals 7	3
	TRN-413	交通工具设计工作室课程 Trans Design Studio 7	3
	TRN-449	第7学期评审 7th Term Review	0

续表

学期 Term	课程编号 Course Number	课程 Course	学分 Hours
第八学期* Term8*	TRN-466	交通工具设计8：内部设计 Trans Design 8：Interior Design	3
	TRN-467	交通工具设计8：外观设计 Design 8：Exterior Design	3
另外必要的人文学科与设计科学选修课程学分 Additional required elective units in Humanities and Design Sciences			
人文学科选修课程 Human Electives			3
文化选修课程 Culture Electives			3
材料环境选修课程 Material Environment Electives			6
专业实践选修课程 Professional Practice Electives			3
工作室选修课程学分 Studio Elective Units			12
必须完成的总学分 Total Required Units			144

*如有需要可添加工作室选修课
*Studio electives will be added to Schedule to meet studio requirements

J.3 伊利诺斯工学院

伊利诺斯工学院是一所有着深厚的理学与工学学科资源的多学科高等学校，教职员工与学生来自世界各地，他们具有多样化的文化和观念，在多元文化交融与互动中激发每一个人的创造潜能一直是这所学校所追求的教育宗旨。

伊利诺斯工学院的设计学院（Institute of Design）由莫霍利-纳吉（Moholy Nagy）创办的"新包豪斯"设计学校发展而来，20世纪30年代至90年代初期主要从事设计学学科的本科教育，90年代中后期至今则主要致力于硕士与博士阶段的研究生教育。2010年之前，该学院的设计学硕士教育划分为平面设计、工业设计与交互设计三个专业，现今不再有专业的划分，而是以设计方法与设计知识为核心构建了设计系统研究、用户研究、传播设计研究、原型设计研究、交互设计研究、设计战略研究等跨学科研究方向，使设计学与商学、管理学在交叉中相互借鉴，从而促进彼此的发展。设计学院授予设计硕士（Master of Design，MD）学位、设计方法硕士（Master of Design Method，MDM）学位、设计与工商管理双硕士（Master of Design and Master of Business Management，MD/MBA）学位。

J.3.1 设计硕士学位课程（Master of Design，MD）

设计硕士的学制为两年或三年，50%的学生来自设计专业的本科毕业生，两年完成学业；另有50%的学生则具有商学、工程学、人文科学、建筑学等专业的本科学习经历，需要学习为期一年的设计专业的基础课程，三年完成学业。设计硕士的课程以用户研究为核心而学习有关在特定的语境中观察理解用户、分析复杂的信息、探索问题解决的多种方案、原型设计和产品创新等知识。

1. 设计硕士学位课程总表（MDes Degree Schedule）

时间 Time	课程 Curriculum	学分 Hours
	基础课程* Foundation	30
夏季学期 Summer	实习期/研究项目 Internship / Research Projects	
	主干课程 Main Program	
一年级 Year One	设计硕士专业课程 MDes	54
夏季学期 Summer	实习期/研究项目 Internship / Research Projects	
二年级 Year Two	继续研究 Continuing Studies	
Summer		

*基础课程主要针对来自于商学院、工程学院、文学院等没有设计专业本科教育基础的研究生而开设的为期两个学期的概论性课程。

2. 设计硕士学位课程表（Design Master：List of Courses）

时间 Time	课程 Curriculum	学分 Hours
	基础课程 Foundations	
第一学期 First Semester	设计1 Graduate Intro to Design 1	3
	传播设计1 Graduate Intro to Communication Design 1	4
	产品设计1 Graduate Intro to Product Design 1	4
	摄影 Graduate Intro To Photography	4
第二学期 Second Semester	设计2 Graduate Intro to Design 2	3
	传播设计2 Graduate Intro to Communication Design 2	4
	产品设计2 Graduate Intro to Product Design 2	4
	数字媒体 Graduate Intro To Digital Media	4
必修课程 Required Courses	观察用户 Observing Users 该课程介绍一种设计中观察的和人种志的研究方法。人种志的方法是应用于野外的帮助研究者更加深入地理解人们生活中的日常活动的研究方法。另言之，这种研究的目的是使研究者们理解人们究竟在做些什么，而不是他们说他们在做些什么。在设计领域，还有另外一个目标，即倡导一种人们在现实生活中做事的实践性方式的改变，而不是仅仅作理论研究。这种方法的应用帮助设计者们进行项目研究并帮助顾客、客户或者服务企业获得他们所需要的专业性的解决问题的设计方案。	2
	设计分析 Design Analysis 着眼于问题的界定、描述和分析研究范畴的设计方法研究。主题包括以图表表现工作程序和组织的描述方法、语义差异法、手段与结果分析和形态分析。	1.5
	设计计划 Design Planning 将学生引导进设计计划的语境，包括关于对设计组织产生综合影响力诸如竞争、技术开发、信息渠道、产品销售和对于谁会应用设计进行理解等各个方面的讨论，应当给予特别重视的是，在这些综合影响力所形成的语境中设计如何能够使一个组织获益。	1.5

续表

时间 Time	课程 Curriculum	学分 Hours
推荐课程 Recommended Courses	**问题构架** **Problem Framing** 该课程提供一种实践性的框架和方法来帮助设计者准确地构架设计方面的问题；一个适当的问题框架应当找到问题的根本原因所在，而不仅仅是问题的症状。该课程还提供相应的手段和方法以保证学生获得适当的研究范畴的资源以应用于问题的解决。	1.5
	理解语境 **Understanding Context** 理解一个富有挑战性的系统性的具体设计问题的语境是获得具有深刻见解和切实可行的解决方案的关键。该课程将使学生设法解决企业在设计创新过程中所输入的诸多变量时而提高其批判性思维的能力，课程内容包括基础性论证概论、第二阶段的研究和基于团队合作的讨论方法。	3
	设计综合 **Design Synthesis** 一种以激发创造性和概念开发为目标的设计调查方法。主题包括形态学综合，一种广泛的激发各种各样的创造性的技术，类比法和其他团队创造性过程。	1.5
	原型制作方法 **Prototyping Methods**	1.5
	设计传播 **Design Communication**	1.5
	高级设计传播 **Advanced Design Communication** 这一课程研究传播理论，包括传统的和当代的传播理论，寻求回答这样的问题："这种理论是怎样应用于我们的传播工作的？"我们研究 80 年的社会科学、控制论和修辞学传统理论不断地调整着自身而在其应用于设计时发挥着最佳的作用。	1.5
	策划文案 **Portfolio Planning** 该课程阐述一种系统地论述新产品开发的原理和方法，尤其强调项目计划和关于所有设计战略和方法的组织之间的关系。	1.5

续表

时间 Time	课程 Curriculum	学分 Hours
工作坊课程 Workshop Classes	产品设计工作坊 Product Design Workshop	2
	高级产品设计工作坊 Advanced Product Design Workshop	4
	规划工作坊 Planning Workshop	2
	高级规划工作坊 Advanced Planning Workshop	4
	交互工作坊 Interaction Workshop	2
	高级交互工作坊 Advanced Interaction Workshop	4
	传播设计工作坊 Communication Workshop	2
	高级传播设计工作坊 Advanced Communication Workshop	4
	系统工作坊 Systems Workshop	4
	战略设计研究1 Strategic Design Research 1	分数 不定
选修课程 Elective Courses	着眼于设计研究的课程：量化研究训练营 Design Research Focused Classes：Quantitative Boot Camp 本次训练营旨在使学生熟悉强有力的分析性研究方法和它们在商业事务如下方面的应用：(1)识别商机以获取市场份额和建立营利性销售；(2)优化核心业务流程(供应链、价格定位、消费者与消费区域开发)；(3)加速和完善产品与服务创新的命中率；(4)获得投资的最高回报和增加资本投资的回报；(5)说服关键性决策制定者。初学者要学会怎样理解和评估各种各样的量化研究的结果，怎样构建一种量化研究性学习，怎样运用工具和技术明澈地思考和呈现量化数据。	
	在线研究方法 Online Research Methods 是关于学习在线数据研究和其他远程研究的学习策略和工具的课程，了解当今市场研究业的发展趋势。	

续表

时间 Time	课程 Curriculum	学分 Hours
选修课程 Elective Courses	**文化探索** Cultural Probes 学生将通过文化探索掌握设计的方法。文化探索是以激发用户的情感反应为目的的设计研究方法的开发，这种方法使设计者尽早地与用户结合在一起，通过这种方式来证明设计程序各个阶段的设计的有效性。	
	研究策略 Research Strategies 新产品的设计与开发需要对整个过程进行严格的研究以深入地理解该过程从而降低设计创新的风险。人种志的和基于行动研究的方法是用于尽早地确定潜在需求的。伴随原型设计的行为测试用于了解应急概念的质量。定量和定性的有效性研究帮助我们理解最终概念在细节方面的表现方法。该课程是对用于设计和开发从开始到最后以及最终结果不同视角的研究方法的检验。	
	体验建模阅读 Readings in Experience Modeling	
	高级体验建模阅读 Advanced Readings in Experience Modeling	
	可用性方法 Usability Methods	
	人种志访谈 Ethnographic Interviewing	
	跨文化研究 Cross cultural Research 该课程将通过课程作业讲授怎样做跨文化研究的方法论和技术。着重讲授怎样揭示文化群体潜在的和明确的需求与行为，以图解的方法表现研究中所涉及的国外和当地居民对于其需求的不同观点。	
	着眼于设计战略的课程：高级设计计划 Design Strategy Focused Classes：Advanced Design Planning	
	战略设计计划 Strategic Design Planning 着眼于怎样能使设计计划的程序与目标与某组织或团体的整体战略计划相联系。它包括技术革新、市场趋势、金融分析和能够影响该组织或团体未来发展的其他势力。	

时间 Time	课程 Curriculum	学分 Hours
选修课程 Elective Courses	商务架构 Business Frameworks 这是一门为设计师开设的讲述商业策略的课程，包括新风险企业的战略战术、竞争性战略战术、市场战略战术、决策科学、创业学、私募股本投资、商务计划撰写、企业创新、财经概论和自我探索等。这个课程将建立一系列的为个人创业和合作创业而设置的成功与失败的非数学模型。	
	服务设计 Service Design 该课程将使学生理解服务业的基本知识，学习应用于服务业的设计方法，运用专业设计技能致力于建立客户体验和经营效率持续上升的系统化的服务创新。	
	加入设计项目的利益相关者 Engaging Stakeholders in Design 在这一课程中学生将学习认知的和实践的方法去更加充分地加入设计创新过程中的相关团体或客户。在设计实践中，成功的设计计划或创新概念是那些被组织或团体迅速地采用、热情地肯定或者长期地坚持使用的方案。这正是设计者和设计创新者们为什么在"解决这一问题"的同时经常花费大量的时间和脑筋加入相关组织或团体的原因。设计者的设计行为已经远远超越了通常意义上所说的概念的"买进"或"社会化"的范畴，加入设计项目的利益相关者已经成为一种应用于引导和激发这些相关组织或团体的能量和创造性而朝向成功实施的有效的设计方法。	
	决策制定 Decision-Making	
	概念评估 Concept Evaluation	
	设计计划实施 Design Planning Implementation	
	着眼于原型设计的课程：产品原型制作 Prototyping focused classes：Prototyping Products	
	原型设计互动 Prototyping Interactions	
	着眼于传播设计的课程：隐喻和类比 Communication Focused Classes：Metaphor and Analogy 通过在具体的语境中对比、并置和替换图像的方法检查创造视觉信息的概念和方法的有效性。课程讨论要包括相信性的议题，例如类质同象和类比，研究图像的内涵属性，同时发现在隐喻或者其他修辞方面的不同。	

续表

时间 Time	课程 Curriculum	学分 Hours
选修课程 Elective Courses	设计语言 Design languages	
	图表开发 Diagram development	
	符号学 Semiotics	
	着眼于交互设计的课程：界面设计 Interaction Focused Classes：Interface Design	
	交互媒体 Interactive Media	
	交互设计方法 Interaction Design Methods	
	着眼于系统设计的课程：设计中的系统与系统理论 System Design Focused Classes：Systems and Systems Theory in Design 该课程研究系统行为的原则和方法。系统动力学是用于以揭示错综复杂的关系为目标的设计概念的建模活动的。本次课程重要的主题包括一般系统理论、建模、因果关系和形式体系。	
	设计程序与知识 Design Process and Knowledge	
	系统综合 System Integration	
	产品结构与形态 Product Architecture and Form	

J.3.2　设计硕士与工商管理硕士双学位课程（Master of Design and Master of Business Management Dual Degree，MD/MBA）

由于设计被认为是必要的经营资源，所以使设计与商业领域发生链接显得日益重要，为此，设计学院与斯图加特商学院（Stuart School of Business）设立了设计硕士与工商管理硕士双学位教育，将设计学院基于用户研究、设计方法探索的课程与斯图加特商学院以项目会计学和组织行为学为核心的课程结合起来，为学生提供了设计创新过程中独特的、广阔的研究视角和视野，在与全球知名企业和组织的跨学科合作中，激发学生的创新性。

设计硕士与工商管理硕士双学位的基础课程、必修课程与设计硕士学位课程相同，外加斯图加特商学院的工商管理硕士课程。

设计硕士与工商管理硕士双学位课程总表（MDes ／ MBA Dual Degree Schedule）

时间 Time	课程 Curriculum	学分 Hours
	基础课程 * Foundation	30
夏季学期 Summer	实习期/研究项目 Internship / Research Projects	
	主干课程 Main Program	
一年级 Year One	设计硕士专业课程 MDes	44
	工商管理硕士课程 MBA	36
夏季学期 Summer	实习期/研究项目 Internship / Research Projects	
二年级 Year Two	继续研究 Continuing Studies	

J.3.3 设计方法硕士学位课程（Master of Design Methods，MDM）

设计方法硕士教育为非设计专业的学生而设立，学习管理学、工程学、医学等其他专业的学生如果期望学习坚实的设计方法知识和有必要在产品开发、传播研究、服务研究以及系统研究中运用设计思维（design thinking）寻求问题的解决方案，均可以申请该学位课程。

由于设计方法的课程或项目是为兼职的工作人员设置的，所以常常获得企业的资助。其中大多学生选择每月学习两周课程的兼职生学习计划，学制为 20 个月；亦可选择全日制学习方式，学生需要每周学习设计硕士学位课程，学制为 9 个月，但要求学生每周参与 10 小时以上的课外工作。申请者如果没有完成本科学历，则需要有十年以上的从事专业领导工作的经验或获得同等评价，以前学习设计专业的申请者需要有优秀的作品、奖励或其他荣誉。

1. 设计方法硕士学位课程总表（Master of Design Methods Schedule）

时间 Time	学分 Hours	
学生类别	全日制学生	在职学生：周末授课
一年级 Year One	30	30
二年级 Year Two		

2. 设计方法硕士学位课程表（Master of Design Methods Schedule）

时间 Time	课程 Curriculum	学分 Hours
第一学期 First Semester Courses	问题构架 Problem Framing	1.5
	观察用户 Observing Users	
	设计分析 Design Analysis	1.5
	设计综合 Design Synthesis	
第二学期 Second Semester Courses	服务设计 Service Design	
	设计传播 Design Communication	
	原型设计方法 Prototyping Methods	
	设计计划 Design Planning	
	一年级综合设计 Year One Synthesis Project	

续表

时间 Time	课程 Curriculum	学分 Hours
第三学期 Third Semester Courses	设计计划实施 Design Planning Implementation	
	图表与数据视觉化 Diagrams and Data Visualization	
	策划文案 Portfolio Planning	
	决策制定 Decision-Making	
	概念评估 Concept Evaluation	
第四学期 Fourth Semester Courses	设计方法硕士讨论会 MDM Seminar	
	量化分析 Quantitative Analytics	
	隐喻与类比 Metaphor and Analogy	
	为人类因素而设计 Designing for Human Factors	
	毕业设计 Final Project	

J.4 斯坦福大学

斯坦福大学的 D. School 是设计学院(Institute of Design)的别称,与大学内的其他学院不同,它没有固定的教师、课程和学生,不授予学位,教师、课程和学生都是流动性的。大学内其他专业的教师、博士生、校外企业或组织的管理者都可以申请授课,也可以申请学习。他们来自于多元化的专业背景,如工程学、医学、商学、法学、人文学科、理学、教育学等,工作环境同样丰富多彩,如幼儿园教师、企业的高层管理者、设计师、医生、教师等,因而 D. School 的成员形成了一个超越校园范畴的大千世界。但它对于教师和学生的能力是有一定的要求的，教师需要有较高的学历水平，并且要经过课程设计和授课的水平考察，合格者才能授课；对于学生的要求则是要完成本科程度的学习。

D. School 的项目既有学术性研究项目，如某一位学生的硕士或博士研究课题，即可以形成一个交叉学科的研究性项目，由相关专业的人员组成团队探索项目研究与问题解决的创新性方案。也有一些项目是现实生活中的问题，如飞机场的行李运输系统便利性研究、婴儿服装安全性研究等。其中有些项目会得到政府或企业界的资助。

D. School 的课程着眼于培养学生掌握创新性方法论和分析研究性方法论的能力，以跨学科团队合作的方式使之获得艺术学的理念、社会学的研究方法和商业的洞察能力，在纷繁复杂的问题研究过程中强调知识的转化性学习。

关于日本、韩国、德国与英国等高校设计学学科的课程资料，读者可通过扫描以下二维码下载阅读。

后　记

本书的研究内容凝聚着多人的智慧和心血，如果这项研究成果能够对中国的设计教育有所裨益的话，首先应当归功于那些在研究过程中给予过大力支持和帮助的我的老师、领导、同事、教育界的同仁们和设计界的朋友们。

首先感谢我的老师们。我有幸接受王敏教授的指导，他开放的国际视野使我在研究的过程中放眼更加辽阔的世界；他对学生的殷殷期望、切切教诲，对中国设计教育事业的高度热忱和责任感，鞭策我克服了种种困难，最终完成了研究工作。许平教授伴随研究工作的始终，不吝珠玉，百问不厌，适时地匡正着我的思路。谭平教授以其对设计学学科课程研究的丰富经验，为本研究从"设计教育"的广大范畴确定为"课程研究"发挥了点化的作用。周至禹教授以其对课程研究的明澈思路，为本研究厘清了诸多模糊的问题。奚传绩教授早在2008年就为我推荐了多部课程研究文献，这些文献具有宝贵的参考价值。陈卫和教授将世界课程研究的前沿成果《理解课程：历史与当代课程话语研究导论》介绍给我，对本研究视野的形成和视角的确立具有举足轻重的意义。何洁教授对本书中的主要问题——世界文化转型与具体国家文化转型的关系提出建议，为我在论文最后的写作阶段把握正确的思路发挥了积极的作用。邬烈炎教授将自己的课程研究成果邮寄给我，为本书对基础课程的研究扩宽了思路。

此时此刻我不由得想起自己的硕士导师沈大为教授，他因积劳成疾而英年早逝，为敬爱他的人们留下了无限的遗憾和永远的怀念。他淡泊高洁的品格和严谨求是的精神是我为人、做事、治学的榜样。遗憾的是我不能够再次聆听他的教导，但每当仰望夜空，我便相信他定能于星汉灿烂中瞭望大地，感知学生在学术之路上的进一步跋涉求索，并为此而欣慰。

其次，感谢山东工艺美术学院的我的领导们，在学院领导潘鲁生院长和李新副院长的支持下，我获得了以访问学者的身份赴美国学习交流的机会，并考察十余所美国高等学校设计学学科本科教育的情况，为中美两国的比较研究创造了条件。

再者，感谢我的朋友和同事们。中央美术学院的曹田泉副教授与人民美术出版社的王远编辑，他们夫妇在百忙之中抽出宝贵的时间为本书做了首次全面的校对，不仅矫正了诸多语言表述问题，还对部分的概念问题提出了珍贵的修改意见。我的同事董雪莲副教授、杜明星老师与姜晓慧老师在研究繁忙的时期承担了大量的授课任务，使我获得了更多的论文写作的时间。工作室的学生张晨、李冉等为资料整理工作付出了辛勤劳动。在此对他们的支持表示深切的谢意。

另外，我在田野调查的过程中受益于百余位中国设计界的朋友们、中美两国设计教育界的同仁们和在校学生们给予的倾心帮助，他们的支持使该研究获得了第一手珍贵的资料，他们的智慧提升了研究的价值和现实意义。他们当中一部分人的名字写在了附录中，但还有很多人并未留下姓名，他们的无私奉献，令人感动，向他们致敬。

最后，深深地感谢我的亲人们。感谢我的丈夫王立杰先生，他在中国经济大发展的时期放弃自己的事业而给予我全力的支持，家务琐事和对孩子的教育消耗了他大量的宝贵时光。感谢我心爱的女儿，她六年来为了支持妈妈的学习牺牲了太多童年的乐趣，她在成长中养成的独立顽强和阳光开放的性格令我备感慰藉和骄傲。感谢我的双方父母亲，他们虽年逾七旬，却健康豁达，不仅无须子女的照顾，而且至今依然是我心灵的港湾，他们的牵挂、安慰和鼓励给了我莫大的动力。对于他们的付出，我虽攻苦食淡，却寸草春晖，而难以了却内心深深的愧疚。

本书的出版受山东工艺美术学院学术出版基金资助和名校工程经费的支持。

侯立平

2016 年 4 月 22 日